Horst Bayrhuber
Eckhard R. Lucius
(Hrsg.)

Handbuch der praktischen Mikrobiologie und Biotechnik

Band 2

Nutzung von Enzymen
in der Biotechnik

Gentechnik

Pflanzliche Zell- und
Gewebekulturen

Metzler Schulbuch

Institut für die Pädagogik der
Naturwissenschaften an der
Universität Kiel

Handbuch der praktischen Mikrobiologie
und Biotechnik Band 2

herausgegeben von: Horst Bayrhuber,
Eckhard R. Lucius

bearbeitet von: Beate Appelhans, Horst Bayrhuber, Christian G. Gliesche, Ute Harms, Angela Kroß, Christine Labahn-Lucius, Eckhard R. Lucius, Uta Nellen, Patricia Nevers und Ronald Westphal

Die Deutsche Bibliothek –
CIP-Einheitsaufnahme

Handbuch der praktischen Mikrobiologie und Biotechnik / [Institut für die Pädagogik der Naturwissenschaften an der Universität Kiel] – Horst Bayrhuber; Eckhard R. Lucius (Hrsg). –
Hannover : Metzler Schulbuchverlag
ISBN 3-507-03350-X
NE: Bayrhuber, Horst [Hrsg.]; Institut für die Pädagogik der Naturwissenschaften <Kiel>
Bd. 2 Nutzung von Enzymen in der Biotechnik; Gentechnik; Pflanzliche Zell- und Gewebekulturen – 1997

CHLORFREI

Gedruckt auf Papier, das nicht mit Chlor gebleicht wurde. Bei der Produktion entstehen keine chlorkohlenwasserstoffhaltigen Abwässer.

ISBN 3-507-03350-X

Satz: O & S Satz GmbH, Hildesheim
Druck: Oeding GmbH, Braunschweig

Beiträge:
Beate Appelhans:
Gentechnik: Grundlagen der Gentechnik, 1.8.3-1.8.4
Horst Bayrhuber:
Nutzung von Enzymen in der Biotechnik: Versuche zur Enzymtechnik, 2.1, 2.1.1-2.1.2, Gentechnik: Grundlagen der Gentechnik, 1.1, 1.2, 1.2.1-1.2.8, 1.3, 1.3.1-1.3.3, 1.4, 1.4.1-1.4.2,1.7, 1.7.1-1.7.2, 1.8, 1.8.1-1.8.4, Versuche zur Molekulargenetik: 2.1, 2.2.
Christian G. Gliesche:
Gentechnik, Versuche zur Molekulargenetik: 2.1, 2.2, 2.3, 2.4, 2.5, 2.5.1-2.5.2, 2.6, 2.6.2-2.6.3.
Ute Harms:
Gentechnik: Grundlagen der Gentechnik, 1.6.
Angela Kroß:
Gentechnik: Grundlagen der Gentechnik, 1.5, 1.5.1-1.5.4.
Christine Labahn-Lucius:
Nutzung von Enzymen in der Biotechnik: Grundlagen der Enzymtechnik, 1.1 - 1.4.3, Versuche zur Enzymtechnik, 2.1, 2.1.1-2.1.2, 2.2, 2.2.1-2.2.2, 2.3, 2.3.1-2.3.3, 2.4, 2.5, 2.6 Gentechnik: Versuche zur Molekulargenetik, 2.8 (zus. mit Susanne Herbermann).
Eckhard R. Lucius:
Nutzung von Enzymen in der Biotechnik: Versuche zur Enzymtechnik, 2.1, 2.1.1-2.1.2, 2.3, 2.3.1-2.3.3, Gentechnik: Grundlagen der Gentechnik, 1.8, 1.8.1-1.8.4, Versuche zur Molekulargenetik, 2.1, 2.2, 2.8 (zus. mit Susanne Herbermann).
Uta Nellen:
Pflanzliche Zell- und Gewebekulturen: Grundlagen der pflanzlichen Zell- und Gewebekulturen, 1.1-1.4, Versuche zu pflanzlichen Zell- und Gewebekulturen, 2.1, 2.1.1-2.1.2, 2.2, 2.2.1-2.2.3, 2.3, 2.3.1-2.3.3, 2.4 (zusammen mit Stephan Matussek).
Patricia Nevers:
Gentechnik: Versuche zur Molekulargenetik, 2.6, 2.6.1, 2.7.
Ronald Westphal:
Nutzung von Enzymen in der Biotechnik: Versuche zur Enzymtechnik, 2.3, 2.3.1-2.3.3.
Typoskript:
Renate Glawe, Gisela Thomsen

Inhalt

Nutzung von Enzymen in der Biotechnik

Gentechnik

Pflanzliche Zell- und Gewebekulturen

Anhang

Nutzung von Enzymen in der Biotechnik

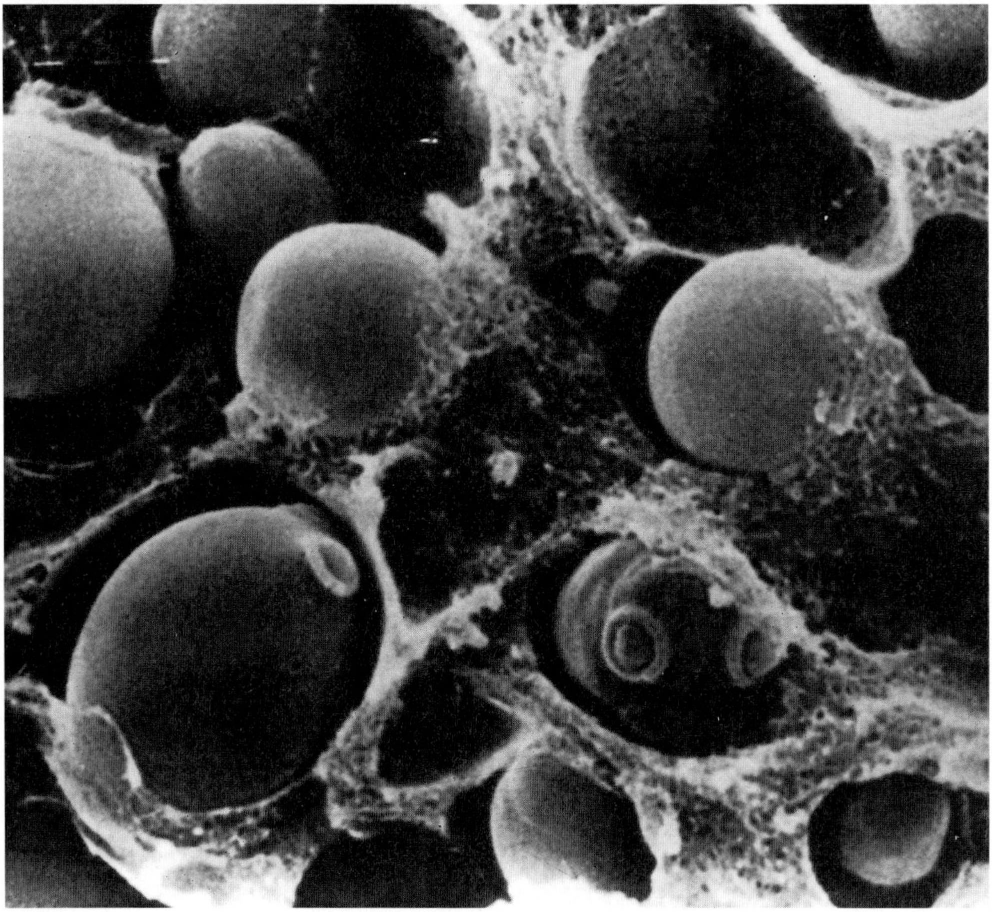

Abb. 2.1: Rasterelektronenmikroskopische Aufnahme von Hefezellen, die in Alginat eingeschlossen (immobilisiert) sind. Vergrößerung 10.000-fach

1 Grundlagen zur Enzymtechnik

Die Grundlagen der industriellen Nutzung von Enzymen wurden in der Zeit vor dem ersten Weltkrieg gelegt. OTTO RÖHM meldete im Jahre 1911 die Verwendung eines Proteaseextraktes aus der Bauchspeicheldrüse zum Patent an. Sein Produkt ersetzte die Verwendung von Hunde- oder Taubenkot beim Beizen der Tierhäute in Gerbereien. Vom Beizen, bei dem bestimmte Proteine abgebaut werden, hängt die Geschmeidigkeit des Leders ab. Vier Jahre später ließ RÖHM ein „Verfahren zur Reinigung von Wäschestücken aller Art, gekennzeichnet durch den Zusatz tryptischer Enzyme", patentieren (zit. nach WARTENBERG 1989, S. 174). Bei dem Waschmittelzusatz handelte es sich ebenfalls um Proteasen aus der Bauchspeicheldrüse. Sie fördern die Ablösung eiweißhaltiger Schmutzpartikel (z.B. Blutflecken) von den Gewebefasern. Wegen ihres pH-Optimums im leicht alkalischen

Enzym	*Produzierende Organismen (Beispiele)*	*Wirkung*	*pH- und Temp.-optimum*	*Weltjahres-produktion*	*Anwendung (Beispiele)*
Subtilisine	*Bacillus licheniformis*	Hydrolyse von Proteinen	pH 8-11 70-80 °C	500 t	Waschmittel-zusatz
Pilzproteasen	*Aspergillus niger, Aspergillus oryzae*	Hydrolyse von Proteinen	pH 4-6 60 °C	20 t	Verdauungs-hilfen
Pilz-Rennin	*Mucor pusillus*	Abspaltung eines hydro-philen Restes	pH 4-6 60 °C	10 t	Caseinfällung beim Käsen
Bakterien α-Amylase	*Bacillus amylolique-faciens*	Hydrolyse von Stärke zu Polysa-cchariden (Dextrine)	pH 5-7 90-100 °C	300 t	Produktion von Fructosesirup, Stärkever-zuckerung in Brennereien
Pilz-α-Amylase	*Aspergillus niger Aspergillus oryzae*	Hydrolyse von Stärke zu Polysa-cchariden (Dextrine)	pH 4-5 60 °C	10 t	Mehlzusatz
Glucoamylase	*Aspergillus niger*	Hydrolyse von Stärke zu Glucose	pH 4-5 60 °C	300 t	Produktion von Fructosesirup, Stärkever-zuckerung in Brennereien
Glucoseisomerase	*Streptomyces-Arten*	Isomerisierung von D-Glucose zu D-Fructose	pH 6,5-8,5 90 °C	50 t	Produktion von Fructosesirup
Pektinase	*Aspergillus niger*	Abbau von Pektin	pH 4-5	10 t	Saftherstellung aus Obst und Gemüsen

Tab. 3.1: Die wichtigsten industriell genutzten Enzyme (aus WARTENBERG 1989 nach Daten von AUNSTRUP 1979, AUNSTRUP et al. 1979 und KULA 1982)

Bereich und ihrer geringen Hitzebeständigkeit eigneten sich diese Proteasen allerdings schlecht als Zusätze zu der stark alkalischen und heißen Waschlauge, sie wurden deshalb vor allem zum Einweichen verwendet.

1960 gelang die Isolierung von Proteasen aus *Bacillus licheniformis* sowie aus *Bacillus amyloliquefaciens*. Diese Enzyme erhielten die Bezeichnung Subtilisine, und zwar aufgrund einer früheren Verwechslung von *B. licheniformis* mit *B. subtilis*. Im Vergleich mit Pankreasproteasen eignen sie sich besser als Waschmittelbeigaben, weil sie nicht nur im alkalischen Milieu der Waschflotte, also bei pH-Werten zwischen 8 und 11, eine gute Wirkung zeigen, sondern auch eine Temperatur von 70 °C ohne Denaturierung überstehen. Subtilisine werden von Waschmittelherstellern in großer Menge eingesetzt. Inzwischen sind sie in 80 % aller Waschmittel enthalten. Auch einige andere Enzyme werden heute von der Industrie weltweit genutzt. Tab. 3.1 enthält die wichtigsten Beispiele.

Die biotechnische Forschung bemüht sich intensiv darum, die Wirkung der industriell genutzten Enzyme zu verbessern. So wird daran gearbeitet,
- die Syntheseleistung von Mikroorganismen, von denen Enzyme erzeugt werden, zu erhöhen,
- die Enzyme besser auszunutzen, indem man sie an feste Träger bindet oder in Reaktionsbehälter einschließt, die nicht mit der gebrauchten Kulturflüssigkeit verworfen werden müssen (Immobilisierung; vgl. Abb. 2.1),
- die spezifische Wirkung von Enzymen zu verändern, indem man in ihre Struktur eingreift, oder ganz neue Enzyme zu entwerfen (Enzymdesign).

Hierauf soll im folgenden näher eingegangen werden.

1.1 Erhöhung der Syntheseleistung

Mikroorganismen passen die Synthese eines Enzyms ihrem momentanen Bedarf an und produzieren deshalb niemals mehr, als sie gerade benötigen. Normalerweise liegen von Enzymen, die ihre Wirkung im Inneren der Zelle entfalten, die also nicht nach außen abgegeben werden, besonders kleine Mengen vor. Dazu gehören z.B. die Lactase (β-Galaktosidase), die die Spaltung des Milchzuckers (Lactose) beschleunigt (s. 2.5) und die Glucoamylase (s. Tab. 3.1). In viel größerem Umfang werden von der Zelle dagegen solche Enzyme produziert, die dem Stoffabbau in ihrer Umgebung dienen und deshalb durch die Zellwand nach außen abgesondert werden. Dazu gehören z.B. die Cellulase, die die in Pflanzen enthaltene Cellulose zerlegt (s. Band 3, 4.7), die Pectinase, die das in Früchten vorkommende Pektin abbaut (s. 2.2) und die Amylase, die Stärke spaltet (s. 2.3.1 und 2.3.2).

Will man die Syntheseleistung für ein Enzym erhöhen, so muß man die Regelung der Produktion ausschalten. Diese erfolgt auf der Ebene der Gene. Demgemäß werden Mutanten gezüchtet, bei denen die Regelung desjenigen Gens gestört ist, das für ein bestimmtes Enzym codiert. Das soll am Beispiel der Produktion von Lactase durch *Escherichia coli* gezeigt werden (s. Abb. 5.1; Grundlagen s. *Linder* S. 373ff, BAYRHUBER/KULL 1989 oder WARTENBERG 1989, S. 178). Die Bildung von Lactase wird durch ihr Substrat, den Milchzucker (Lactose), induziert, und durch Glucose, eines der Endprodukte beim Abbau des Milchzuckers, gehemmt. Lactase spaltet Milchzucker in β-Glucose und β-Galaktose (s. Abb. 4.1). Im Kapitel Gentechnik (2.7) wird ein Versuch zur Steuerung des Milchzuckerabbaus durch *Escherichia coli* beschrieben.

Die Induktion erfolgt dadurch, daß ein Lactosemolekül an ein Repressormolekül bindet. Dadurch wird die räumliche Struktur dieses Proteins so verändert, daß es den Operator nicht länger blockieren kann. Die Bildung von Re-

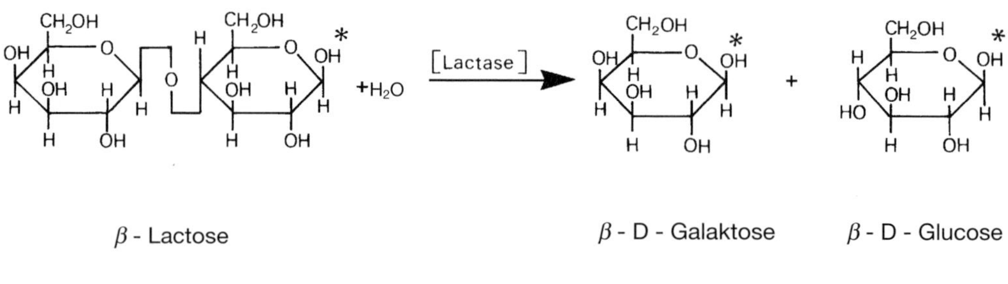

Abb. 4.1: Hydrolyse von β-Lactose. Die mit * versehenen Hydroxylgruppen befinden sich in β-Stellung

pressormolekülen wird vom Regulator-Gen gesteuert. Eine Mutation im Operator, durch die eine Bindung des Repressors ausgeschlossen wird, oder im Regulator-Gen, das damit unfähig wird, Repressormoleküle zu bilden, hat eine ungehemmte Produktion von Lactase zur Folge. Das gilt allerdings nur unter der Bedingung, daß Glucose im Substrat nicht vorhanden ist, die normalerweise eine Endprodukthemmung bewirken würde.

Diese Hemmung erfolgt mittels eines Proteins, das unter der Wirkung von Glucose an den Promotor bindet und diesen inaktiviert. Demgemäß kann die Endprodukthemmung durch eine Mutation im Promotor, die die Bindung des genannten Proteins ausschließt, oder in dem Gen, das die Bildung dieses Eiweißstoffes steuert (CRP-Gen; s. Abb. 5.1), verhindert werden. Dann wird auch bei Vorliegen von Glucose das Enzym Lactase ungehemmt gebildet.

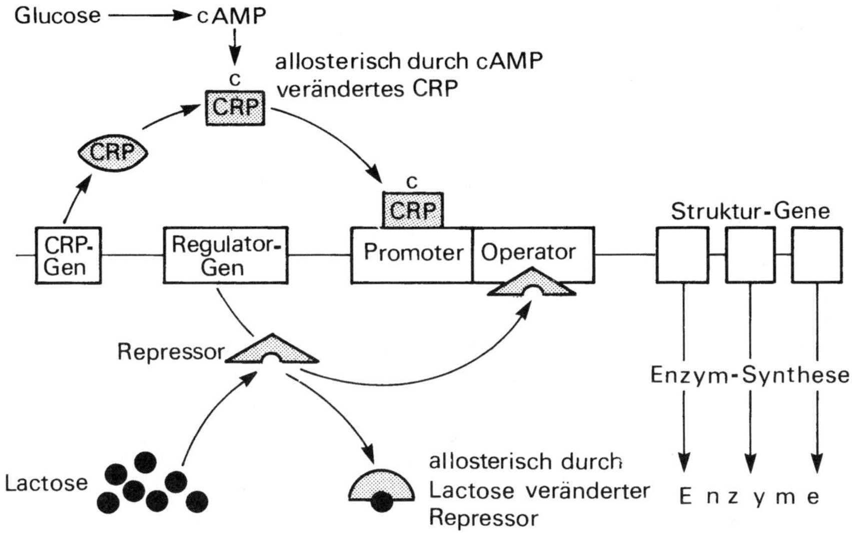

Abb. 5.1: Substratinduktion durch Lactose und Endprodukthemmung durch Glucose beim Abbau von Milchzucker durch *Escherichia coli* (nach FRITSCHE 1978)

1.2 Immobilisierung von Enzymen

Die Immobilisierung eines Enzyms kann auf verschiedene Weise erfolgen. Entweder wird es *chemisch* an ein besonderes Material *gebunden* oder aber in kleinste Reaktionsräume eines Trägers *eingeschlossen*, die für Substrat, Endprodukt und Lösungsmittel zugänglich sind.

Die *chemische Bindung* kann beispielsweise an Aluminiumoxid, das Tonmineral Bentonit, Glas, Aktivkohle oder polymeres Methacrylamid („Eupergit C", s. KRAMER 1986, LABAHN-LUCIUS/PLAINER 1990) erfolgen. Dabei kann es sich um eine kovalente Bindung, eine Ionenbindung oder auch nur um eine Adsorption (Wirkung der Oberflächenkräfte) handeln. Die Enzymmoleküle lassen sich auch untereinander zu größeren Einheiten vernetzen, die aus der Lösung ausfallen (s. Abb. 7.1).

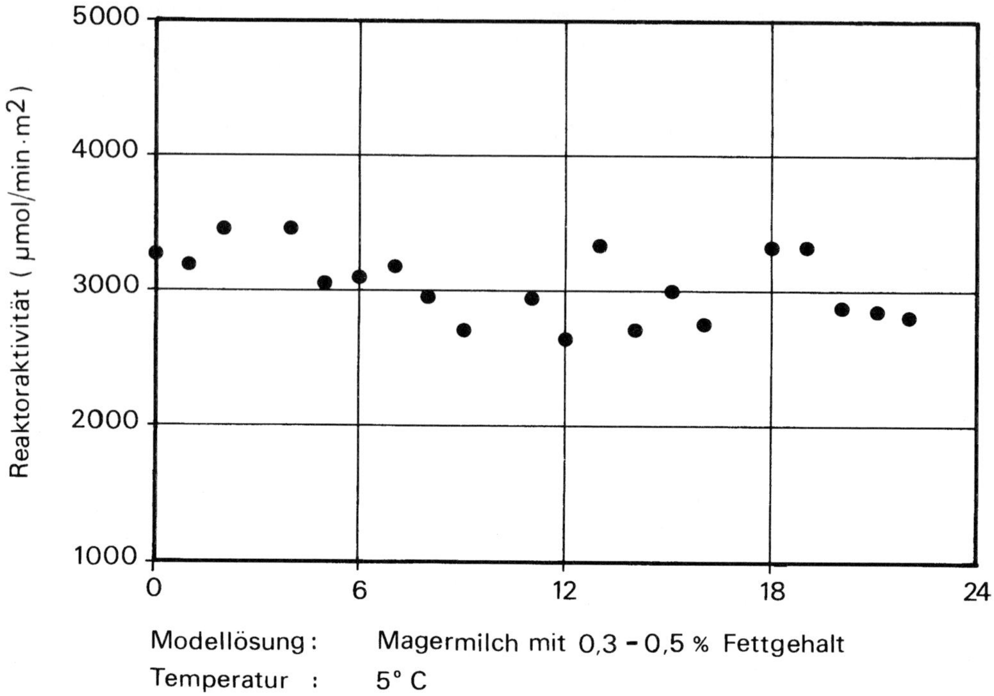

Abb. 6.1: Kontinuierliche Hydrolyse von Milchzucker (Lactose) durch Lactase im Membranreaktor (Labormaßstab). Reaktoraktivität: Menge der pro Stunde und m^2 Membranfläche umgesetzten Lactose. Es wurde Magermilch eingesetzt. Die Reaktionstemperatur betrug 5 °C. Die Hohlfasermembran besteht aus Cellulose, Wanddicke: 5 bis 11 µm Innendurchmesser der Faser: 200 µm. Abszisse: Zeit in Stunden (aus STECHER et al. 1989)

Zum *Einschluß* von Enzymen können als Träger polymere Netzwerke, z.B. aus (wasserunlöslichem) Polyacrylamid dienen, weiterhin hohle Fasern, beispielsweise aus Cellulosetriacetat oder anderen Cellulosederivaten. Außerdem können Enzyme in Mikrokapseln verpackt werden (Durchmesser z.B. 100 µm), die von einer semipermeablen Membran umschlossen sind. In *Membranreaktoren* umspült die Enzymlösung ein Bündel Hohlfasern. Die Lösung des Substrats wird durch das Innere der Hohlfasern gepumpt. Auf ihrem Weg durch den Reaktor diffundieren Substratmoleküle durch die Fasermembran, gelangen in die Enzymlösung und werden umgesetzt. Die Moleküle des Produkts diffundieren zurück in die Hohlräume der Fasern und verlassen schließlich den Reaktor. Beispielsweise kann Milchzucker auf diese Weise hydrolysiert werden (vgl. Abb. 6.1 sowie 2.5). Auf vergleichbare Weise machen auch Essigsäurebakterien, die fest an Buchenholzspäne gebunden sind, eine kontinuierliche Essigfermentation möglich (s. Band 1, *Biotechnik der Nahrungs- und Genußmittelproduktion*).

Die Immobilisierung der Enzyme ist im Vergleich mit der Lösung in der Kulturflüssigkeit von wirtschaftlichem Vorteil. Denn das Vehikelmaterial, an das ein Enzym gebunden ist, läßt sich viel leichter wiedergewinnen als ein in Lösung befindliches Enzym, das deshalb oft mit

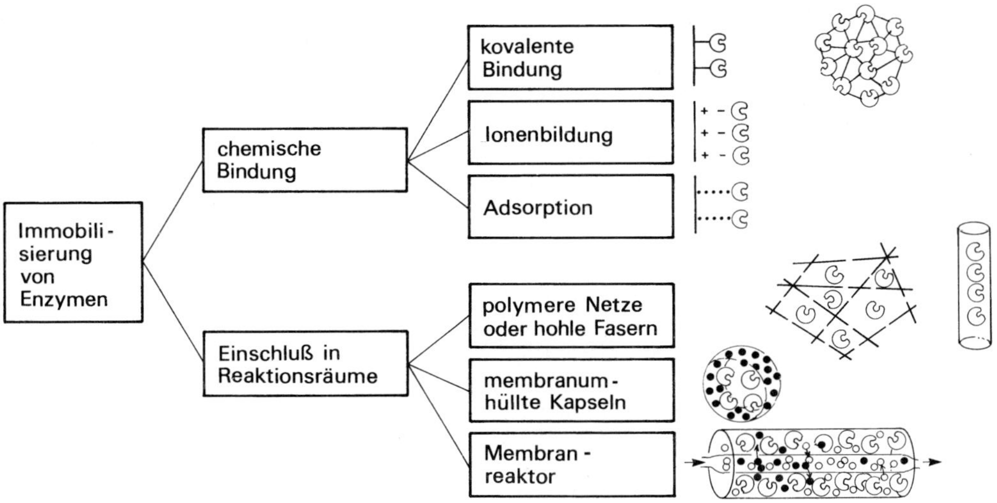

Abb. 7.1: Verschiedene Arten der Immobilisierung von Enzymen

dem Abwasser verworfen wird. Im übrigen ist die Immobilisierung der Enzyme eine unverzichtbare Voraussetzung für kontinuierlich ablaufende Umsetzungen.

1.3 Enzymdesign

Jedes Enzym funktioniert nur unter bestimmten physikalischen Bedingungen optimal. Dazu gehören z.B. der pH-Wert und die Temperatur. Solche Größen beeinflussen unter anderem die räumliche Struktur eines Enzyms und wirken sich somit auf den Zustand des aktiven Zentrums aus. Aus der Sicht der Verfahrenstechnik ist es ungünstig, wenn zwei aufeinander folgende enzymatische Reaktionen nicht unter gleichen Bedingungen ablaufen. Dies ist beispielsweise dann der Fall, wenn das zuerst benutzte Enzym eine hohe Temperatur erfordert und das später eingesetzte eine relativ tiefe. Denn jede Abkühlung oder Erwärmung eines Prozesses erfordert Zeit und Geld. Der Verfahrenstechniker ist deshalb an Enzymen interessiert, die solche Temperaturänderungen nicht erforderlich machen, sondern bei derselben Temperatur optimal wirken. Durch Eingriffe in die Proteinstruktur der Enzyme wird versucht, das Wirkungsoptimum dieser Biokatalysatoren den Bedingungen des industriellen Prozesses anzupassen. Diese Arbeit gehört in den größeren Rahmen des *molecular modelling*, speziell zum Protein- bzw. Enzymdesign (s. Abb. 8.1).

Nun läßt sich die Primärstruktur der Proteine (Abfolge der Aminosäuren in der Polypeptidkette) noch relativ leicht verändern. Dazu bedient man sich der Gentechnik: Ein künstlicher DNA-Strang wird auf einen Mikroorganismus übertragen, dieser und seine zahllosen Nachkommen produzieren die entsprechende Aminosäurekette. Nach den heutigen Kenntnissen ist aber keineswegs vorherzusagen, welche Sekundär- oder Tertiärstruktur das neue Protein besitzt und ob es überhaupt katalytisch wirksam ist. SCHOMBURG (1987, S. 77) weist darauf hin, daß eine Konstruktion von Enzymen nach dem alleinigen Prinzip von Versuch und Irrtum sinnlos wäre. Schließlich gäbe es 10^{300} Möglichkeiten, die

Primärstruktur eines Proteins mittlerer Größe zu verändern. Wie unvorstellbar groß diese Zahl ist, zeigt ein Vergleich: die Gesamtmasse des Universums entspricht nur der Masse etwa 10^{72} solcher Moleküle.

So ist man heute noch intensiv damit beschäftigt, den räumlichen Bau der Enzyme im einzelnen aufzuklären und mit der Struktur der Proteine zu vergleichen, die eine ähnliche Aminosäuresequenz aufweisen. Die neue Proteinstruktur kann dann auf dieser Basis gezielt modelliert werden. Dazu bedient man sich der Hilfe von Computerprogrammen. Daran schließt sich eine Überprüfung an (Übertragung des entsprechenden Gens auf einen Mikroorganismus, Klonierung, Produktion, Aktivitätstest). Das Ergebnis bestimmt das weitere rechnergestützte Modellieren (s. Abb. 8.1).

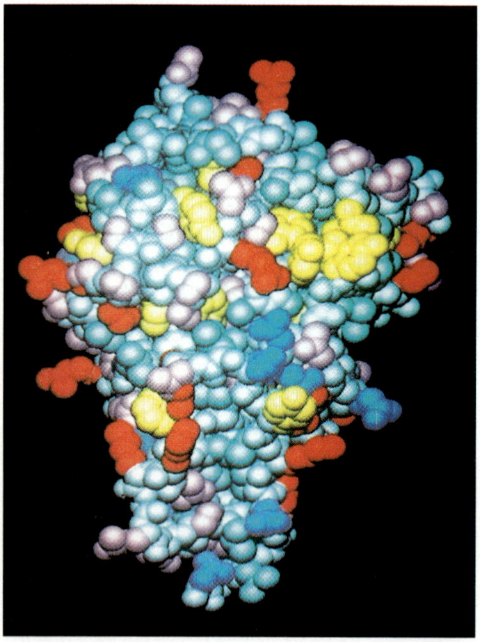

Abb. 8.1: Darstellung der Oberfläche eines Proteinmoleküls mit Hilfe des Computers. Das Bild liefert Informationen zu Wechselwirkungen innerhalb des Moleküls (aus SCHOMBURG 1988)

Geht man von bekannten Strukturen aus und versucht, diese zu verändern, kann man durchaus auf Erfolg hoffen. Dies gilt beispielsweise für Arbeiten, bei denen Antikörpern zusätzliche enzymatische Eigenschaften übertragen werden. So wird u. a. beim ELISA-Test in der immunologischen Diagnose ein Antikörper verwendet, der an ein Enzym gekoppelt ist, das einen Farbstoff umsetzt (LUCIUS 1997). Es gibt auch Antikörper, die Krebszellen erkennen. Möglicherweise kann man derartige Antikörper in Zukunft gezielt zur Bekämpfung bösartiger Tumore einsetzen.

1.4 Verwendung einiger wichtiger Enzyme in der Industrie

1.4.1 Nutzung von β-Amylase, Glucoamylase und Glucoseisomerase zur Stärkeverzuckerung und zur Herstellung von Isosirup

Der traditionelle Zuckerlieferant der USA war bis 1960 Kuba. Nach der Revolution Fidel CASTROS brachen die USA die Wirtschaftsbeziehungen zu dem Inselstaat in der Karibik ab.

Süßmittel	relative Süßkraft (bez. auf Saccharose)
Lactose	39
Glucose	72
fructosereicher Glucosesirup (42 % Fructose)	95
Saccharose	100
Fructose	114
Saccharin	50.000
Thaumatin	160.000

Tab. 8.1: Relative Süßkraft einiger Zucker und Süßstoffe gleicher Masse (Bezug: Süßkraft der Saccharose = 100; Quelle: BIESER/DE ROSSET 1977; zit. nach RICHTER/KEMPF 1989)

Damit blieben auch die Zuckerlieferungen in die Vereinigten Staaten aus. Nun produzieren die USA durch den Anbau von Mais, von anderen Getreidearten und von Kartoffeln eine große Menge Stärke, aus der sich Zucker herstellen läßt. Durch Stärkeverzuckerung entsteht letztlich Traubenzucker (Glucose). Dieser besitzt allerdings eine viel geringere Süßkraft als der Haushaltszucker (Saccharose), der aus Zuckerrohr oder Zuckerrüben gewonnen wird. Allerdings läßt sich aus Glucose durch Isomerisierung der relativ süß schmeckende Fruchtzucker (Fructose) herstellen (vgl. Tab. 8.1). Auf diesen Ausweg kamen die Nordamerikaner, als die Rohrzuckerlieferungen aus Kuba wegfielen. Bereits im Jahr 1980 wurden in den USA 30 % des Süßmittelbedarfs durch Isosirup, ein Glucose-Fructose-Gemisch, gedeckt (CRUEGER/CRUEGER 1984[2], S. 166). Coca-Cola besteht gut zur Hälfte aus fructosereichem Glucosesirup, der aus Mais hergestellt wird. Die Verwendung der Stärke als Rohstoff für die Zuckergewinnung hat im übrigen auch den Vorteil, daß die Ernteprodukte (Getreide, Kartoffeln) das ganze Jahr über lagerfähig sind. Demgegenüber muß die Zuckerrübe innerhalb dreier Monate verarbeitet sein.

a) Stärkeverzuckerung

Sie geht auf die Arbeiten von KIRCHHOFF zurück, der im Jahre 1811 durch Kochen von Stärke in schwacher Säure einen süß schmeckenden Sirup erhielt. Er war auf der Suche nach einem Ersatz für Rohrzucker, der auf dem Festland infolge der Kontinentalsperre Napoleons gegen England knapp geworden war. Im Jahre 1812 entdeckte er, daß sich Stärke auch durch Malzextrakt verzuckern läßt. Heute weiß man, daß zu den wasserlöslichen Bestandteilen des Malzes, die beim Maischen im Sudhaus der Brauereien „extrahiert" werden, auch α- und β-Amylase gehören.

Auch in unserer Zeit spalten viele Stärkeverzuckerungsfabriken die Stärke nebeneinander auf zwei Wegen: Bei der Säurehydrolyse erfolgt der Abbau unspezifisch, die Produkte sind dementsprechend uneinheitlich. Der enzymatische Abbau dagegen bewirkt eine gezielte Hydrolyse und liefert deshalb einheitliche Produkte. Stärke und ihre Abbauprodukte werden in der Bundesrepublik Deutschland sowohl für die Ernährung von Mensch und Tier eingesetzt, als auch in der technischen Industrie verwendet, z.B. bei der Herstellung von Papier, Textilien und Klebstoffen. Als pflanzliche Stärkequellen dienen Mais (50 %), Kartoffeln (28 %) und Weizen (22 %) (RICHTER/KEMPF 1989).

Vor der enzymatischen Spaltung wird die aus den Pflanzen gewonnene Stärke verkleistert: Sie wird in Wasser erhitzt, die Stärkekörner quellen und platzen schließlich, so daß eine hochviskose Flüssigkeit entsteht. Eine bestimmte α-Amylase, die zuvor in Wasser gelöst wurde, beginnt dann sofort mit dem Abbau der Stärke. Als Folge verringert sich die Viskosität (Stärkeverflüssigung). Dieses Enzym muß also in der Lage sein, auch noch bei relativ hohen Temperaturen zu wirken. Die aus *Bacillus amyloliquefaciens* gewonnene α-Amylase erfüllt diese Bedingung, sie ist bei 90 °C aktiv, das gleiche Enzym aus *Bacillus licheniformis* hält sogar eine Temperatur von 105 bis 110 °C aus (PRÄVE et al. 1987[3], S. 416).

α-Amylase spaltet Stärke in unterschiedlich große Bruchstücke (Dextrine), indem sie ungezielt α-1,4-Bindungen öffnet. Zum vollständigen Abbau dieser Spaltprodukte bis zur Glucose ist ein weiteres Enzym erforderlich, die Glucoamylase. Sie trennt am Dextrin- oder auch am Stärkemolekül das endständige Glucosemolekül ab (genauer: am nicht reduzierenden Ende dieser Moleküle). Auch ist sie in der Lage, die α-1,6-Bindungen und α-1,3-Bindungen zu lösen, die zwischen Glucosemolekülen an den Verzweigungspunkten des Stärkemoleküls im Amylopektin bestehen. Dazu ist z.B. β-Amylase, die Maltosemoleküle abspaltet, genauso wenig in der Lage wie α-Amylase.

Die Industrie stellt im übrigen unterschiedliche Ansprüche an den Stärkeabbau. Beispielsweise soll die Stärke, die zur Herstellung von Oberflächenleim für Papier (Briefmarken!) genutzt wird, nur geringfügig abgebaut sein (PRÄVE et al. 1987[3], S. 416), wogegen man zur Produktion von Isosirup vollständige hydrolysierte Stärke benötigt.

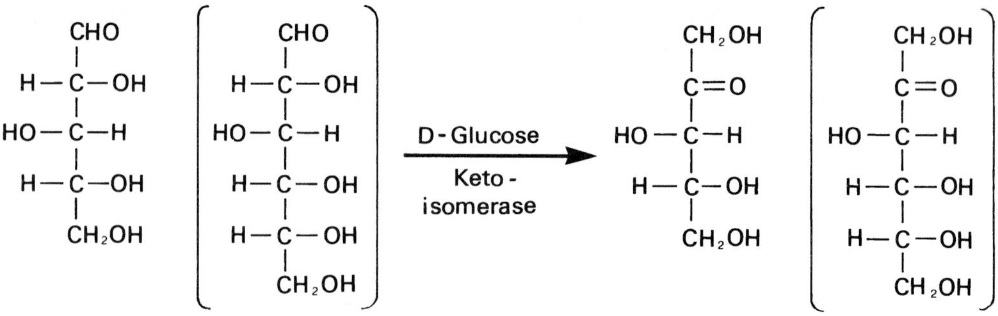

D-Xylose D-Glucose D-Xylulose D-Fructose

Abb. 10.1: Wirkung der Glucoseisomerase (aus WARTENBERG 1989). Xylulose kann von bestimmten Hefen zu Alkohol vergoren werden

b) Herstellung von Isosirup

Dazu wird das Enzym Glucoseisomerase verwendet. Es wird aus Mikroorganismen (*Bacillus coagulans* oder *Streptomyceten*) gewonnen. Diesen dient es allerdings zur Isomerisierung von Holzzucker (Xylose), natürlicherweise handelt es sich demnach um eine Xyloseisomerase. Diese kann aber auch Glucose umsetzen (Abb. 10.1).

Glucoseisomerase wird fast nur in immobilisierter Form verwendet. Daneben werden auch immobilisierte Zellen von *Bacillus coagulans* eingesetzt, so spart man die kostenträchtige Gewinnung des Enzyms (WARTENBERG 1989).

1.4.2 Nutzung der Penicillinacylase zur Bekämpfung pathogener Bakterien

Im Jahre 1928 arbeitete Alexander FLEMING in einem Labor des St. Mary's Hospital in London mit Bakterien. Eines Tages fand er eine seiner Petrischalen durch die Kolonie eines Schimmelpilzes verunreinigt. Es handelte sich dabei um den Köpfchenschimmel *Penicillium notatum*. Fleming fiel auf, daß um die Kolonie herum keine Bakterien wuchsen. Er stellte die Hypothese auf, der Pilz scheide eine Substanz aus, die die Entwicklung von Bakterienkolonien verhindere. FLEMINGS Vermutung erwies sich als richtig. Er erkannte allerdings die therapeutischen Möglichkeiten der wirksamen Substanz noch nicht, die er Penicillin nannte (FLEMING 1929). For-

Abb. 10.2: Sir Alexander FLEMING (1881 bis 1955) in seinem Labor

schungsarbeiten zum Einsatz von Penicillin in der Medizin begannen erst Jahre später. Sie wurden nicht zuletzt durch den Ausbruch des Zweiten Weltkrieges forciert, als Penicillin für die Behandlung verwundeter Soldaten eingesetzt wurde und der Bedarf daran ständig wuchs.

Für die industrielle Produktion setzt man heute ausschließlich Zuchtformen von *Penicillium chrysogenum* ein (ausführliche Beschreibung der Fermentation s. PRENTIS 1984, S. 74f). Während Wildstämme dieses Pilzes ein Gemisch verschiedenartiger Penicilline in einer Menge von weniger als 1 mg/l Kulturflüssigkeit bilden, erzeugen hochgezüchtete Stämme über 50 g/l (PRÄVE et al. 1987[3], S. 441). Bei Zugabe von Phenylessigsäure bildet *Penicillium chrysogenum* vor allem Penicillin G (s. Abb. 11.1). Dieses dient als Ausgangssubstanz für die Herstellung halbsynthetischer Penicilline. Die Erzeugung immer neuer künstlicher Penicilline und anderer synthetischer Antibiotika ist nötig, weil laufend Krankheitserreger gegen die gerade im Handel befindlichen resistent werden.

Penicillin hemmt den Aufbau der Zellwand bei Bakterien. Als wirksame Komponente des

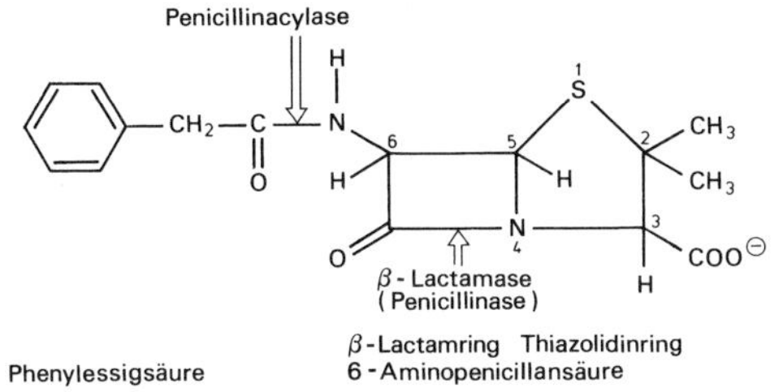

Abb. 11.1: Chemischer Bau von Penicillin G und Angriffsorte von Enzymen. β-Lactamase, ein in verschiedenen Varianten in der Natur vorkommendes Enzym, sprengt den β-Lactamring. Sie wird von bestimmten penicillinresistenten Bakterien gebildet. Mit Hilfe der Penicillinacylase kann die Phenylessigsäure abgespalten werden, die über eine Peptidbindung an den β-Lactamring gebunden ist. An die entsprechende Aminogruppe können andere Seitenketten gebunden werden. Diese können die Wirkung einer bestimmten β-Lactamase verhindern. Dadurch wird eine bestimmte Resistenz ausgeschaltet.

Moleküls gilt der β-Lactamring. Er kann von dem Enzym β-Lactamase, von dem es verschiedene Varianten gibt, gesprengt werden. Ein Bakterium, das eine β-Lactamase bilden und damit Penicillin abbauen kann, ist penicillinresistent. Ersetzt man die Phenylessigsäure des Penicillinmoleküls an der verbleibenden Aminogruppe durch eine andere Seitenkette, so schaltet man die Wirkung dieses Enzyms aus und beseitigt damit die Resistenz. Die Phenylessigsäure wird mit Hilfe des Enzyms Penicillinacylase abgespalten, das in sehr vielen Bakterien, Actinomyceten und Pilzen vorkommt. Offenbar wird das Penicillinmolekül nach Einfügen des neuen Restes „sperrig" und bindet nicht mehr adäquat an das aktive Zentrum der β-Lactamase. Durch Mutationen des Gens, das für β-Lactamase codiert und auf einem Plasmid des Bakteriums lokalisiert ist, kann die Struktur dieses Enzyms immer wieder verändert werden. Sobald eine bestimmte β-Lactamase entstanden ist, an deren aktives Zentrum auch ein neuartiges Penicillin bindet, liegt wieder Resistenz vor: das Penicillin wird zerstört. Die Synthese neuartiger Penicilline – und anderer Antibiotika – erfolgt demgemäß im Wettlauf mit der Resistenzbildung bei pathogenen Bakterien.

Die Ausgangssubstanz aller Penicillinsynthesen ist die 6-Aminopenicillansäure. Sie wird durch immobilisierte Penicillinacylase aus Penicillin G hergestellt. Phenylessigsäure ist über eine Peptidbindung mit dem β-Lactamring verknüpft. In gleicher Weise lassen sich auch andere Reste anbinden, die an einem Ende eine Säuregruppe tragen.

Schulversuche zur Wachstumshemmung bei Mikroorganismen mit Hilfe von Antibiotika und bakteriostatischen Substanzen werden im Band 1, S. 102 ff beschrieben.

1.4.3 Einige weitere Anwendungsbeispiele von Enzymen

– Beim Weben mit Baumwolle schützt man die Fäden vor dem Zerreißen, indem man sie mit 'Schlichte' überzieht. Dazu verwendet man häufig Stärke. Sie muß danach wieder aus dem Gewebe entfernt werden, damit es weiter verarbeitet werden kann. Dazu verwendet man Amylasen.

- Backhefe ist nicht in der Lage, Stärke zu Zucker abzubauen. Sie ist darauf angewiesen, daß im Hefeteig bereits Zucker vorliegt. Der im Mehl natürlicherweise enthaltene Zucker reicht für das Backen nicht aus. Oft sind im Mehl auch nicht genug α-Amylasen vorhanden. Sie werden deshalb dem Mehl zugemischt. Auf diese Weise spart man das Zusetzen von Zucker (vgl. Band 1, S. 117 f und S. 130 ff).

- Beim Käsen hat die Verwendung von Lab aus dem Kälbermagen zur Fällung von Casein eine lange Tradition. Die Steigerung der Käseproduktion und der Mangel an Schlachtkälbern machten den Einsatz industriell produzierter Enzyme erforderlich (s. hierzu Band 1, Abb. 113.1 sowie S. 114).

- Hinweise zum Einsatz von Pektinase und Lactase finden sich im folgenden in den Einführungen zu den entsprechenden Versuchen (s. 2.2 und 2.5).

2 Versuche zur Enzymtechnik

2.1 Darstellung von Enzymeigenschaften am Beispiel des Abbaus von Quark durch Pankreatin

Die Nutzung der Enzyme in der Biotechnik wird in der Schule in aller Regel im Rahmen einer Unterrichtseinheit oder eines Kurses zum Thema Stoffwechsel behandelt. In diesem Zusammenhang geht es immer auch um Eigenschaften der Enzyme, also um ihren Bau und ihre Wirkung. Dazu gehören die Eiweißnatur der Enzyme und die Abhängigkeit der Enzymwirkung von bestimmten Bedingungen im Reaktionsraum wie Temperatur und pH-Wert des Lösungsmittels. Nun sind verschiedene Versuche zur Darstellung der Enzymeigenschaften im Schulbereich durchaus geläufig (s. Stärkeabbau durch Amylase bzw. Mundspeichel, Abbau von Wasserstoffperoxid durch Katalase). Wenn hier dennoch ein Experiment dieser Art beschrieben wird, nämlich der Abbau von Quark durch Pankreatin, so hat dies folgende Gründe: anhand des Substrates Quark läßt sich allgemein auf die Struktur der Proteine eingehen, insbesondere aber auf die Abhängigkeit der Struktur und der Löslichkeit von der Reaktion des Lösungsmittels. Aus diesem Grunde wird eingangs ein Versuch zum Löslichkeitsverhalten von Quark durchgeführt und dessen isoelektrischer Punkt näherungsweise bestimmt. Außerdem wird durch das Arbeiten mit Quark ein besonderer inhaltlicher Bezug des Themas Stoffwechsel zur Molkereiindustrie hergestellt, einem wichtigen Teilgebiet der Biotechnik.

2.1.1 Lösung von Quark in Wasser

Den Hauptbestandteil des Quarks bilden die Caseine. Bei ihnen handelt es sich um die wichtigsten Proteine der Kuhmilch (s. Band 1, Abb. 165.1 und 166.1). Sie können mit Hilfe von Säuren oder Labferment gefällt werden (s. Band 1, s. 112 f). Die in Lösung verbleibenden Proteine sind die Molkeproteine. Letztere sind z.B. in dem im Joghurt überstehenden Saft enthalten, dem sie seine Opaleszenz verleihen. Quark enthält außer Caseinen auch Wasser, etwas Fett (Magerquark hat davon nur sehr wenig) sowie andere Bestandteile der Milch (Lactose, Vitamine und Mineralien) in kleinen Mengen. Die geringste Löslichkeit besitzen die Caseine bei pH 4,6, dem isoelektrischen Punkt. Durch eine starke Änderung dieses pH-Wertes nach oben oder auch nach unten läßt sich Quark leicht lösen, im allgemeinen sogar viel leichter als käufliches Casein (ein trockenes, pulverförmiges Produkt). Ebenso leicht fällt Quark aus der Lösung wieder aus, sobald man den pH-Wert in die Nähe des isoelektrischen Punktes zurückbringt, es handelt sich dabei übrigens **nicht** um Denaturierung. Der Vorgang ist je nach pH-Änderung beliebig reversibel.

Geräte

1 Becherglas (200 ml)
1 Glasstab
1 Kolbenpipettierhilfe
1 Laborwaage
1 Meßpipette (10 ml)
1 Reagenzglas
1 Reagenzglasständer
1 Spatel oder Löffel
2 Tropfpipetten mit Pipettenhütchen

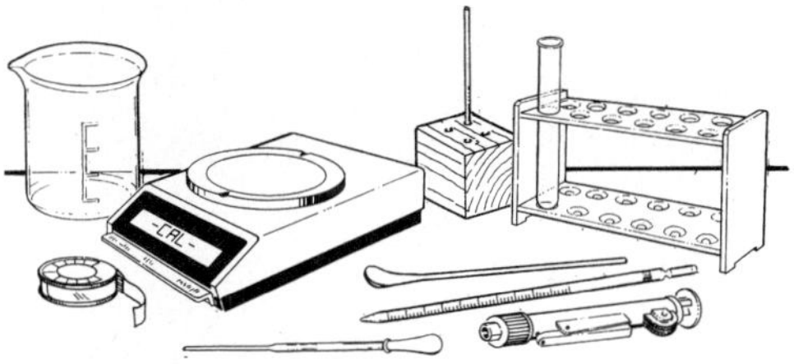

Verbrauchsmaterial, Chemikalien, Lebewesen

Indikatorpapier
Magerquark
Wasser
Essigsäure (1n), s. *Anhang* 1.8
Natronlauge (1n), s. *Anhang* 1.17

Zeitbedarf

20 min

Durchführung

1. 4 g Quark werden in einem Becherglas abgewogen und mit 100 ml Wasser vermischt. Dabei wird der Quark zunächst mit wenig Wasser verrührt und schließlich nach und nach mit dem Rest des Wassers versetzt. Es entsteht eine milchig-weiße Flüssigkeit.
2. Nun werden mit der Pipette etwa 5 ml Natronlauge zugegeben, dann wird umgerührt. Der Quark löst sich, die Flüssigkeit wird durchsichtig, und sie opalisiert.
3. Der pH-Wert der Quarklösung wird bestimmt (etwa pH 12).
4. Ein Reagenzglas wird zu einem Viertel mit Quarklösung gefüllt. Mit der Tropfpipette wird Essigsäure tropfenweise zugegeben. Es treten weiße Schlieren auf, die beim Schütteln zunächst verschwinden. Schließlich bleiben sie erhalten, und der gesamte Quark fällt aus.
5. Der pH-Wert der Quarkaufschlämmung wird bestimmt (etwa pH 4).
6. Mit einigen Tropfen Natronlauge wird der gefällte Quark erneut in Lösung gebracht.

Erläuterungen und Hinweise

zu 2.:
Mit der Zeit löst sich Quark auch in reinem Wasser (pH-Wert: höher als isoelektrischer Punkt). Der Vorgang wird durch Erwärmen und Rühren beschleunigt. (vgl. *Linder* S. 42 f, BAYRHUBER/KULL 1989). Opaleszenz kommt durch Lichtstreuung an den Eiweißteilchen zustande.

zu 4.:
Es handelt sich um den gleichen Vorgang, den man auch beobachtet, wenn man Zitronensaft in Milch tropft. Auch bei den Flocken im Kaffee, die sich zeigen, wenn man sauer gewordene Sahne zugibt, handelt es sich um gefällte Milcheiweiße. Der pH-Wert nimmt in den oberen Bereichen nur sehr langsam ab, wogegen er sich ab pH 9 und bei Zugabe kleiner Säuremengen sprunghaft nach unten verändert (s. Chemielehrbuch; Neutralisationskurve einer starken Base mit einer schwachen Säure).

zu 5.:
Durch die pH-Wert-Messung soll der isoelektrische Punkt näherungsweise bestimmt werden. Dazu muß man den gelösten Quark quantitativ fällen. Wurde übersäuert, wodurch sich ein Teil wieder gelöst hat, wird der pH-Wert durch tropfenweise Zugabe von Natronlauge erhöht, bis eine maximale Fällung erreicht ist.

Abb. 14.1: Ergebnis des Abbaus von Quark mit Pankreatin bei pH 7 bis 8 und 40 °C

2.1.2 Abbau von Casein mit Pankreatin

Beim Pankreatin handelt es sich um ein Gemisch der Enzyme der Bauchspeicheldrüse. Es enthält u. a. Trypsin, ein proteolytisches Enzym. Dessen Wirkung wird beim Abbau der Caseine genutzt.

Geräte

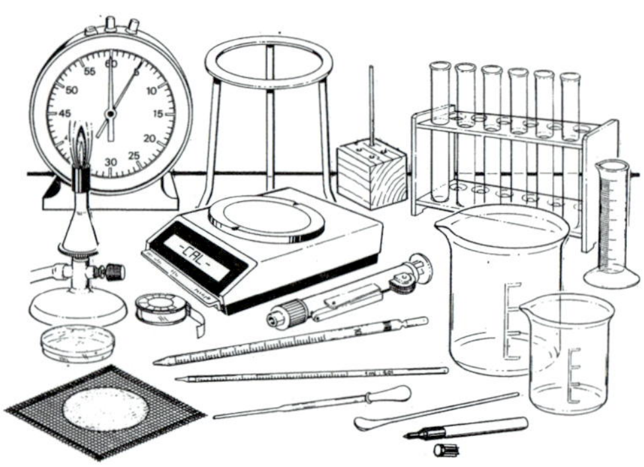

2 Bechergläser (200 ml)
2 Bechergläser (500 ml)
1 Bunsenbrenner
1 Drahtnetz
1 Dreifuß
1 Filzschreiber, wasserfest
1 Glasstab
1 Laborwaage
2 Meßpipetten (1 ml)
3 Meßpipetten (10 ml)
1 Meßzylinder (10 ml)
1 pH-Meter (ersatzweise Indikatorpapier)
Pipettierhilfe
14 Reagenzgläser
1 Reagenzglasständer
1 Spatel oder Löffel
1 Stoppuhr
Tropfpipetten mit Gummihütchen
1 Wasserbad 40 °C (evtl. Selbstbauwasserbad verwenden, s. Band 1, S. 32ff.)

Verbrauchsmaterial, Chemikalien, Lebewesen

Eis, zerstampft (ca. 250 ml)
Indikatorpapier (falls kein pH-Meter vorhanden ist)
Magerquark
14 Petrischalen, klein, (Durchmesser ca. 5 cm)
Wasser

Essigsäure (1n), s. *Anhang 1.8*
Natronlauge (1n), s. *Anhang 1.17*
Pankreatin (*Merck* 107130)

Zeitbedarf

Vorbereitung und Versuch zur Zeitabhängigkeit der Enzymwirkung: 45 min

Versuche zur pH-Abhängigkeit und zur Temperaturabhängigkeit der Enzymwirkung: 45 min

Vorbereitung

1. Das große Becherglas wird zu einem Drittel mit Wasser gefüllt. Dieses wird mit dem Bunsenbrenner auf 40 °C erwärmt (Wasserbad, großes Becherglas).
2. In einem kleinen Becherglas werden 4 g Quark mit 100 ml Wasser vermischt. Dabei wird der Quark zunächst mit wenig Wasser verrührt und schließlich nach und nach mit dem Rest des Wassers versetzt. Es entsteht eine milchig-weiße Flüssigkeit (s. Versuch 2.1.1, Schritt 1).
3. Durch Zugabe von etwa 5 ml Natronlauge wird der Quark in Lösung gebracht. Der Quark löst sich, die Flüssigkeit wird durchsichtig und sie opalisiert (s. Versuch 2.1.1, Schritt 2).
4. Durch tropfenweise Zugabe von Essigsäure wird die Lösung auf einen pH-Wert zwischen 7 und 8 eingestellt.
5. Eine 1 %ige Pankreatinlösung wird frisch angesetzt (1 g Pankreatin auf 100 ml Wasser).

Durchführung

a) Zeitabhängigkeit der Enzymwirkung

1. 6 Reagenzgläser werden mit den Ziffern 0 bis 5 beschriftet.
2. In jedes Glas werden mit dem Meßzylinder 5 ml Quarklösung eingefüllt. Die Gläser werden ins Wasserbad von 40 °C gestellt (großes Becherglas).
3. Die Stoppuhr wird eingeschaltet. In die Gläser 1 bis 5 wird sofort je 1 ml Pankreatinlösung pipettiert, in Glas 0 (Blindprobe) 1 ml Wasser.
4. Nach 2 min wird 1 ml Essigsäure in Glas 1 pipettiert, nach 4 min die gleiche Menge Essigsäure in Glas 2, nach 6 min in Glas 3, nach 8 min in Glas 4 und nach 10 min in die Gläser 5 und 0.
5. Nach Versuchsende werden die Inhalte der 6 Gläser in je eine kleine Petrischale geschüttet, die Schalen werden über den Overheadprojektor betrachtet.

b) pH-Abhängigkeit der Enzymwirkung

1. 5 weitere Reagenzgläser werden mit den Ziffern 1 bis 5 beschriftet und mit je 5 ml Quarklösung versetzt. Dieser Versuch wird bei Raumtemperatur durchgeführt.
2. Mit Hilfe von Essigsäure bzw. Natronlauge werden die folgenden pH-Werte eingestellt:

Glas 1	Glas 2	Glas 3	Glas 4	Glas 5
pH 5,5	pH 6,5	pH 7,5	pH 8,5	pH 9,5

3. Die Stoppuhr wird eingeschaltet. In die Gläser wird sofort je 1 ml Pankreatinlösung pipettiert.
4. Nach 10 min wird der nicht abgebaute Quark in allen Gläsern durch Zutropfen von Essigsäure gefällt.
5. Dann wird wie im Versuch zur Zeitabhängigkeit der Enzymwirkung, Schritt 5, verfahren.

c) Temperaturabhängigkeit der Enzymwirkung

1. Drei weitere Reagenzgläser werden mit den Ziffern 1 bis 3 beschriftet und mit je 5 ml Quarklösung (pH 7 bis 8) versetzt.
2. Glas 1 wird ins Wasserbad von 40 °C gestellt (großes Becherglas), Glas 2 bleibt bei Raumtemperatur im Reagenzglasständer, Glas 3 wird auf Eis gestellt.
3. Nach dem Abkühlen von Glas 3 wird die Stoppuhr eingeschaltet. In jedes der Gläser wird sofort 1 ml Pankreatinlösung pipettiert.
4. Nach 10 min wird in jedes Glas je 1 ml Essigsäure pipettiert.
5. Nach Versuchsende wird wie im Versuch zur Zeitabhängigkeit der Enzymwirkung, Schritt 5, verfahren.

Erläuterungen und Hinweise

Vorbereitung

zu 4.:
Der pH-Wert der Lösung wird auf die Reaktion des Bauchspeichels, das natürliche Milieu der Pankreasenzyme, eingestellt. Dieser weist je nach Bikarbonatgehalt einen pH-Wert zwischen 7,6 und 8,3 auf (Knoblauch 1972, S. 301).

Der pH-Wert nimmt in den oberen Bereichen nur sehr langsam ab, wogegen er sich ab pH 9 auch bei Zugabe kleiner Säuremengen sprunghaft nach unten ändert (s. Neutralisationskurve bei der Titration einer starken Base mit einer schwachen Säure im Chemielehrbuch). Falls Quark ausfällt, wurde zuviel Essigsäure zugetropft. In diesem Fall wird mit Natronlauge ver-

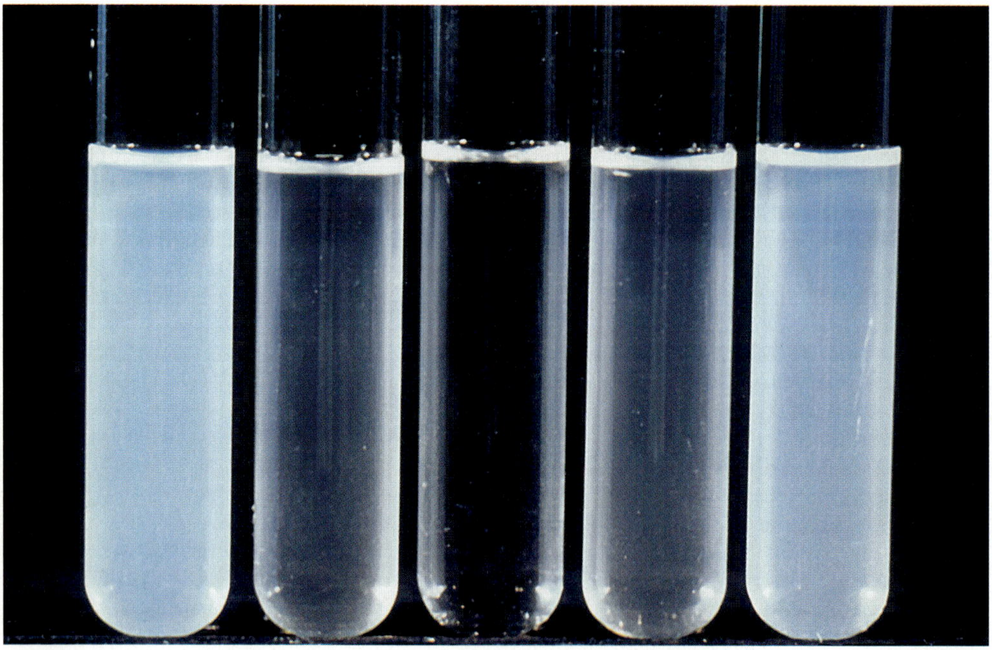

Abb. 16.1: Ergebnis des Abbaus von Quark mit Pankreatin bei verschiedenen pH-Werten. Das Optimum der Pankreatinwirkung liegt im leicht alkalischen Bereich. Häufig ist dies ein pH-Wert von etwa 7,5 (mittleres Glas)

setzt, dann wird erneut Essigsäure zugegeben.

zu 5.:
Die Pankreatinlösung muß stets frisch angesetzt werden. Das Pankreatinpulver verliert nach einigen Jahren seine Wirksamkeit.

Zeitabhängigkeit der Enzymwirkung

zu 2.:
Bei 40 °C läuft die enzymatische Reaktion besonders schnell ab, diese Temperatur entspricht in etwa der Körpertemperatur der Schlachttiere, aus deren Bauchspeicheldrüse Pankreatin gewonnen wird.

zu 4.:
Die Menge der Essigsäure ist so gewählt, daß die Lösung nach Zugabe einen pH-Wert von 4,6 aufweist, so daß der noch nicht abgebaute Quark gefällt wird (isoelektrischer Punkt!). Die Menge des Präzipitates ist ein Maß für den enzymatischen Abbau zum Zeitpunkt der Säurezugabe.

Abb. 17.1: Ergebnis des Quarkabbaus bei verschiedenen Temperaturen. Das beste Ergebnis erhält man bei 40 °C

2.2 Industrielle Früchteverarbeitung mit Hilfe von Pektinase

Wie befördert man Orangensaft aus Spanien auf wirtschaftliche Art nach Deutschland? Oder Saft aus Tropenfrüchten, wie Mango, Papaya und Passionsfrucht, aus Südamerika in die USA? Technisch wird heute der Saft im Erzeugerland eingedickt und das entzogene Wasser im Land des Verbrauchers wieder zugesetzt (Fruchtsaftkonzentrat). So werden Transportkosten gespart.

Die Sache hat allerdings einen Haken: Aus Saft wird beim Eindicken normalerweise Gelee. Denn Fruchtsaft enthält Pektin. Besonders viel davon ist im Saft dickfleischiger Früchte, wie z.B. der Passionsfrucht, enthalten. Pektin polymerisiert bei Wasserentzug und bewirkt so das Gelieren. Bei der Herstellung des Konzentrates würden Maschinen verstopfen und der Saft anbrennen. Dieses verhindert man in der Saftindustrie durch Zugabe von Pektinase in den einzudickenden Saft. Bei ihr handelt es sich um ein Enzym, das Pektin spaltet.

Im unreifen Obst liegt Pektin in unlöslicher Form vor. Unter der Wirkung von Pektinase findet beim Reifen ein Teilabbau statt, so daß lösliche Pektinformen entstehen, die auch in die Fruchtsäfte gelangen, und das Obst weich wird.

Die Verwendung dieses Enzyms bei der Saftherstellung erhöht überdies die Saftausbeute. Denn ein relativ großer Teil des Saftes wird von Pektin gebunden und im Trester zurückgehalten. Pektinase gewinnt man in reiner Form aus dem Schimmelpilz *Aspergillus niger*.

Das Gelieren kann man zum Einstieg in die folgenden Versuche durch Kochen frisch ausgepreßten Apfelsaftes demonstrieren. Käuflicher Apfelsaft, der mit Pektinase behandelt ist, geliert nicht (Kontrolle!).

2.2.1 Nachweis des Pektinabbaus durch Pektinase in frisch gepreßtem Apfelsaft (Alkoholtest)

Geräte

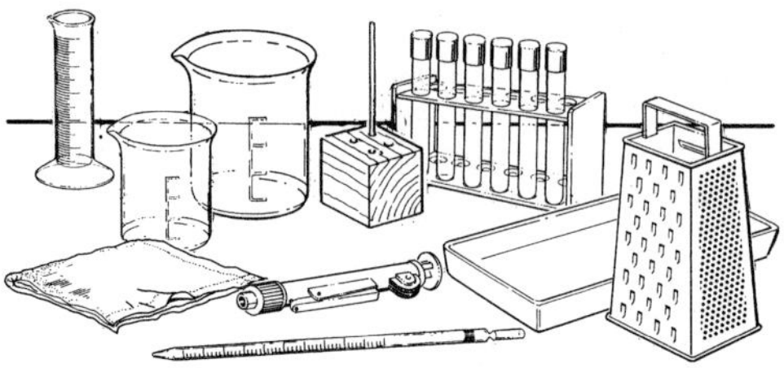

1 Becherglas (50 ml)
1 Becherglas (100 ml)
1 Glasstab
2 Kolbenpipettierhilfen
1 Küchenreibe
3 Meßpipetten (5 ml)
1 Meßzylinder (10 ml)
6 Reagenzgläser mit Alukappe oder Stopfen
1 Reagenzglasständer
2 Schalen (Kunststoff)

Verbrauchsmaterial, Chemikalien, Lebewesen

1 Apfel
1 Stoffwindel
Ethanol, 96 % (vergällt)
Pektinaselösung, s. *Anhang* 1.22

Zeitbedarf

25 min

Vorbereitung

Es wird eine 5 %ige Pektinaselösung gemäß Anhang 1.22 hergestellt.

Durchführung

1. Der Apfel wird in eine der Plastikschalen gerieben und das Mus durch eine doppelt gelegte Windel über der zweiten Plastikschale kräftig ausgedrückt. Der Saft wird in ein Becherglas gegeben. Ein Apfel ergibt etwa 50 ml Saft.
2. 10 ml des Saftes und 2 ml Enzymlösung werden in ein Becherglas gegeben und geschüttelt. In diesem Becherglas kann das Absetzen des Trubes nach Enzymzugabe über einen längeren Zeitraum beobachtet werden.
3. In ein Reagenzglas werden 5 ml Saft und dann 5 ml Alkohol gegeben. Es wird mit einem Stopfen verschlossen, vorsichtig zweimal umgeschüttelt und dann ruhig stehengelassen.
4. Zum Rest des Saftes (ca. 40 ml) werden unter Rühren mit dem Glasstab 3 ml Enzymlösung gegeben. Die Stoppuhr wird gedrückt. Nach 3, 6, 9 (evtl. 12) min werden aus dem Becherglas 5 ml Saft in je ein Reagenzglas pipettiert und mit 5 ml Alkohol gemischt. Die Reagenzgläser werden verkorkt, zweimal vorsichtig umgeschüttelt sowie schließlich möglichst erschütterungsfrei in den Reagenzglasständer gestellt. Die Gelbildung wird beobachtet.
5. Nachdem jedes Reagenzglas mindestens 5 min ruhig gestanden hat, kann durch **(vorsichtiges)** Schwenken überprüft werden, ob die Ausflockungen als Gelpfropfen an der Oberfläche bleiben oder sich als lockere Bestandteile am Boden des Reagenzglases sammeln (Abb. 19.1).

Erläuterungen und Hinweise

zu 2.:
Das Absetzen des Trubes kann nur beobachtet werden, wenn das Becherglas erschütterungsfrei steht. Die Trubstoffe bestehen unter anderem aus Resten von Zellwänden. Sie werden durch das Pektin in Lösung gehalten. Durch die enzymatische Entfernung des Pektins fallen die Trubstoffe aus.

zu 3.:
Pektin bildet mit Alkohol ein unlösliches Gel. Der „Alkoholtest" wird in der Fruchtsaftindustrie zur Bestimmung des Pektingehaltes von Fruchtsäften durchgeführt.

zu 5.:
Der Gelpfropfen entsteht aus der Reaktion von Alkohol mit Pektin (alkoholische Fällung des Pektins). Je weniger Pektin im Saft vorhanden ist, desto kleiner ist der gebildete Gelpfropfen, und desto größer ist folglich die Menge abgesetzten Trubes.

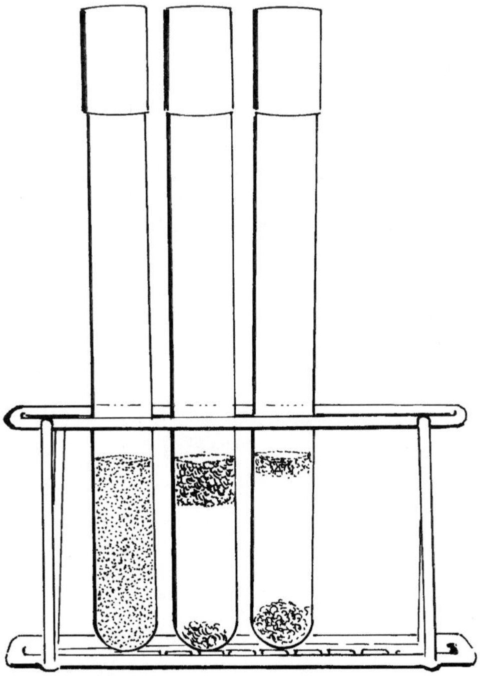

Abb. 19.1: Wirkung der Pektinase.
Links: Bildung des Trubes nach Enzymzugabe (nach 3 min)
Mitte: Bildung eines unlöslichen Gels durch Reaktion von Alkohol und Pektin (nach 6 min)
Rechts: Demonstration des Pektinabbaus. Nachdem alles Pektin abgebaut ist, bildet sich kein unlösbares Gel mehr (nach 9 min)

2.2.2 Erhöhung der Saftausbeute durch Pektinase

Geräte

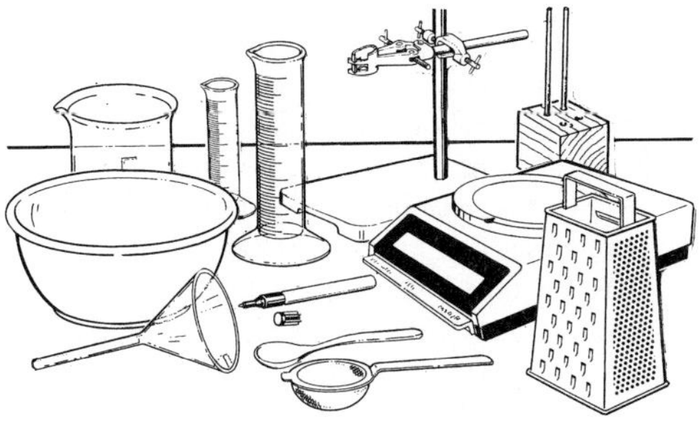

2 Bechergläser (100 ml)
1 Filzschreiber
2 Glasstäbe
1 Küchenreibe
1 Laborwaage
2 Löffel
3 Meßzylinder (1 x 10 ml, 2 x 50 ml)
1 Plastikschale
2 Stative, Muffen, Stativklammern
2 Teesiebe
2 Trichter

Verbrauchsmaterial, Chemikalien, Lebewesen

2 Äpfel
Leitungswasser
10 ml Pektinaselösung, 5 %, s. *Anhang* 1.22

Zeitbedarf

25 min

Vorbereitung

Es wird eine 5%ige Pektinaselösung gemäß Anhang 1.22 hergestellt. Die Lösung ist im Kühlschrank (4 °C) ein bis zwei Tage haltbar.

Durchführung

1. Die beiden Äpfel werden in eine Plastikschale gerieben.
2. Die beiden Bechergläser werden mit den Buchstaben A und B beschriftet. Dann wird die Apfelmaische zu gleichen Teilen in die zwei Bechergläser eingewogen.
3. Anschließend werden 10 ml Wasser in Becherglas A und 10 ml Pektinaselösung in Becherglas B pipettiert. Die Bechergläser werden 10 min stehengelassen. In Minutenabständen werden mit Hilfe der Glasstäbe die Maischen umgerührt.
4. In der Zwischenzeit werden die Trichter mit den Stativklammern an den Stativen befestigt. In jeden Trichter wird je ein Teesieb gelegt. Unter die Trichter werden die Meßzylinder gestellt. (Das Rühren der Maischen darf dabei nicht vergessen werden!)
5. Nach Ablauf von 10 min werden die Apfelmaischen aus den Bechergläsern A und B in je ein Teesieb geschüttet. Dabei müssen unter Umständen die Löffel zu Hilfe genommen werden. Die Maischen dürfen nicht in das Teesieb hineingedrückt werden. Nach etwa 5 min können die Saftmengen in den Standzylindern abgelesen werden.

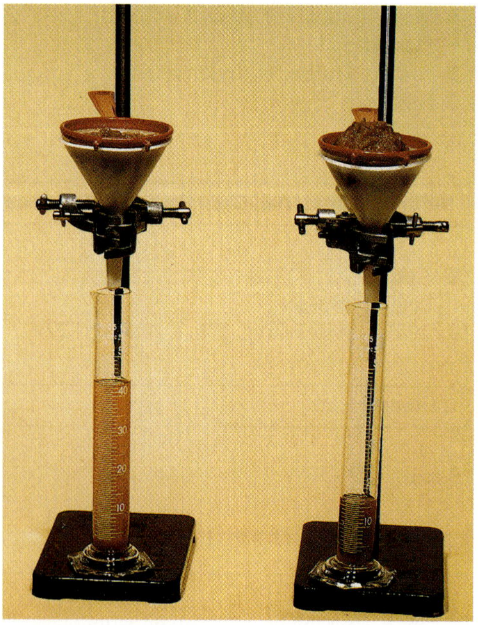

Abb. 20.1: Versuchsaufbau zur Saftausbeute aus Apfelmaischen

2.3 Enzymproduktion durch Mikroorganismen

2.3.1 Stärkeabbau durch Amylase

Stärke wird von zahlreichen Bakterien und Pilzen abgebaut, wobei die einzelnen Arten zu diesem Zweck spezifische Enzyme (Amylasen) erzeugen. Diese werden von den Mikroorganismen ausgeschieden; denn das Makromolekül Stärke wird außerhalb der Zelle zerlegt, es kann über die Zellmembran nicht aufgenommen werden. Das Endprodukt der Stärkespaltung ist letztlich Glucose (s. 1.4.1). Stärke und stärkefreie Zonen im Nährboden werden mit Hilfe Lugolscher Lösung nachgewiesen.

Geräte

1 Autoklav oder Schnellkochtopf
1 Brutschrank
1 Bunsenbrenner
1 Erlenmeyerkolben (300 ml)
1 Impföse, im Holzblock
1 Petrischale pro Ansatz

Verbrauchsmaterial, Chemikalien, Lebewesen

Lugolsche Lösung (ersatzweise Iod-/ Kaliumiodidlösung gem. Anhang 1.11)
Stärkeagar, s. *Anhang* 2.15
Nährbouillon, s. *Anhang* 2.14

5 ml einer Übernachtkultur von – *Bacillus subtilis* (DSM 10)

Zeitbedarf

Ansetzen der Nährböden:	60 min
Beimpfen der Nährböden:	15 min
Wartezeit:	24 h
Behandlung mit Lugolscher Lösung und Auswertung:	15 min

Vorbereitung

1. *Bacillus subtilis* (DSM 10) wird bei der DSM – Deutsche Sammlung von Mikroorganismen und Zellkulturen GmbH bestellt.
2. Die folgenden Lösungen werden angesetzt und sterilisiert (s. *Anhang*):
   a) 5 ml Nährbouillon (NB) für die Übernachtkultur von *Bacillus subtilis* werden in einem Reagenzglas angesetzt, das mit einer Alukappe oder einem Stopfen verschlossen wird.
   b) 200 ml Stärkeagar werden in einem 300 ml Erlenmeyerkolben angesetzt, nach dem Abkühlen auf 50 °C wird pro Ansatz eine Platte gegossen.
   c) Die stärkehaltigen Nährböden (Stärkegehalt: 0,2 %) werden gemäß *Anhang* 2.15 hergestellt.
   Falls Fertignährböden verwendet werden, siehe „Erläuterungen und Hinweise".
3. Die Übernachtkultur von *Bacillus subtilis* wird angeimpft, das Reagenzglas wird bei 30 °C in den Brutschrank gestellt.

Durchführung

1. Nach dem Erstarren wird der Agar beimpft,

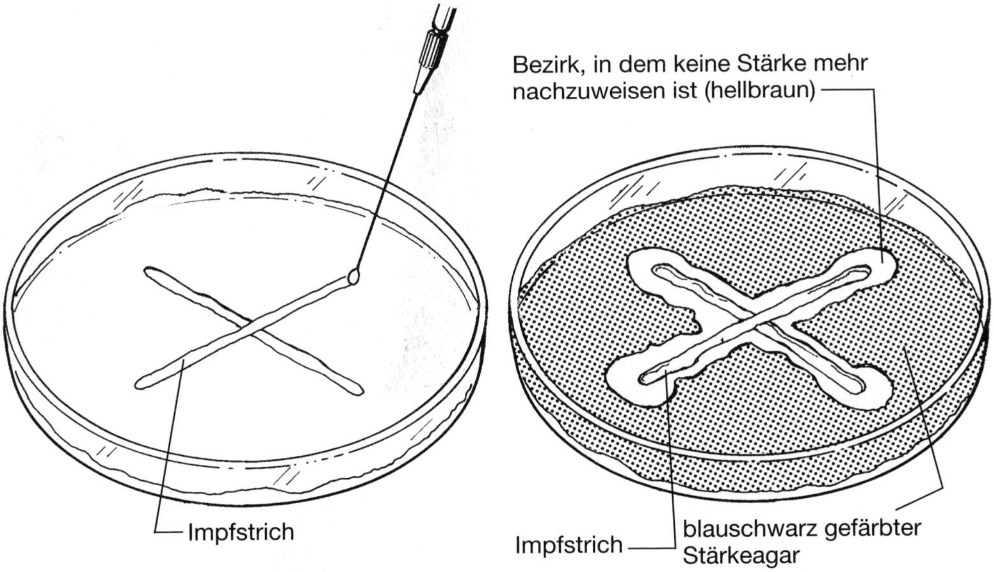

Abb. 21.1: links: Beimpfen von Stärkeagar, rechts: mit Lugolscher Lösung übergossene *B. subtilis*-Kultur auf Stärkeagar

indem man die Impföse kreuzweise oder in anderen Mustern darüberstreicht (Abb. 21.1, links).

2. Die beimpften Platten werden zwei Tage bei 30 °C bebrütet (Abb. 22.1 oben). In der Zwischenzeit kann Punkt 3 erledigt werden.
3. Falls keine Lugolsche Lösung vorhanden ist, ist sie gemäß *Anhang* 1.11 anzusetzen.
4. Die Lugolsche Lösung wird vorsichtig auf die bebrüteten Agarplatten gegossen, bis die gesamte Oberfläche bedeckt ist. Stellen, an denen noch Stärke vorhanden ist, färben sich blauschwarz (Abb. 21.1, rechts, Abb. 22.1, unten).

Erläuterungen und Hinweise

Vorbereitung:

Fertignährböden dürfen keine Glucose oder andere Mono- oder Disaccharide enthalten, weil beim Vorliegen solcher leicht abbaubarer Kohlehydrate *Bacillus subtilis* wie übrigens auch viele Bakterien keine Stärke spaltet.

Durchführung:

zu 3.:
Die Lugolsche Lösung sollte am Tag vor der Verwendung angesetzt werden, da größere Iodkristalle bis zur vollständigen Auflösung einige Zeit benötigen. Der Einsatz eines Rührers (s. Band 1, S. 34ff.) oder Schüttlers (s. Band 1, S. 37ff.) ist dabei hilfreich. Im Kühlschrank ist Lugolsche Lösung einige Wochen haltbar.
Vorsicht: Iod ist giftig!

zu 4.:
Stärke bildet mit Iodlösung eine blauschwarze Einschlußverbindung. Unmittelbar nach dem Überschichten der Platten mit Iodlösung färben sich alle Bezirke der Nährbodenoberfläche, wo noch Stärke vorliegt, dunkelblau bis schwarz. Haben die Mikroorganismen Stärke abgebaut, bilden sich an den Rändern der Impfstriche hellbraune Zonen (Eigenfarbe der Lugolschen Lösung s. Abb. 22.1, unten).

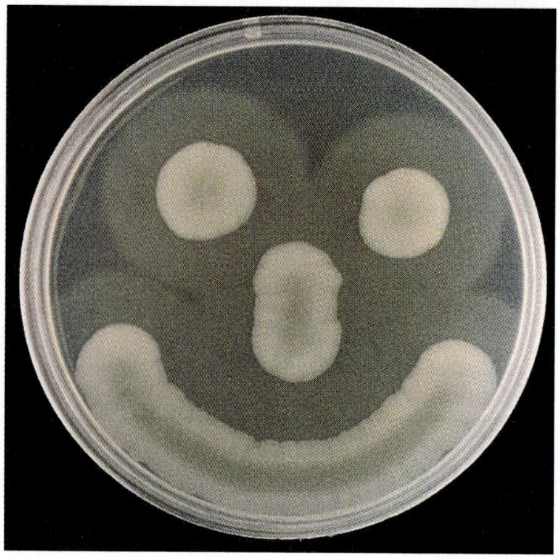

Abb. 22.1: Stärkeabbau durch *Bacillus subtilis*. Oben: Kultur auf stärkehaltigem Nährboden, Bebrütungsdauer: 2 Tage
Unten: Dieselbe Kultur nach Behandlung mit Lugolscher Lösung. Diejenigen Bereiche der Nährbodenoberfläche, an denen ein Stärkeabbau durch bakterielle Amylase stattgefunden hat, erscheinen hell und nicht blauschwarz

2.3.2 Viskosimetrischer Nachweis des Stärkeabbaus

Stärkelösung besitzt eine höhere Viskosität (Zähigkeit) als eine Glucoselösung. Dies zeigt sich z.B. daran, daß Stärkelösung aus einer Pipette langsamer ausläuft als Glucoselösung. Deshalb kann durch wiederholte Bestimmung der Auslaufzeit der Abbau der Stärke durch stärkespaltende Enzyme verfolgt werden.

Das hier angegebene Meßverfahren beruht auf dem Prinzip des Viskosimeters nach OSTWALD-UBBELOHDE (Abb. 23.1). Bei diesem Verfahren wird die Zeit gemessen, die eine definierte Menge einer Flüssigkeit benötigt, um durch eine Kapillare zu strömen. Dies dauert um so länger, je dickflüssiger die Lösung ist (s. Abb. 23.2).

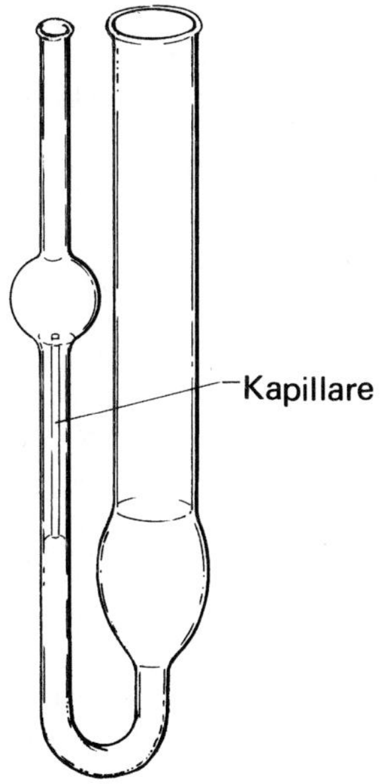

Abb. 23.1: Aufbau eines Kapillarviskosimeters

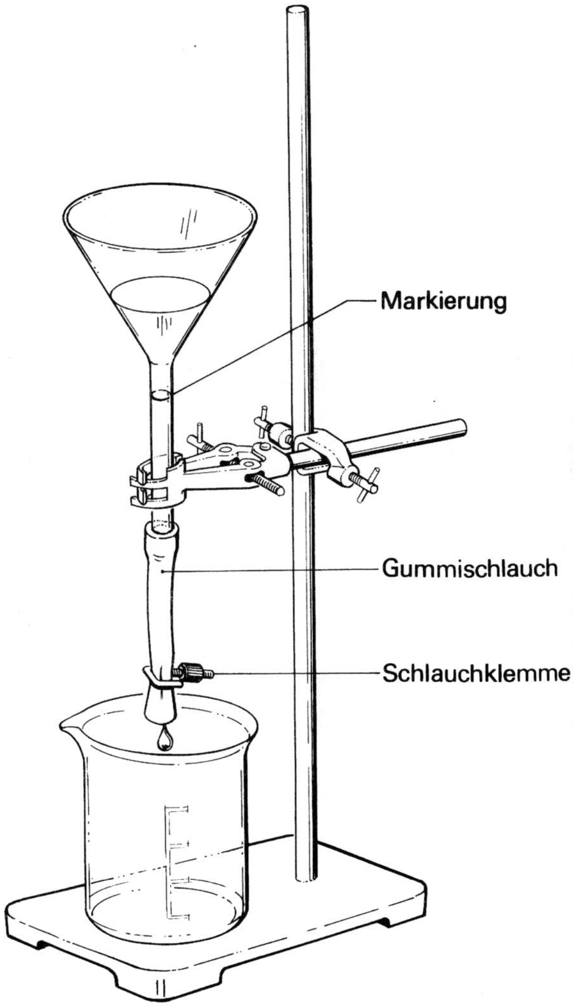

Abb. 23.2: Eigenbau eines Viskosimeters

Jedes Gefäß, das etwa 20 ml Lösung aufnehmen kann und eine enge Ausflußöffnung besitzt, kann als Viskosimeter dienen. Aus einem Trichter, einem Quetschhahn und einem Stück Gummischlauch kann man ein einfaches Viskosimeter selber zusammenbauen. Der Quetschhahn wird so eingestellt, daß die gesamte Stärkelösung in 30 bis 60 sec ausläuft. Die Zeitnahme wird beim Einfüllen der Lösung gestartet. Sie ist beendet, sobald der Flüssigkeitsspiegel der ablaufenden Lösung die Markierung passiert hat (s. Abb. 23.2). Einen guten Ersatz für ein solches Viskosimeter stellt eine graduierte Pipette von mindestens 20 ml Fassungsvermögen dar. Von diesem Volumen an ergeben sich gut meßbare Unterschiede bei Lösungen unterschiedlicher Viskosität. Verwendet man eine solche Pipette, sollte man sie nur bis zu einem Rest von einigen ml auslaufen lassen, da die Auslaufgeschwindigkeit zum Schluß auch aufgrund der Abnahme des hydrostatischen Drucks der Flüssigkeitssäule erheblich kleiner wird. Verwendet man Vollpipetten, so kann man zu diesem Zweck einige cm über der Auslauföffnung mit dem Filzschreiber eine Markierung anbringen.

Geräte

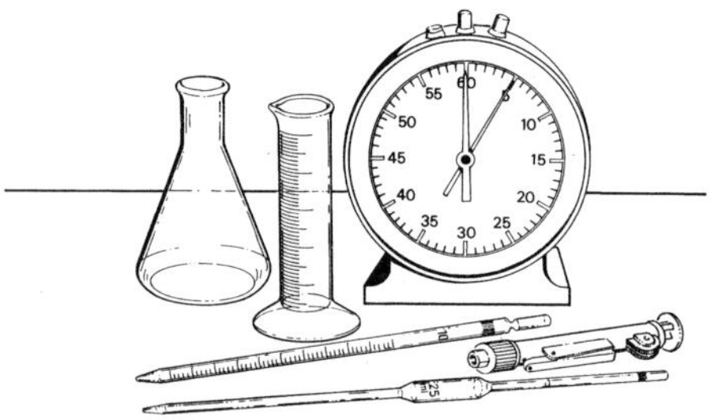

1 Erlenmeyerkolben (100 ml)
1 Meßzylinder (100 ml)
1 Meßpipette (10 ml)
1 Meßpipette (25 ml), ersatzweise Trichter, Gummischlauch und Quetschhahn (Abb. 23.2)
1 Kolbenpippetierhilfe
1 Stoppuhr

Verbrauchsmaterial, Chemikalien, Lebewesen

Nährbouillon, s. *Anhang* 2.14
Stärke
5 ml einer Übernachtkultur von *Bacillus subtilis* (DSM 10)

Zeitbedarf

Ansetzen und Beimpfen der Medien:	45 min
Bestimmung der Viskosität:	15 min

Vorbereitung

1. *Bacillus subtilis* (DSM 10) wird bei der DSMZ – Deutsche Sammlung von Mikroorganismen und Zellkulturen GmbH bestellt.
2. 5 ml Nährbouillon (NB) für die Übernachtkultur von *Bacillus subtilis* werden in einem Reagenzglas gemäß *Anhang* 2.14 angesetzt, das mit einer Alukappe oder einem Stopfen verschlossen wird.
3. Die Übernachtkultur von *Bacillus subtilis* wird angeimpft und das Reagenzglas bei 30 °C in den Brutschrank gestellt.

Durchführung

1. In einem Erlenmeyerkolben werden 4 g Stärke in 90 ml Wasser aufgeschlämmt, durch kurzes Aufkochen gelöst und auf 30 °C abgekühlt. Anschließend gibt man 10 ml der Übernachtkultur hinzu.
2. Nach gründlichem Umrühren wird sofort ein bestimmtes Volumen der Suspension mit der großen Pipette aufgesaugt (Kolbenpipettierhilfe verwenden) und die Zeit gemessen, in der die Suspension daraus ausläuft. Nach der Messung wird der Erlenmeyerkolben verschlossen und in einem Brutschrank bei 30 °C bebrütet. Zum Vergleich wird die Auslaufzeit der gleichen Menge Wasser gemessen.
3. Die Auslaufzeit der Suspension wird während einer Woche täglich gemessen und notiert.

Erläuterungen und Hinweise

Vorbereitung:

zu 1.:

Auch bei diesem Versuch darf keine Nährbouillon verwendet werden, die leicht abbaubare Kohlenhydrate (Mono-, Disaccharide) enthält. Anderenfalls spaltet *Bacillus subtilis* die Stärke nicht.

Durchführung:

zu 1.:

Es ist für das Gelingen dieses Versuchs unerheblich, ob die Stärke aus Weizen, Mais, Reis oder anderen Pflanzen stammt. Lösliche Stärke ist für diesen Versuch ungeeignet, da bei ihrer Herstellung die Molekülketten durch Hydrolyse soweit gespalten werden, daß die Viskosität ihrer Lösung nur wenig über der von Wasser liegt.

Bevor man diesen Versuch zum ersten Mal macht, empfiehlt es sich, 4 g Stärke in 100 ml Wasser zu lösen und die Viskosität der aufgekochten und wieder erkalteten Lösung zu prüfen. Es sollten sich mindestens doppelt so lange Auslaufzeiten ergeben wie für Wasser.

zu 2.:

Anstelle der Pipette kann ein Viskosimeter verwendet werden (Abb. 23.1). Bei allen Messungen muß aber dasselbe Gerät benutzt werden, damit jeweils die gleichen Auslaufbedingungen herrschen. Ferner muß die Lösung bei jeder Messung dieselbe Temperatur haben, weil die Viskosität von Flüssigkeiten temperaturabhängig ist.

zu 3.:

Der Versuch sollte nach einer Woche abgebrochen werden, da die Gefahr besteht, daß sich mit der Zeit aufgrund von Kontamination unerwünschte Mikroorganismenarten vermehren.

2.3.3 Verflüssigung eines Gelatine-Gels durch Protease

Proteine liegen in großen Mengen im Erdboden vor, sie stammen aus toten Tieren und Pflanzen. Proteine werden von Mikroorganismen verwertet, die sie mittels geeigneter Enzyme (Proteasen) in Oligopeptide oder Aminosäuren aufspalten. Die Aktivität der bakterieneigenen Proteasen wird anhand der Verflüssigung eines Gelatine-Gels demonstriert. Mit der Zerstörung der Proteinmoleküle werden die von diesen eingeschlossenen kleinen Wasserportionen wieder frei, so daß das Gel sich verflüssigt (s. Abb. 25.1).

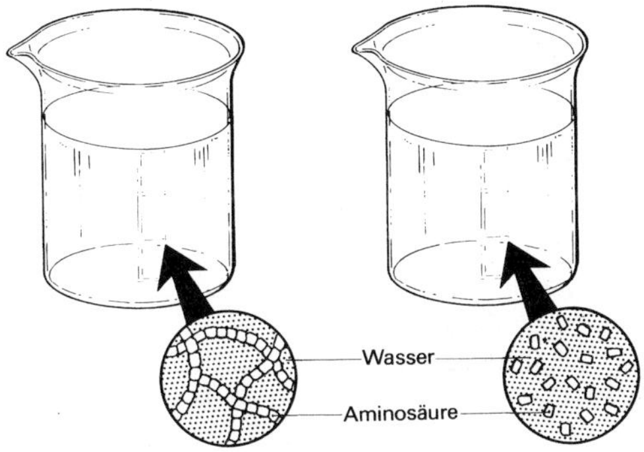

Abb. 25.1: Die Eiweißmoleküle in einem Gel schließen das Wasser in kleinen Portionen ein (links). Die freigesetzten Aminosäuren schwimmen frei in der Lösung (rechts)

Als Eiweißstoff wird in diesem Versuch Gelatine verwendet, weil sie eine besonders hohe Gelierfähigkeit besitzt. Gelatine ist ein Hydrolyseprodukt des Osseins, eines zur Gruppe der Kollagene gehörenden Eiweißes, das in Knochen (lat. *os, ossis*) vorkommt. Es besteht hauptsächlich aus den Aminosäuren Glycin, Prolin und Hydroxyprolin. Die Molekülmasse beträgt je nach Herkunft und Art der Herstellung 40.000 bis 100.000 M. Gelatinelösungen mit einer Konzentration von über 1 % können erstarren. Dies hängt außer von der Temperatur auch von anderen Bestandteilen der Lösung ab, vor allem ihrem Gehalt an gelösten Salzen.

Geräte

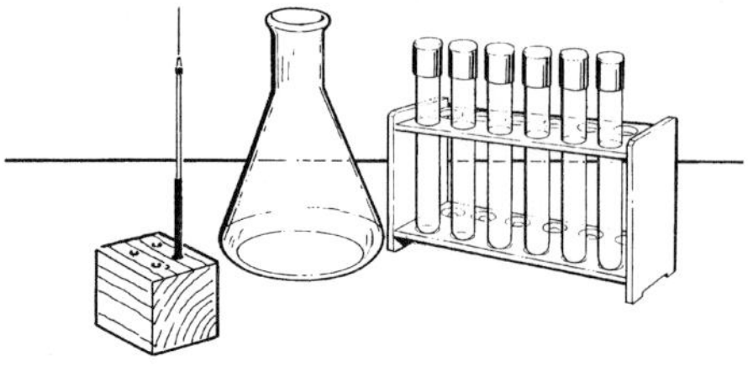

1 Erlenmeyerkolben zum Ansetzen der Nährgelatine
1 Impfnadel, im Holzblock
1 Reagenzglas pro Ansatz
1 Reagenzglas für die Kontrolle
1 Reagenzglasständer
Verschlußkappen

Verbrauchsmaterial, Chemikalien, Lebewesen

HCl, 1 n (*Anhang* 1.10)
NaOH, 1 n (*Anhang* 1.17)
Gelatine (*Merck* 104078)
Nährbouillon, s. *Anhang* 2.15
5 ml einer Übernachtkultur von *B. megaterium*
Indikatorpapier

Zeitbedarf

45 min

Vorbereitung

1. *Bacillus megaterium* (DSM 32) wird bei der DSMZ – Deutsche Sammlung von Mikroorganismen und Zellkulturen GmbH bestellt.
2. 100 ml Nährbouillon (NB) werden in einem Erlenmeyerkolben angesetzt (s. *Anhang* 2.15).
3. 5 ml der Nährbouillon werden für die Übernachtkultur von *Bacillus subtilis* in ein Reagenzglas gegeben, das mit einer Alukappe oder einem Stopfen verschlossen wird. Die Übernachtkultur wird angeimpft und das Reagenzglas bei 30 °C in den Brutschrank gestellt.
4. Zu der restlichen Nährbouillon werden 15 g Gelatine zugegeben. Diese läßt man zunächst 10 min quellen, dann löst man sie durch Erwärmen. Der pH-Wert wird mit einigen Tropfen verdünnter Salzsäure bzw. Natronlauge auf 7,0–7,2 eingestellt. Anschließend wird die Lösung sterilisiert.
5. Die sterile, noch heiße Lösung wird in Portionen von ca. 10 ml in 9 bis 10 Reagenzgläser gefüllt. Die Reagenzgläser werden gekühlt, bis die Lösung erstarrt ist. Das Erstarren wird durch Aufbewahren im Kühlschrank stark beschleunigt.

Durchführung

1. Ein Reagenzglas dient der Kontrolle. Die anderen werden beimpft, indem mit der ausgeglühten und wieder abgekühlten Impfnadel eine geringe Menge Bakterienmaterial aufgenommen wird, das dann etwa 5 cm tief in die erstarrte Gelatine eingestochen wird. Danach verschließt man die Reagenzgläser mit Kappen.
2. Die beimpften Reagenzgläser bewahrt man zusammen mit der Kontrolle bei 20 bis 22 °C auf und prüft täglich, ob sich die Gelatine verflüssigt hat. Spätestens nach vier Wochen wird der Versuch abgebrochen.

Erläuterungen und Hinweise

zu 2.:
Hat man mit *B. megaterium* beimpft, setzt die Verflüssigung bereits nach einigen Tagen ein. Verflüssigt sich auch die Kontrolle, so kann das zwei Ursachen haben:
a) Die Röhrchen stehen zu warm. Bereits bei einer Temperatur von 26 °C kann sich das Gel verflüssigen. Man prüft deshalb zunächst, ob sich das Gel bei kühlerer Lagerung (18 bis 20 °C) wieder verfestigt.

b) Die Gelatinelösung war beim Einfüllen in die Reagenzgläser nicht steril, so daß das Gel durch Bakterien verflüssigt wurde, die durch Kontamination in das Kontrollglas gelangt waren.

Der hohe Eiweißgehalt der Lösung (15 %) wurde gewählt, um ein sehr festes Gel zu erhalten, so daß man die Reagenzgläser bei der Prüfung auf Verflüssigung auf den Kopf stellen kann.

Fragen und Schwierigkeiten

1. Warum verflüssigen sich Gele bei höherer Temperatur?
   (Das Gerüst aus Eiweißmolekülen kann dem aus der Bewegungsenergie der Wassermoleküle resultierenden Druck nur begrenzt standhalten).
2. Wie heißen die wichtigsten, im menschlichen Körper gebildeten Proteasen und wo werden sie gebildet?
   (Erepsine im Darm und in der Bauchspeicheldrüse, Trypsin [genauer: Trypsinogen] in der Bauchspeicheldrüse).
3. Das Gift vieler Schlangen enthält Proteasen. Welche Wirkung übt es aus?
   (Es führt zur Zerstörung von Zellen z.B. des Blutes gebissener Tiere oder Menschen).

2.4 Das Prinzip der Immobilisierung: Alkoholische Gärung mit Hilfe immobilisierter Hefezellen

Geräte

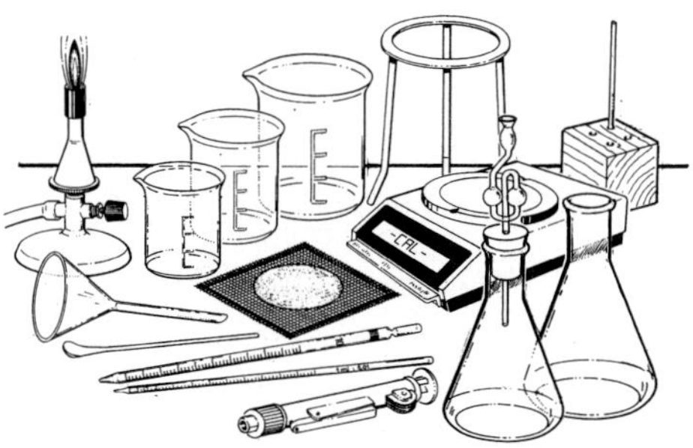

2 Bechergläser (50 ml)
2 Bechergläser (100 ml)
1 Becherglas (250 ml)
1 Bunsenbrenner
1 Drahtnetz
1 Dreifuß
2 Erlenmeyerkolben (200 ml), einer davon mit passendem, durchbohrtem Gummistopfen (für Gärröhrchen)
1 Erlenmeyerkolben (300 ml)
1 Gärröhrchen
1 Glasstab im Holzblock
1 Laborwaage
1 Meßpipette (1 ml)
1 Meßpipette (10 ml)
1 Kolbenpipettierhilfe
1 Spatel oder Löffel
2 Trichter

Verbrauchsmaterial, Chemikalien, Lebewesen

Aqua dest.
Haushaltszucker
Leitungswasser, abgekocht

Bariumhydroxidlösung (gesättigt), s. *Anhang* 1.2
Calciumchloridlösung, 2 %, s. *Anhang* 1.5
Natriumalginatlösung, 3 %, s. *Anhang* 1.18
Zuckerlösung, 2 %, s. *Anhang* 1.29

Bäckerhefe (1 g)

Zeitbedarf

Vorbereitung	
Herstellen der Lösungen und der Hefesuspension:	30 min
Herstellen der Alginatperlen:	15 min
Beobachten der Versuchsansätze:	10 min

Vorbereitung

Herstellen der Lösungen und der Hefesuspension

1. In einem 100 ml-Becherglas wird eine 3%ige Natriumalginatlösung gemäß *Anhang* 1.18 hergestellt.
2. In dem 200 ml- Erlenmeyerkolben wird eine 2 %ige Zuckerlösung gemäß *Anhang* 1.29 hergestellt.
3. In einem 200 ml-Becherglas wird eine 2 %ige Calciumchloridlösung gemäß *Anhang* 1.5 hergestellt.
4. In einem 50 ml-Becherglas wird eine gesättigte Bariumhydroxidlösung gemäß *Anhang* 1.2 hergestellt.
5. Zur Herstellung der 10 %igen Suspension von Bäckerhefe wird in einem 50 ml-Becherglas zu 1 g Hefe 9 ml abgekochtes und abgekühltes Leitungswasser (< 40 °C) gegeben. Das Wasser wird zuvor in einem 100 ml-Becherglas abgekocht.

Herstellung der Alginatperlen

6. Mit einer einzigen 10 ml-Pipette werden zunächst 4 ml Hefesuspension und dann zusätzlich 6 ml Natriumalginatlösung aufgenommen (abgekühlte Alginatlösung verwenden!). Der Inhalt der Pipette wird in ein 50 ml Becherglas gegeben und darin mit einem Glasstab gut durchmischt.
7. Die Mischung wird mit derselben 10 ml-Pipette erneut entnommen und der Inhalt tropfenweise in die Calciumchlorid-Lösung gegeben, und zwar durch Herausdrücken der Alginatmischung mittels Kolbenpipettierhilfe. Dabei wird die Pipette etwa 10 cm über der Oberfläche dieser Lösung gehalten. Aus den Tropfen entstehen in der Calciumchlorid-Lösung gelartige Perlen, in denen Hefezellen eingeschlossen sind (s. Abb. 28.1).
8. Die Calciumchlorid-Lösung wird mitsamt den Perlen in einen Trichter mit Filtertüte geschüttet, der in einem 300 ml-Erlenmeyerkolben steht. Die Perlen werden zweimal mit destilliertem Wasser gespült.
9. Die leere Pipette wird mit heißem Wasser sofort gründlich gereinigt.

Durchführung

1. Die Perlen werden vorsichtig in den 200 ml-Erlenmeyerkolben mit der Zuckerlösung geschüttet.
2. Der Kolben wird mit dem durchbohrten Gummistopfen verschlossen, in den zuvor das Gärröhrchen gesteckt wird.

Abb. 28.1: Herstellung von Alginatperlen in Calciumchlorid-Lösung

3. In das Gärröhrchen kommen etwa 2 ml klare Bariumhydroxid-Lösung. Die Ausbuchtungen des Röhrchens sollen höchstens bis zur Hälfte gefüllt sein.
4. Das Reaktionsgefäß wird bei Zimmertemperatur über Nacht stehengelassen. Am nächsten Tag erscheint die Bariumhydroxid-Lösung in den Gärröhrchen getrübt, die Zuckerlösung ist klar geblieben. An vielen Perlen haften kleine Gasblasen.

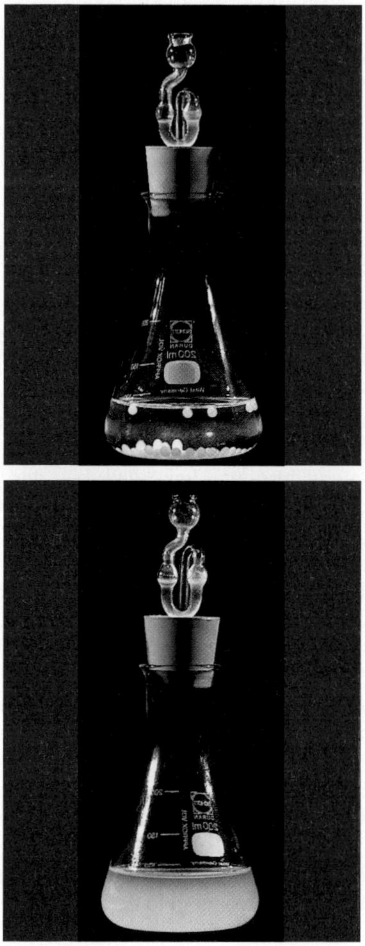

Abb. 29.1: Vergleich des Gärvorgangs zweier Zuckerlösungen.
Oben mit immobilisierten Hefezellen, unten mit nicht immobilisierten freien Hefezellen

Erläuterungen und Hinweise

Vorbereitung:

zu 2.:

Es kommt nicht darauf an, eine genau 2%ige Zuckerlösung zu verwenden. Gleichartige Ergebnisse erhält man auch mit einer 3-, 4- oder 5 %igen Lösung.

Durchführung:

zu 3.:

Zu Beginn der Aktivität der Hefezellen in der Zuckerlösung kann im Reaktionsgefäß ein Unterdruck entstehen (Atmung unter den anfänglich aeroben Bedingungen!) und $Ba(OH)_2$-Lösung hineingezogen werden.

zu 4.:

Im Gärröhrchen bildet sich ein Niederschlag von $BaCO_3$ nach der Formel

$$Ba(OH)_2 + CO_2 + H_2O \rightarrow BaCO_3 (\downarrow) + 2H_2O$$

Die Zuckerlösung bleibt klar, weil die Hefe immobilisiert ist und sich in der freien Zuckerlösung nicht vermehren kann. Die Erzeugung von Biomasse kann dadurch demonstriert werden, daß in einem zweiten Ansatz freie, d. h. nicht immobilisierte Hefe der Zuckerlösung zugegeben wird. Diese wird über Nacht trüb.

2.5 Abbau von Milchzucker (Lactose) durch immobilisierte Lactase

Milch besteht neben Wasser (zu etwa 90 bis 94 %) hauptsächlich aus Eiweiß, Fett, Milchzucker und Mineralstoffen, wobei der Milchzucker mit etwa 5 % den zweitgrößten Anteil hat. Er ist ein Disaccharid aus Glucose und Galaktose. Beide Bausteine sind über eine 1,4-β-glykosidische Bindung miteinander verknüpft. Durch Hydrolyse lassen sie sich trennen.

Trinkt ein Erwachsener täglich einen halben Liter Vollmilch, so wird er mit fast 70 % der benötigten Menge an tierischem Eiweiß und mit fast 80 % des benötigten Calciums versorgt. Aufgrund ihres Eiweiß- und Mineralstoffgehaltes wird Milch besonders bei der Kinderernährung eingesetzt (z.B. beim täglichen Pausenfrühstück). Der Milch wird auch eine besondere Rolle im Kampf gegen den Hunger in den Ländern der Dritten Welt Afrikas, Asiens und Südamerikas zugedacht. Zwischen 1955 und 1975 wurden aus den Industrienationen, besonders aus den Vereinigten Staaten, Millionen Tonnen Trockenmilchpulver in bedürftige Länder geschickt. Daraufhin kam es jedoch in diesen Ländern zu Klagen, weil der Genuß zu Blähungen, Darmkrämpfen und Durchfall führte. Im Jahre 1965 wurde der Grund dafür herausgefunden. Menschen mit derartigen Beschwerden sind nicht imstande, Milchzucker (Lactose) abzubauen. Ihnen fehlt das Enzym Lactase (β-Galaktosidase), das den Milchzucker in seine Monomere Glucose und Galaktose spaltet (vgl. 4.1). Die Unverträglichkeit von Milchzucker wird als Lactoseintoleranz bezeichnet. Diese ist innerhalb der farbigen Bevölkerung Afrikas, Asiens und Südamerikas weit verbreitet. Auch in Südeuropa ist sie häufiger anzutreffen als in den nördlichen Breiten unseres Kontinents.

Das Enzym Lactase wird in den Epithelzellen der Dünndarmschleimhaut gebildet. Es sorgt dafür, daß nicht der gesamte aufgenommene Milchzucker in die unteren Darmabschnitte gelangt. Bei Menschen, die keine Lactase bilden, gelangt zuviel Milchzucker in den Dickdarm. Dadurch erhöht sich der osmotische Druck im Darminneren, der zu einem erhöhten Wassereinstrom führt. Als Folgen treten Blähungen, Krämpfe und Durchfall auf.

Die Fähigkeit, auch nach dem Säuglingsalter noch erhebliche Mengen an Milchzucker verarbeiten zu können, kann eher als Ausnahme denn als Regel angesehen werden. Sie ist typisch für Regionen, in denen seit altersher Milch- und Milchprodukte eine wichtige Rolle in der Ernährung spielen (Haltung von Milchvieh). Demgemäß tritt auch bei uns die Milchzuckerunverträglichkeit relativ selten auf, bei älteren Menschen allerdings häufiger.

Um Milch und deren Produkte für lactoseintolerante Menschen in ernährungsphysiologischer Hinsicht besser nutzen zu können, wird heute in bestimmten Fällen die Spaltung des darin enthaltenen Milchzuckers durch das Enzym Lactase vorgenommen. In Deutschland ist die Verwendung von Lactase erst seit September 1987 erlaubt, eine Kennzeichnungspflicht entsprechend behandelter Produkte besteht nach dem Lebensmittelgesetz allerdings nicht. Dagegen ist lactasebehandelte Milch in Italien und Amerika schon lange im Handel.

Milchzucker ist bei 18 °C nur zu 20 % löslich. Ein Gemisch aus Glucose und Galaktose besitzt dagegen eine 50 %ige Löslichkeit, und Saccharose ist sogar zu 67 % löslich. Die geringe Löslichkeit des Milchzuckers bedeutet eine hohe Kristallisationstendenz in Sirupen, Kondensmilch oder Speiseeis. Diese sogenannte Sandigkeit ist in entsprechenden Produkten unerwünscht. So läßt sich der Einsatz des milchzuckerspaltenden Enzyms Lactase nicht nur in ernährungsphysiologischer, sondern auch in lebensmitteltechnologischer Hinsicht begründen. Die Süßkraft des Milchzuckers ist äußerst klein (s. Tab. 8.1). Deshalb werden bestimmte Milchgetränke (z.B. Schulkakao) zur Erhöhung der Süße mit Saccharose versetzt. Darauf kann beim Einsatz von Lactase verzichtet werden, weil bei der Milchzuckerspaltung auch Glucose freigesetzt wird. So kann der Gesamtzuckergehalt bei Milchgetränken heute heruntergesetzt werden, was z.B. im Hinblick auf die Kariesprophylaxe bei Schulkindern oder bei Übergewicht von Interesse ist.

Das Verfahren der enzymatischen Spaltung des Milchzuckers in der Milch gehört zur Enzymtechnik, einem Teilbereich der Biotechnik. Hierbei wird mikrobiell erzeugte Lactase, z.B. aus Schimmelpilzen der Gattung *Aspergillus* oder aus Hefen der Gattung *Kluyveromyces*, eingesetzt. Das Enzym wird intrazellulär gebildet und kann erst nach Zerstörung der Zellwände gewonnen werden. Hierzu müssen die entsprechenden Kulturen abgetötet werden. Die biotechnische Gewinnung intrazellulärer Enzyme ist daher in der Regel aufwendiger und teurer als die extrazellulärer Enzyme (z.B. Amylasen), die von den Bakterien in die Kulturbrühe abgegeben werden.

Damit die teure Lactase nach der Behandlung nicht in der Milch verbleibt, wird sie immobilisiert, d. h. an einen Träger gebunden (s. Abb. 7.1). Von diesem läßt sich die Milch nach der Enzymreaktion leicht trennen. Meist werden kontinuierliche Verfahren angewendet, wobei die Milch in einer bestimmten Geschwindigkeit am Enzymträger vorbeiströmt (s. Abb. 6.1). Ein weiterer Vorteil ist, daß das Enzym mehrfach verwendet und von vornherein die Umsatzrate der enzymatischen Reaktion festgelegt werden kann.

Geräte

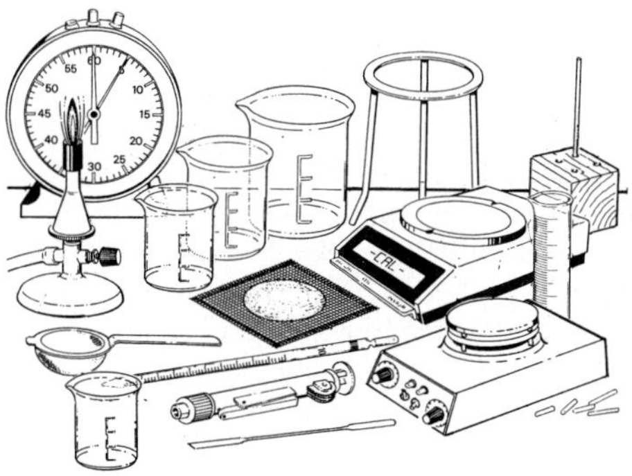

1 Becherglas (400 ml)
2 Bechergläser (250 ml)
2 Bechergläser (100 ml)
1 Becherglas (50 ml)
1 Bunsenbrenner
1 Drahtnetz
1 Dreifuß
4 Glasstäbe im Holzklotz
1 Laborwaage
1 Magnetrührer
1 Magnetrührstäbchen
2 Meßzylinder (100 ml)
1 Meßpipette (10 ml)
1 Kolbenpipettierhilfe
1 Spatel oder Löffel
1 Stoppuhr
1 Teesieb

Verbrauchsmaterial, Chemikalien, Lebewesen

Aqua dest.
Calciumchloridlösung, 2 %, s. *Anhang* 1.5
Diabur-Test 5000 (Glucoseteststreifen aus der Apotheke)
Lactaselösung, 10 %, s. *Anhang* 1.14
Milch, entrahmt
Natriumalginatlösung, 3 %, s. *Anhang* 1.18

Zeitbedarf

Vorbereitung:	10 min
Durchführung der Immobilisierung:	5 min
Durchführung der Milchzuckerspaltung:	20 min

Vorbereitung

1. In einem 100 ml-Becherglas wird eine 3%ige Natriumalginatlösung gemäß *Anhang* 1.18 hergestellt.
2. In einem weiteren 100 ml-Becherglas wird eine 10%ige Lactaselösung gemäß *Anhang* 1.14 hergestellt.
3. In einem 250 ml-Becherglas wird eine 2%ige Calciumchloridlösung gemäß *Anhang* 1.5 hergestellt.
4. In ein 250 ml-Becherglas werden 100 ml entrahmte Milch und das Magnetrührstäbchen gegeben.

Durchführung

Immobilisierung

1. Mit einer 10 ml-Pipette werden 4 ml Lactaselösung in ein 50 ml-Becherglas pipettiert. Anschließend werden mit derselben, ungespülten Pipette 6 ml abgekühlte Alginatlösung pipettiert. Mit einem Glasstab werden beide Lösungen im Becherglas kräftig durchgemischt. Dann wird das Gemisch (10 ml) vorsichtig in die Pipette zurückgesaugt.

2. Die Kolbenpipettierhilfe wird von der gefüllten Pipette genommen. Ihr Inhalt wird in das Becherglas mit der Calciumchloridlösung getropft. Dazu wird die Pipettenspitze etwa 10 cm senkrecht über das Becherglas gehalten. An der Eintropfstelle entstehen Alginatperlen mit einem Durchmesser von 3 bis 4 mm, in die die Lactase eingeschlossen ist. Die letzten 2 ml werden, evtl. unter Zuhilfenahme der Kolbenpipettierhilfe vorsichtig tropfenweise herausgedrückt.
3. Die leere Pipette wird mit heißem Wasser sofort gründlich gereinigt.

Abb. 32.1: Nachweis von Glucose mit Teststreifen in Lactase-behandelter Milch. Der Teststreifen des rechten Glases zeigt Blaufärbung. Auf dem Uhrglas liegen Alginatperlen.

Milchzuckerspaltung

4. Die Alginatperlen werden in ein Teesieb gegossen, das auf einem 400 ml-Becherglas liegt. Die Perlen sammeln sich im Sieb und werden dann noch zweimal mit je 100 ml destilliertem Wasser durchgespült.
5. Die abgetropften Perlen werden in die Milch gegeben und diese auf den Magnetrührer gestellt (langsam mischen!). Die Stoppuhr wird eingeschaltet.
6. In Abständen von 5 min wird je ein Teststreifen in die Milch getaucht (mindestens 3 Messungen!).

Erläuterungen und Hinweise

Zu 1.:
Die Alginatlösung wird abgekühlt bevor sie zu der Lösung von Lactase pipettiert wird, um eine Denaturierung des Enzyms zu vermeiden.

Zu 5.:
Die Reaktion läßt sich beschleunigen, wenn die Milch vor Versuchsbeginn auf etwa 40 °C erwärmt wird.

Zu 6.:
Am Ende des Versuches können die Alginatperlen wieder im Teesieb aufgefangen und – nachdem sie dreimal mit je 100 ml destilliertem Wasser gespült worden sind – in einem mit Alufolie verschlossenen Becherglas unter etwa 50 ml destilliertem Wasser im Kühlschrank aufbewahrt werden. Die Haltbarkeit beträgt etwa einen Monat, dann erfolgt eine allmähliche Kontamination mit Milchsäurebakterien. In dieser Zeit kann die Milchzuckerspaltung beliebig oft wiederholt werden. Vor der Messung sollten Perlen und Milch auf mindestens etwa 18 bis 20 °C erwärmt werden. Statt Milch kann auch Trinkmolke aus dem Reformhaus eingesetzt werden.

2.6 Bestimmung von Glucose mit Hilfe selbst hergestellter Teststreifen

Für den spezifischen Nachweis der Glucose im Schulunterricht eignet sich die „Glucose-Peroxidase-Methode“ (LABAHN-LUCIUS 1989, WENCK et al. 1989). Sie zählt zu den „enzymatischen Analysen“, mit deren Hilfe sich auch kleinste Substanzmengen nachweisen lassen. In der Medizin dient sie zum Nachweis der Glucose im Harn und im Blut. Zur Überprüfung des Harns auf Glucose (z.B. zur Früherkennung von Diabetes mellitus) wird die Untersuchung meist mit speziellen Teststäbchen oder Papierstreifen durchgeführt (BERGMEYER/BERNT 1974, AUTERHOFF/KNABE 1983). Solche Teststreifen lassen sich auch in der Schule zum Glucosenachweis einsetzen (s. 2.5).

Bei der „Glucose-Peroxidase-Methode“ werden zwei Enzyme eingesetzt: Glucoseoxidase (GOD) und Peroxidase (POD). Die Glucoseoxidase wird großtechnisch meist mit Hilfe eines Schimmelpilzes, des *Aspergillus niger* (Gießkannenschimmel), hergestellt. Die Peroxidase wird aus Meerrettich gewonnen (BERGMEYER/BERNT 1974, PÜTTER 1974).

Das Enzym Glucoseoxidase (GOD) oxidiert Glucose bei Vorliegen von Wasser und Sauerstoff zu Gluconsäure und Wasserstoffperoxid.

$$\text{Glucose} + H_2O + O_2 \xrightarrow{[GOD]} \text{Gluconsäure} + H_2O_2$$

Das entstandene Wasserstoffperoxid wird von der Peroxidase (POD) zersetzt. Dabei wird Sauerstoff frei, der Wasserstoffdonatoren, in diesem Fall Chromogene (DH_2), zu Farbstoff (D) oxidiert.

$$H_2O_2 + DH_2 \xrightarrow{[POD]} 2\,H_2O + D$$

Als Chromogen wird häufig ein Benzidinderivat, das o-Tolidin, eingesetzt. Wegen seiner cancerogenen Wirkung sollte dieser Stoff in der Schule nicht verwendet werden. Es empfiehlt sich auch nicht, auf eine ältere Nachweismethode mit Guajakol (o-Methoxyphenol) zurückzugreifen, der aus Buchenholzteer oder Guajakharzen gewonnen bzw. technisch aus Lignin oder o-Anisidin hergestellt wird. Denn auch das Guajakol ist giftig. Dagegen eignet sich die 2,2'-Azino-bis(3-ethyl)-benzthiazolinsulfonsäure [ABTS]. Sie reagiert bei Dehydrierung zu einem blauen Farbstoff (BERGMEYER/BERNT 1974).

Geräte

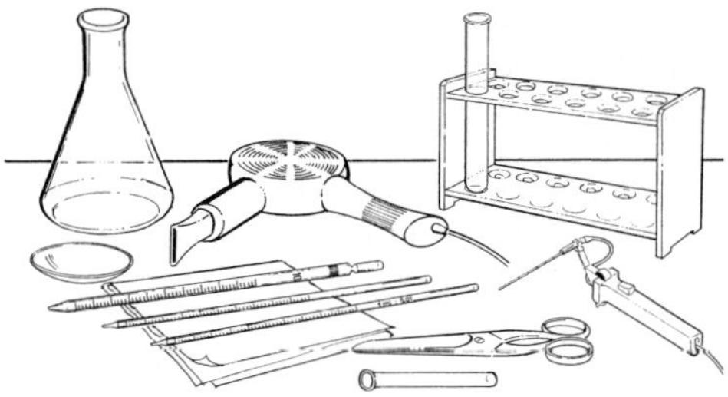

3 Erlenmeyerkolben (250 ml)
1 Bleistift
1 Bogen Filtrierpapier (58 x 58 cm), (*Binzer* 371)
1 Fön
3 Einmal-Mikropipetten (5 µl)
1 Meßpipette (1 ml)
1 Meßpipette (5 ml)
1 Meßpipette (10 ml)
1 Reagenzglas (18 x 180 mm)
2 Reagenzgläser (10 x 100 mm)
1 Reagenzglasständer
1 Schere
Uhrgläser

Verbrauchsmaterial, Chemikalien, Lebewesen

Alufolie
Aqua dest.
Glucose, Fructose, Saccharose
ABTS (*Serva* A-1888)
Glucoseoxidase aus *A. niger* (*Serva* 22778)
Peroxidase aus Meerrettich (*Serva* 31942)

Zeitbedarf

Vorbereitung:	30 min
Durchführung:	
Herstellung der Zuckerteststreifen:	30 min
Glucosetest:	5 min

Vorbereitung

Die folgenden Lösungen werden angesetzt:

a) Enzymlösungen
In das eine kleine Reagenzglas wird 1 mg Glucoseoxidase, in das andere 1 mg Peroxidase eingewogen. Beide Enzyme werden in je 1 ml Aqua dest. gelöst. Die Lösungen sind im Kühlschrank mindestens vier Wochen haltbar, die Reagenzgläser müssen daher mit

einer Alukappe oder etwas Alufolie verschlossen sein. Die hergestellten Mengen reichen für etwa 60 Testblättchen.

b) ABTS-Lösung
In einem Reagenzglas wird 0,1 g ABTS in 10 ml Aqua dest. gelöst. Die Lösung von ABTS muß frisch angesetzt werden.

c) Zuckerlösungen
In einem Erlenmeyerkolben werden 20 g Glucose in 200 ml Aqua dest. gelöst. Die Lösung ist im Kühlschrank mindestens vier Wochen haltbar, der Erlenmeyerkolben muß verschlossen sein. Bei Bedarf kann diese Lösung verdünnt werden. Von Glucose und Saccharose werden ebenfalls 10 %ige Lösungen angesetzt.

Durchführung

1. Herstellung der Zuckerteststreifen
   a) Vom Filterpapierbogen werden mit der Schere Blättchen von ca. 1,5 cm Breite und 5 cm Länge abgeschnitten und nebeneinander auf eine saubere und trockene Tischplatte gelegt. Mit einem Bleistift wird in einem Abstand von 1 cm vom schmalen Rand aus mittig ein kleiner Punkt aufgezeichnet. Er dient als Hilfe für das Aufsetzen der Mikropipetten.
   b) Mit einer Mikropipette werden auf die markierte Stelle der Blättchen 5 µl Peroxidaselösung aufgetragen. Anschließend müssen alle Blättchen getrocknet werden, das kann mit einem Fön in etwa 1 min beendet sein. Einige Blättchen werden dabei aufgefächert zwischen Daumen und Zeigefinger in einem Abstand von mindestens 30 cm vor den Fön gehalten. Sie dürfen nicht zu heiß werden, da sonst die Enzyme denaturieren. Wenn die Blättchen ganz trocken sind, wird auf die markierte Stelle ein zweites Mal Peroxidaselösung aufgetragen. Die Blättchen werden anschließend erneut getrocknet.
   c) Dann wird die Glucoseoxidaselösung mit einer neuen Mikropipette auf dieselbe markierte Stelle in ebenfalls zwei Schritten aufgetragen. Auch hierbei müssen die Blättchen vollständig trocken sein.
   d) Zum Schluß werden die Blättchen mit einer dritten Mikropipette zweimal mit ABTS-Lösung getränkt, wobei sie zwischendurch wieder getrocknet werden. Die fertigen Zuckertestblättchen können an einem trockenen, dunklen und kühlen Ort mehrere Wochen aufbewahrt werden.

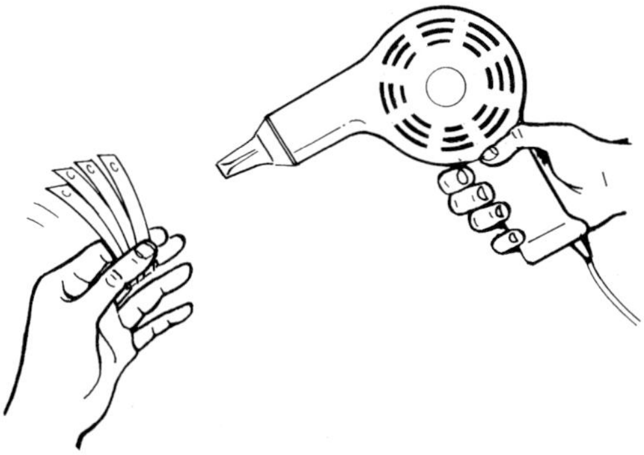

Abb. 34.1: Trocknung der Teststreifen mit dem Fön während der Herstellung

2. Glucosetest
   a) Je eine der Testzuckerlösungen wird auf die Uhrgläser pipettiert. Das untere Ende eines Blättchens wird kurz eingetaucht und sofort am Rand des Uhrglases abgestreift.
   b) Das Blättchen wird so an den Rand der Tischplatte gelegt, daß das feuchte Ende überhängt. Die Farbreaktion von Hellgelb nach Blau ist nach etwa 3 min beendet (Labahn-Lucius 1989).

Gentechnik

Abb. 36.1: Großtechnische Produktion von Insulin mit Hilfe gentechnisch veränderter *Escherichia coli* Bakterien
Links: Der Fermenter wird mit einer sterilen Kulturflüssigkeit und einer Starterkultur der Bakterien beschickt. Diese wachsen unter optimalen Bedingungen (37 °C, Sauerstoffzufuhr usw.). Anhand der Trübung der Kulturflüssigkeit läßt sich die Dichte der Mikroorganismen bestimmen. Die Bakterien bilden eine Vorstufe des Insulins (Proinsulin), das sie nicht in die Kulturflüssigkeit abgeben. Sie werden deshalb am Ende abgetötet und aufgebrochen, das Proinsulin wird in reiner Form gewonnen und weiterverarbeitet
Rechts: *E. coli*-Bakterien, die zur Insulinproduktion verwendet werden. Die hellen Bereiche in ihrem Inneren bestehen aus Proinsulin

1 Grundlagen der Gentechnik

Im Jahre 1974 veröffentlichte eine amerikanische Forschergruppe das Ergebnis eines Experimentes, das den Beginn der rasanten Entwicklung der Gentechnik markiert: Es war ihr gelungen, ein kleines Stück DNA eines Frosches, das einige Gene enthielt, in das Darmbakterium *Escherichia coli* einzuschleusen. Bei jeder Zellteilung wurde diese DNA mit vermehrt (Cohen et al. 1974). Die Isolation der Gene aus dem Erbgut des Frosches war nach der Entdeckung besonderer Enzyme möglich geworden, die einen DNA-Faden an definierten Stellen zerschneiden. Diese Schneide- oder *Restriktionsenzyme* dienen den Bakterien in der Natur dazu, die DNA von Bakteriophagen zu zerstören, von speziellen Viren also, die sich in den Bakterien vermehren und diese am Ende zugrunderichten. Zum Einschleusen wurden die Froschgene in kleine ringförmige DNA-Stücke von *E. coli*, nämlich Plasmide, eingebaut. Diese kommen natürlicherweise neben dem Chromosom in der Bakterienzelle vor.

Die Verfahren der Gentechnik fußen letztlich auf zwei grundlegende Erkenntnisse der molekularen Biologie:

- Der genetische Code ist bei allen Lebewesen gleichartig: Die Erbinformation ist als Abfolge von Nukleotiden, also von Bausteinen der Nukleinsäuren, gespeichert.
- Der Aufbau von Eiweißstoffen wird von Nukleinsäuren (DNA, RNA) gesteuert: Die Reihenfolge der Aminosäuren in einem Eiweißmolekül entspricht der Nukleotidsequenz eines bestimmten Nukleinsäureabschnittes.

Inzwischen gehören die Verfahren der Darstellung und Übertragung von Genen zum Handwerkszeug eines Molekularbiologen sowohl in der *Grundlagenforschung* als auch in der *Angewandten Forschung*, u.a. der Züchtungsforschung, der Arzneimittelforschung und bestimmter Bereiche der medizinischen Forschung. Gentechnisch veränderte Mikroorganismen spielen heute eine immer wichtigere Rolle in der *industriellen Stoffproduktion*. Die Gentechnik liefert weiterhin Werkzeuge („Gensonden") für die *Analyse von Erbinformationen*. Diese werden z.B. zur Erkennung von Krankheiten bei Pflanzen, Tieren und beim Menschen eingesetzt. Das umfangreichste analytische Projekt ist gegenwärtig die Entschlüsselung des gesamten Genoms des Menschen (*Human-Genom-Projekt*).

Die neuen synthetischen Möglichkeiten eröffneten der *Züchtung* eine ganz neue Perspektive. War man früher darauf angewiesen, sein Züchtungsziel durch Kreuzung und Auslese der geeignetsten Nachkommen zu erreichen, so strebt man es mit Hilfe der Gentechnik durch einen direkten Eingriff in die Erbsubstanz an. Dabei können – wie das eingangs erwähnte Experiment zeigt – auch Artgrenzen überschritten werden. So ist es beispielsweise weiterhin gelungen, bakterielle Gene auf Nutzpflanzen zu übertragen und sie darin zur Wirkung zu bringen. Dazu gehört ein Gen von *Bacillus thuringiensis*. Es codiert für ein Toxin, einen Eiweißstoff, der bestimmte Schmetterlingsraupen abtötet. Das Bakterium wird in der biologischen Schädlingsbekämpfung eingesetzt, z.B. gegen Frostspanner- und Gespinstmottenraupen, um Fraßschäden an Apfelbäumen zu reduzieren (KRIEG 1986/NELLEN et al. 1987). Das Toxin-Gen von *Bacillus thuringiensis* wurde zuerst in das Erbgut von Tabak- und Tomatenpflanzen eingeschleust, die daraufhin den Giftstoff dieses Bakteriums selbst produzierten und sich so gegen Raupenfraß schützten. Im Jahre 1994 waren 57 Patente zur Einschleusung dieses „Killergens" in verschiedene Nutzpflanzen angemeldet (KOSCHATZKY/MASSFELLER 1994).

In der *industriellen Stoffproduktion* werden Bakterien eingesetzt, deren DNA gentechnisch verändert worden ist (transgene Mikroorganismen). So wurde das menschliche Gen für Proinsulin auf das Darmbakterium *Escherichia coli* übertragen (Abb. 36.1). Das mit Hilfe dieses Bakteriums erzeugte Hormon, ebenfalls ein Eiweißstoff, kann man seit einigen Jahren in der Apotheke kaufen. Es stammt allerdings nicht aus der hiesigen Produktion, sondern wird aus Dänemark oder den USA importiert. Die zuständigen staatlichen Stellen Deutschlands sind bei der Genehmigung von Produktionsanlagen, in denen gentechnisch veränderte Mikroorganismen verwendet werden, aus Sicherheitsgründen äußerst zurückhaltend. So ist der Betrieb der entsprechenden Produktionsanlage der Firma Hoechst erst 1994 genehmigt worden.

Von der *Humanmedizin* wird die Gentechnik nicht nur indirekt genutzt, indem Ärzte Therapeutika oder Impfstoffe verordnen, die mit Hilfe transgener Mikroorganismen produziert werden. Es wird auch daran gearbeitet, bestimmte Erbkrankheiten durch Übertragung eines Teils der DNA gesunder Menschen auf Zellen Kranker zu heilen (somatische Gentherapie). Außerdem spielen gentechnische Analyseverfahren eine zunehmend wichtige Rolle. Die oben erwähnte Analyse der gesamten DNA des Menschen soll die Voraussetzung für die Isolierung von Genen schaffen, die z.B. zur Erzeugung weiterer menschlicher Stoffwechselprodukte in Mikroorganismen oder zur Diagnose von Krankheiten dienen können. Eine vergleichende Anwendung wie in der Humanmedizin findet die Gentechnik auch in der *Tier-* und *Pflanzenmedizin*.

Der Einsatz der Gentechnik wird also Auswirkungen auf wichtige Bereiche der Gesellschaft haben. Es ist deshalb nicht verwunderlich, daß um die Gentechnik eine heftige öffentliche Kontroverse entbrannt ist. Sie hatte u.a. das Gentechnikgesetz zur Folge, das der Deutsche Bundestag im Jahre 1990 beschloß und 1993 novelliert hat (*Bundesgesetzblatt* 1993). Dessen Zweck ist es, „1. Leben und Gesundheit von Menschen, Tieren, Pflanzen sowie die sonstige Umwelt ... vor möglichen Gefahren gentechnischer Verfahren und Produkte zu schützen und dem Entstehen solcher Gefahren vorzubeugen und 2. den rechtlichen Rahmen für die Erforschung, Entwicklung, Nutzung und Förderung der wissenschaftlichen und technischen Möglichkeiten der Gentechnik zu schaffen" *(Presse- und Informationsamt der Bundesregierung 1990).*

Wegen seiner besonderen Bildungsrelevanz wurde das Thema Gentechnik vom IPN noch in größerem Umfang und auf detailliertere Weise ausgearbeitet als es im Rahmen dieses Handbuches möglich ist. Das Ergebnis wurde in Kooperation mit dem DIFF, Tübingen, in drei Studienbriefen publiziert (NEVERS 1991/1992).

1.1 Genübertragung und gentechnische Analyseverfahren

Im folgendem soll das Prinzip dieser beiden grundlegenden Verfahren der Gentechnik beschrieben werden, auf die in den folgenden Kapiteln wiederholt zurückgegriffen wird.

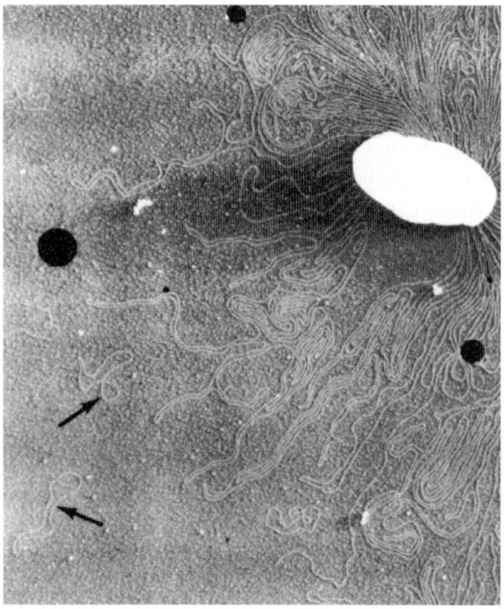

Abb. 38.1: Elektronenmikroskopische Aufnahme der Überreste eines Bakteriums. Die chromosomale DNA und die Plasmid-DNA (Pfeil) sind künstlich freigesetzt worden

a) Genübertragung

Um ein bestimmtes Gen eines Spenderorganismus zu gewinnen, zerschneidet man dessen DNA mit *Restriktionsenzymen* (Schneideenzyme). Dabei entstehen viele unterschiedlich lange Teilstücke. Diese werden mit Hilfe von *Ligasen* (Klebeenzyme) in Vektoren („Genfähren") eingebaut, mit deren Hilfe sie in verschiedene Wirtszellen eingeschleust werden (Abb. 39.1).

Will man Bakterien gentechnisch verändern, so bedient man sich der *Plasmide* (s. Abb. 38.1), kleiner ringförmiger DNA-Abschnitte, als Vektoren. Auch die DNA der *Bakteriophagen* kann dazu genutzt werden. Die Übertragung von DNA-Stücken auf eukaryontische Zellen gelingt mit Hilfe von *Viren*. Ein besonderes Problem stellt die Regulation der Tätigkeit eines gentechnisch übertragenen Genes dar. Zu diesem Zweck muß zusätzliche DNA übertragen werden. Bakterien und eukaryotische Zellen unterscheiden sich in den entsprechenden Regulationssystemen.

Nur wenige Bakterien einer Population nehmen eines der Vektorplasmide auf, die dem Kulturmedium zugesetzt worden sind. Um diese wenigen *Transformanten* aufzufinden, verwendet man Plasmide, die ein Antibiotikum-Resistenzgen („Markergen") tragen. Auf einem Kulturmedium, dem das entsprechende Antibiotikum zugesetzt worden ist, wachsen nur solche Bakterien, die das Plasmid aufgenommen haben. Diese vermehrt man weiter und erhält Klone aus genetisch einheitlichen Nachkommenzellen, die das gewünschte Gen tragen, also den Eiweißstoff produzieren, für den dieses Gen codiert.

Die Genübertragung ist im Detail im *Linder* S. 384 ff (BAYRHUBER/KULL 1989) beschrieben. Beim Somatostatin, einem Peptid aus 14 Aminosäuren, handelt es sich um ein Releasing-Hormon, das die Bildung des Wachstumshormons in der Hypophyse steuert.

b) Analyse mit Hilfe von Gensonden

Ein direkter Nachweis des eingebauten Gens, dessen DNA-Sequenz wenigstens zum Teil bekannt sein muß, erfolgt mittels einer Gensonde. Dabei handelt es sich um ein Stück einzelsträngige DNA, welche die gleiche Nukleotidsequenz aufweist wie das gesuchte Gen bzw. ein Teil dieses Gens. Man zerlegt die (doppelsträngige) DNA, in der man das gesuchte Gen vermutet, zunächst in ihre Einzelstränge, und zwar mit Hilfe einer starken Lauge oder durch Erhitzen. Die Sonden-DNA bindet nur an solche Einzelstränge, die eine komplementäre DNA (das gesuchte Gen) enthalten. Hat man als Sonde radioaktiv markierte DNA verwendet, so können diese Verbindungen und damit das gesuchte Gen autoradiographisch nachgewiesen werden (nach seinem Erfinder benanntes, sog. „SOUTHERN Blotting"). In Abb. 40.1 ist der Einsatz von Sonden-DNA am Beispiel einer Virusinfektion dargestellt.

1.2 Gentechnik und Nutzpflanzen

Auf einem Acker bei Köln wuchsen im Jahre 1990 Petunien besonderer Art heran. Es handelte sich um die ersten gentechnisch veränderten Pflanzen, die in der Bundesrepublik im Freiland angepflanzt wurden. Das Bundesgesundheitsamt hatte die *Freisetzung* dieser transgenen Zierpflanzen genehmigt. Auf dieses Experiment soll im folgenden eingegangen werden, weil sich an ihm die besonderen Schwierigkeiten der Grundlagenforschung und Probleme der Freisetzung transgener Pflanzen exemplarisch deutlich machen lassen.

Wissenschaftlern des Max-Planck-Instituts für Züchtungsforschung um Prof. H. SAEDLER war es gelungen, ein Gen der Maispflanze (A1-Gen)

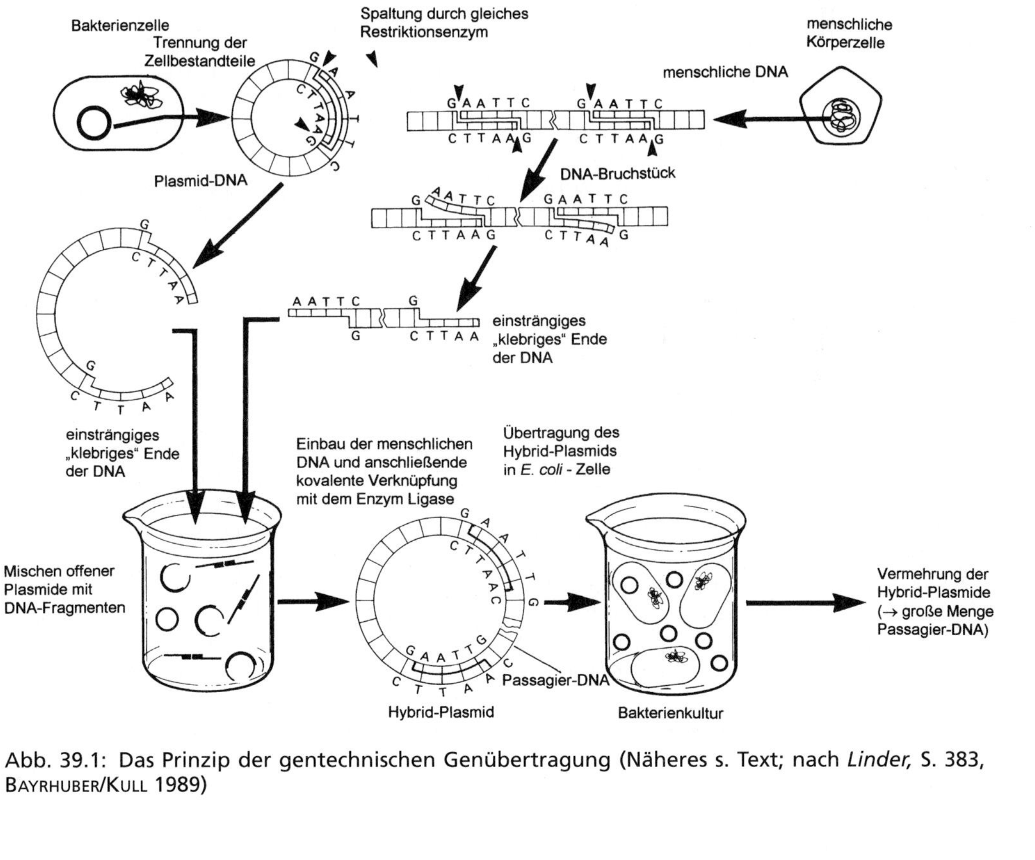

Abb. 39.1: Das Prinzip der gentechnischen Genübertragung (Näheres s. Text; nach *Linder*, S. 383, BAYRHUBER/KULL 1989)

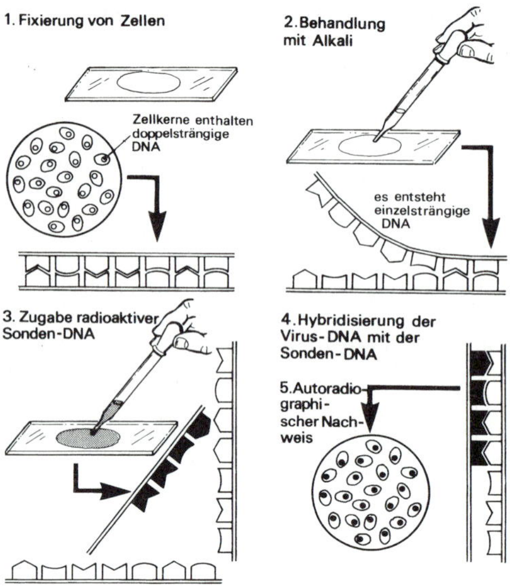

Abb. 40.1: Nachweis einer Virusinfektion mit Hilfe einer radioaktiv markierten DNA-Sonde. Die einzelnen Schritte sind in der Abbildung beschrieben

Abb. 40.2: Rot gestreifte Blüte der Petunie. Der Hintergrund ist nicht weiß, weil in den entsprechenden Zellen noch eine Restaktivität der Pigmentsynthese vorhanden ist

auf Zellen weiß blühender Petunien zu übertragen. Diese Sorte hatte die Fähigkeit zur Anthocyansynthese verloren. Die aus den gentechnisch veränderten Zellen im Gewächshaus herangezogenen Pflanzen blühten dennoch farbig, allerdings nicht blau oder rot wie bei Petunien üblich, sondern mit lachsroter Farbe (Abb. 40.2).

1.2.1 Herstellung transgener Petunien

Das Maisgen kann nicht einfach aus Zellen der Petunie isoliert werden. Man muß deren Genom vielmehr mit Hilfe von Restriktionsenzymen zerschneiden, die Fragmente auf Bakterien übertragen und diese vermehren. Pro Fragment erhält man schließlich einen bestimmten Klon. Die Menge der Klone bildet die Genbank der Petunie (s. hierzu 1.4.1a). Mit der Gensonde für das A1-Gen lassen sich Kolonien des Klons erkennen, der dieses Gen enthält.

Die DNA-Sequenz des Gens aus der Maispflanze, das bei der Synthese einer bestimmten Klasse der Anthocyane eine Schlüsselrolle spielt, ist bekannt. Deshalb lassen sich Gensonden entwickeln, mit deren Hilfe dieses Gen im Erbgut der Petunien auch nachgewiesen werden kann. Nun zeichnen sich Petunien, wie auch sehr viele andere Organismen, durch sogenannte *„springende Gene“ (Transposonen)* aus. Es handelt sich um DNA-Abschnitte, die nicht fest im Erbgut lokalisiert sind, sondern dort „vagabundieren“. Auf diese war es den Forschern angekommen. „Springen“ sie mitten in die DNA eines bestimmten Gens hinein, so wird dieses inaktiv. Das kann auch bei dem aus der Maispflanze stammenden Gen geschehen. In diesem Fall sollten sich rot-weiß gestreifte oder marmorierte Blüten bilden. Dabei stammen die weißen Teile von einer Zelle ab, in der die Funktion des Fremdgens aus Mais unterbrochen worden ist. Mit Hilfe der erwähnten Gensonde kann dieses Gen aus Pflanzen, die solche Blüten tragen, mitsamt dem Transposon schließlich auch isoliert werden. Die Struktur des Transposons ließe sich daraufhin aufklären, auch könnte eine weitere Gensonde für das Transposon selbst entwickelt werden, um es dann für weitere Forschungen zu nutzen, beispielsweise zum Aufspüren bestimmter anderer Gene.

Da es nur sehr selten vorkommt, daß ein Transposon in ein bestimmtes Gen hineinspringt (beim Mais mit einer Häufigkeit von 1:10.000 bis 1:100.000) mußten bei dem Kölner Experiment entsprechend viele Pflanzen großgezogen werden. Deshalb gingen die Wissenschaftler mit 31.000 Petunien ins Freiland.

Das Ergebnis des Freilandversuches war anders als erwartet. Zwar blühte das Petunienfeld anfangs einheitlich lachsrot, und es waren nur wenige farbveränderte, auch weiß-rot gesprenkelte Blüten zu sehen, aber nach einer Hitzewelle im Juli verblaßten die Petunien, 60 % von ihnen erschienen ganz und gar weiß, die restlichen nur hellrot, so daß eine Auswertung der Ergebnisse unmöglich geworden war. Mit einer kühleren Außentemperatur kehrte auch die rote Farbe zurück, allerdings traten mehr Farbanomalien auf als erwartet. Die Genomanalyse förderte in keinem Fall ein Transposon zutage. Bei ihren molekularbiologischen Untersuchungen stießen die Wissenschaftler aber auf Veränderungen am Regulationssystem des Fremdgens, genauer gesagt am Promotor (vgl. Abb. 5.1): es war dort zu einer Methylierung von Cytosin gekommen. Die Abwandlung dieses Regulationsbereichs hatte zum Abschalten des Gens und damit zur Einstellung der Farbstoffproduktion im Cytoplasma geführt. Dieser Befund ist deshalb von allgemeiner Bedeutung, weil er zeigt, daß offenbar Umwelteinflüsse wie eine intensive Sonneneinstrahlung die Methylierung hervorrufen können. Es ist allerdings die Frage, ob bei dem Kölner Experiment nur dieser eine Faktor wirksam war. Im übrigen ist die unvorhergesehene Wende in diesem Freilandversuch nicht ungewöhnlich, handelte es sich doch um ein Experiment der Grundlagenforschung, bei der man vor Überraschungen prinzipiell nicht gefeit ist. Dies zeigt aber auch, daß man allgemein bei Freilandversuchen mit transgenen Lebewesen nicht vorsichtig genug sein kann.

1.2.2 Ökologisches Restrisiko transgener Petunien im Freiland?

Die Freisetzung gentechnisch veränderter Petunien in Köln gab zu Fragen nach dem ökologischen Risiko Anlaß (Antworten aus NEVERS 1989):

Können sich die Petunien unkontrolliert ausbreiten und dadurch bestimmte Wildpflanzen oder Nutzpflanzen verdrängen?

„Das Risiko der unkontrollierten Ausbreitung der Petunien wird als vernachlässigbar klein eingeschätzt, da sie einjährige und sehr frost- und feuchtigkeitsempfindliche Pflanzen sind. Ihre Samen können im Boden offensichtlich nicht überwintern. Dies wird auch in Folgeversuchen kontrolliert."

Können die transgenen Petunien die implantierten Gene an andere Organismen weitergeben?

„Die Möglichkeit der Pollenübertragung auf andere Petunien gilt als ausgeschlossen, weil keine anderen Petunien im Bereich der Pollenstreuung wachsen. Kreuzungen mit verwandten Pflanzen wie Tomaten und Tabak sind trotz gezielter Bemühungen noch nie beobachtet worden.

Die Pflanzen werden nach dem Versuch untergepflügt, womit die Frage nach dem Verbleib des Erbgutes dieser Pflanzen aufgeworfen wird. Dies betrifft vor allem ein zweites Gen, das zusammen mit dem A1-Gen der Maispflanze übertragen wurde, ein Gen, das Resistenz gegen das Antibiotikum Kanamycin („Markergen") bedingt. Die Übertragung dieses Gens sollte helfen, Petunienzellen mit A1-Fremdgenen von solchen ohne Fremdgen zu unterscheiden. Wird nämlich Kanamycin dem Kulturmedium zugesetzt, wachsen lediglich die Zellen, die das Resistenzgen zusammen mit dem A1-Gen bekommen haben. Kritiker des Freilandversuches befürchten, daß das Resistenzgen der Pflanzen von Bodenbakterien aufgenommen werden könnte, was die Ausbreitung von Antibiotikaresistenz unter Mikroorganismen begünstigen könnte. Die Wahrscheinlichkeit, daß das Erbgut der Pflanzen im Boden intakt erhalten bleibt, von anderen Organismen aufgenommen und funktionsfähig in deren Erbgut eingebaut wird, betrachten die Wissenschaftler jedoch als vernachlässigbar gering. Und selbst wenn dies wider Erwarten geschehen sollte, gehen die Wissenschaftler im Fall der Petunie davon aus, daß dies keine nachteiligen Folgen für die Umwelt hätte, da das A1-Gen harmlos und Kanamycinresistenz in Bodenbakterien ohnehin sehr weit verbreitet sei."

Die Ökologen Prof. Sukop, Mitglied der *Zentralen Kommission für Biologische Sicherheit (ZKBS)*, und Dr. Kowarik aus Berlin befassen sich mit ökologischen Fragen der Verbreitung exotischer Pflanzenarten, z.B. der Traubenkirsche. Die beiden Wissenschaftler glauben nicht, daß von der transgenen Petunie in Köln irgendwelche Gefahren ausgehen (zit. nach Weidenbach 1989). Nach ihrer Auffassung sollten aber zu allen Freisetzungsversuchen mit transgenen Organismen ökologische Begleituntersuchungen gehören, selbst wenn aufgrund theoretischer Überlegungen nur ein sehr geringes Restrisiko zu erwarten ist. Schließlich sei das Beziehungsgeflecht der Biosphäre so komplex, daß nie alle möglichen Folgen eines Eingriffs vorausgesagt werden können. Auch kann das Risiko unterschiedlich hoch sein. Beispielsweise ist die Gefahr, daß eine unbeabsichtigte Genübertragung auf Wildarten stattfindet, bei Zuckerrüben, die Fremdbefruchter sind, wesentlich größer als bei Kartoffeln, die sich selbst bestäuben (Senther et al. 1994). Im Zusammenhang mit den mehreren Tausend Freilandexperimenten, die bisher weltweit durchgeführt worden sind, hat es noch keinen Bericht über Schäden für Mensch und Umwelt gegeben. In Deutschland wurden bisher auch gentechnisch veränderte Zuckerrüben und Kartoffeln ins Freiland verbracht (Drexler 1995).

Bei den Freilandversuchen mit Pflanzen (u. a. Tabak, Tomate, Sojabohne, Kartoffel, Pappel) geht es sowohl um Grundlagenforschung als auch um Experimente mit schädlings- oder herbizidresistenten Sorten, die am Ende in der Landwirtschaft genutzt werden sollen. Zu den freigesetzten gentechnisch veränderten Bakterien gehörten Wurzelknöllchenbakterien, die in der Lage sind, Luftstickstoff zu binden; zu den Viren z.B. solche, die zur Herstellung von Impfstoffen für Tiere verwendet werden sollen (Impfung der Füchse gegen Tollwut mit Hilfe ausgelegter Köder!). Viele neue Anträge liegen in den verschiedenen ausländischen Staaten vor (nach *Bundesminister für Forschung und Technologie* 1990). In Deutschland finden derartige Freilandversuche aufgrund der hohen Auflagen bei der Genehmigung und nicht zuletzt wegen der Sicherheitsbedenken in Gruppen der Bevölkerung zur Zeit nicht statt.

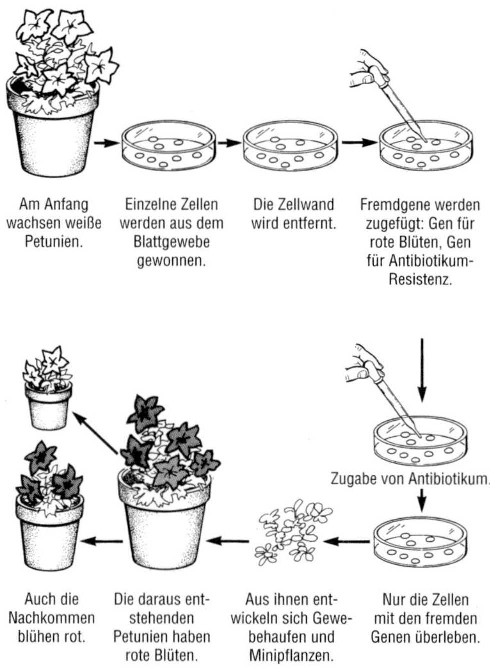

Abb. 42.1 Herstellung transgener rot blühender Petunien durch Übertragung eines Gens der Maispflanze und eines Gens für Resistenz gegenüber dem Antibiotikum Kanamycin auf Zellen weiß blühender Petunien (aus Bayrhuber 1990)

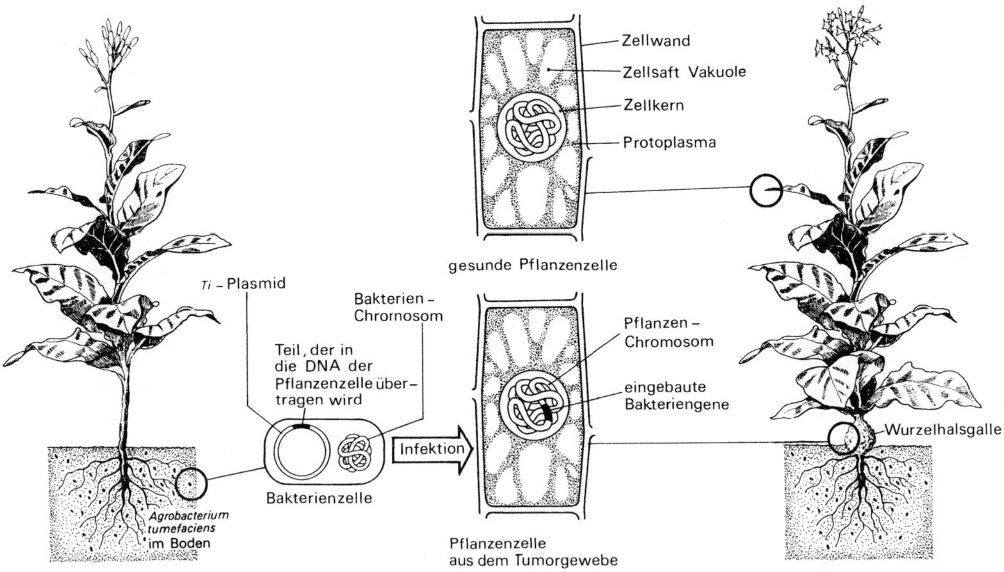

Abb. 43.1: Genübertragung und Tumorbildung an einer Tabakpflanze nach Infektion durch *Agrobacterium tumefaciens* (nach CHILTON 1989 aus NELLEN 1989)

1.2.3 Genübertragung auf Pflanzen mit Hilfe von *Agrobacterium tumefaciens* als Genfähre

Zur Übertragung von Genen auf Pflanzen bedient man sich eines Bodenbakteriums, das in zweikeimblättrigen Pflanzen eine Tumorbildung („Wurzelhalsgalle") auslöst, sobald es über eine Wunde eingedrungen ist (s. Abb. 43.1 und Abb. 43.2). An den Zellen solcher Tumore fallen vor allem die folgenden Eigenschaften auf: Sie teilen sich in vitro, ohne daß die Hormone Cytokinin und Auxin von außen zugegeben werden, die normalerweise für pflanzliche Zellen bzw. Gewebekulturen unabdingbar sind (vgl. *Pflanzliche Zell- und Gewebekulturen* 1.1 und 2.3). Außerdem bilden sie Opine, das sind besondere stickstoffhaltige, organische Verbindungen, die den Agrobakterien zur Nahrung dienen, jedoch von Pflanzenzellen selbst nicht verwertet werden können (s. Abb. 44.1).

Abb. 43.2: Wurzelhalsgalle bei *Beta vulgaris*, verursacht durch *Agrobacterium tumefaciens.*

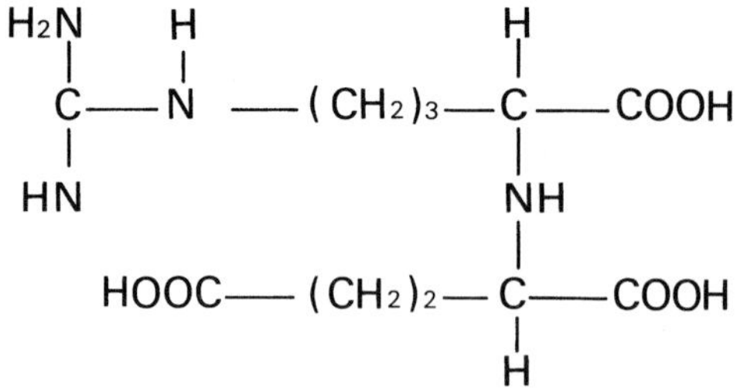

Abb. 44.1: Nopalin als Beispiel eines Opins. Opine werden von Wurzelhalsgallen produziert und von Agrobakterien als Stickstoff- und Kohlenstoffquelle genutzt.

a) Bau und Funktion des Ti-Plasmids

Die genetische Information für die Bildung der genannten Pflanzenhormone und der Opine befindet sich auf dem tumorinduzierenden Plasmid von *Agrobacterium* (Ti-Plasmid; s. Abb. 44.2).

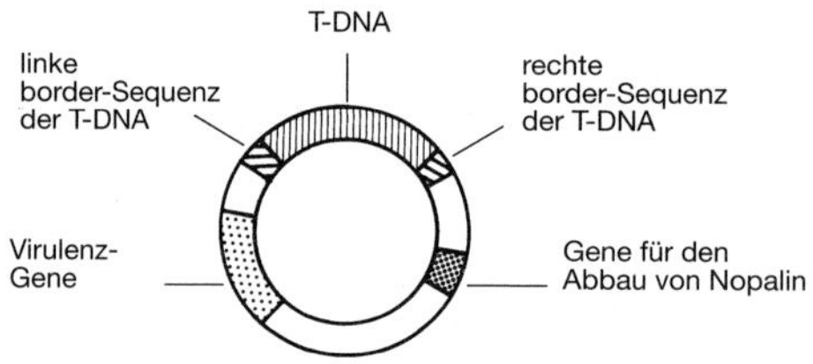

Abb. 44.2: Ti-Plasmid von *Agrobacterium tumefaciens* (schematisch). Einige Genorte sind angegeben. Allein die T-DNA wird auf eine Pflanzenzelle übertragen und in deren Genom integriert. Für die Integration sind nur die beiden Grenzsequenzen (border-Sequenzen) der T-DNA erforderlich, der zwischen ihnen liegende Abschnitt kann durch Fremd-DNA ersetzt werden. Die Virulenzgene befähigen das *Agrobacterium* zur Genübertragung, dafür ist aber eine Aktivierung durch die Pflanzenzelle erforderlich. Auch die Gene für die Verwertung von Opin (hier Nopalin) in der Bakterienzelle selbst (s. Abb. 44.1) befinden sich auf dem Ti-Plasmid (nach ECKES et al. 1987).

Die entsprechenden Gene lösen die Bildung dieser Stoffe aber nur in den Wirtszellen der Bakterien aus. Zur Plasmid-Übertragung heftet sich *Agrobacterium* an eine Pflanzenzelle an, ähnlich wie sich zwei Bakterien in der Konjugation verbinden. Bestimmte Stoffe, die von Wirtszellen in die Umgebung der Wunde abgegeben werden, stimulieren das Bakterium zur Genübertragung, indem es bestimmte Gene des Plasmids („Virulenzgene") aktiviert, deren Tätigkeit *Agrobacterium* erst zur Infektion befähigt. In die Pflanzenzelle wird nur ein Teil des Plasmids übertragen, die sogenannte T-DNA. Diese wird in das pflanzliche Genom integriert. Sie dient der Auxin- und Cytokininsynthese und bewirkt damit das Tumorwachstum, außerdem steuert sie die Opin-Herstellung, die die Stickstoffversorgung der Agrobakterien sicherstellt.

Die Gene, die natürlicherweise zwischen den Grenzsequenzen liegen, lassen sich experimentell durch beliebige andere ersetzen und auf Pflanzen übertragen. Die Ausschaltung der Gene für die Auxin- bzw. Cytokininbildung hat den Vorteil, daß sich aus den genetisch veränderten Zellen vermehrbare Pflanzen regenerieren lassen, und nicht nur Tumorgewebe entsteht, wenn man Zellkulturen auf Nährböden anlegt. Für die Integration ins pflanzliche Genom sind überhaupt nur die beiden Grenzsequenzen der T-DNA erforderlich.

Mit Hilfe von *Agrobacterium* kann man auch zusätzlich bakterielle Gene für die Resistenz gegen Antibiotika übertragen (z.B. Streptomycin- oder Kanamycinresistenz), um die gentechnisch veränderten Pflanzenzellen selektieren zu können. Diese werden innerhalb des pflanzlichen Genoms aber nur bei zusätzlicher Übertragung spezifischer regulierender DNA-Elemente tätig. Dazu gehören insbesondere eine Bindungsstelle für das Enzym RNA-Polymerase am Anfang des Gens (Promotor). Die Polymerase ist für die Herstellung der RNA-Kopie an der DNA erforderlich, wird also für die Transkription, den ersten Schritt der Proteinbiosynthese, gebraucht. Zu den regulierenden DNA-Abschnitten gehört auch der Terminatorbereich am Ende des Gens, der die Transkription beschließt (Abb. 45.1).

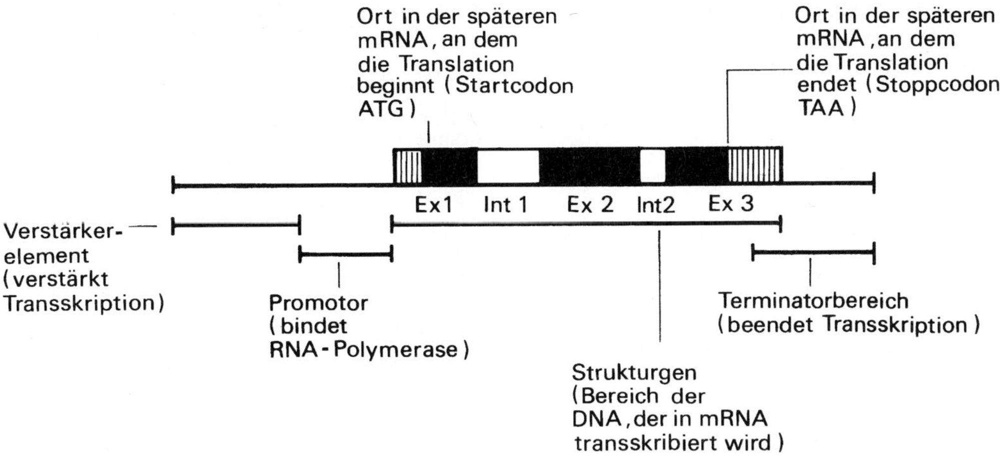

Abb. 45.1: Schema des Aufbaus des pflanzlichen Gens, das für die kleine Untereinheit des Enzyms Ribulose-1,5-bisphosphat-Carboxylase (Rubisco) codiert. Dieses Enzym besteht aus insgesamt acht kleinen Untereinheiten (ss Rubisco) und ebenso vielen großen Untereinheiten (LS Rubisco). Es nimmt in der Photosynthese eine Schlüsselstellung ein, bei der es der Fixierung von Kohlenstoffdioxid während der Dunkelreaktionen dient. Kein Protein kommt auf der Erde häufiger vor als Rubisco (s. 1.2.7 c). Die Transkription des Gens in mRNA wird durch das Verstärkerelement, den Promotor, in Gang gesetzt und vom Terminatorbereich gestoppt. Fertige mRNA entsteht durch das Herausschneiden der Introns (Int) im Anschluß an die Transkription, sie wird allein aus den Exons (Ex) gebildet. Die Introns sind Bereiche der DNA, die am Ende nicht translatiert werden (nach ECKES et al. 1987, vgl. hierzu *Linder,* Abb. 369.1, BAYRHUBER/KULL 1989)

b) Genregulation auf dem Ti-Plasmid: Nopalin-Synthese

Mit derartigen Regulationsbereichen ist auch das Gen für die Nopalin-Synthese in der T-DNA ausgerüstet. Andernfalls würde dieses Gen nach der Integration in das pflanzliche Genom nicht exprimiert. Es codiert für ein Enzym, das für die Herstellung von Nopalin in der Pflanzenzelle gebraucht wird, die Nopalin-Synthetase.

Anstelle des Nopalin-Synthetase-Gens kann man zwischen dessen Promotor und Terminatorbereich Fremd-Gene einfügen und damit deren Expression in Pflanzenzellen möglich machen. Das gilt z.B. für das Kanamycin-Resistenz codierende Gen, das häufig als Marker-Gen zusammen mit einem anderen, erwünschten Gen übertragen wird. Es erlaubt später eine Trennung zwischen transformierten Pflanzenzellen und anderen. Denn nur diejenigen, die das Marker-Gen in ihr Genom integriert haben, wachsen in vitro auch auf einem kanamycinhaltigen Nährboden. Alle anderen gehen darauf zugrunde (vgl. 1.2.2).

Die Virulenz-Gene, ohne die eine DNA-Übertragung nicht möglich ist, und die Grenzsequenzen müssen nicht auf ein und demselben Plasmid liegen. Das ist für die Praxis der Gentechnik von Vorteil. Man hat die Grenzsequenzen bereits auf Plasmide von *Escherichia coli* übertragen. Die relativ kleinen Plasmide lassen sich in *E. coli* vermehren und schließlich in *Agrobacterium* überführen. Besitzt dieses außerdem ein Ti-Plasmid mit Virulenz-Region, jedoch ohne T-DNA, so ist es in der Lage, die T-DNA des *E. coli*-Plasmids mit dem Fremdgen auf eine Pflanzenzelle zu übertragen. Für die praktische Durchführung des DNA-Transfers mit *Agrobacterium* auf Pflanzen stehen mehrere Methoden zur Verfügung. Bei den folgenden Beispielen ist der zusätzliche Einbau eines Marker-Gens für Kanamycinresistenz in die T-DNA erforderlich:

- Verwundung einer Pflanze mit einem Messer und Bestreichen der Wunde mit einer Flüssigkultur der Agrobakterien. Heranziehen des Kallus in Gewebekultur auf kanamycinhaltigem Nährboden. Gewinnung vollständiger transformierter Pflanzen.
- Eintauchen steriler Blatteile in eine Flüssigkultur der Agrobakterien und Anlegen einer Gewebekultur auf kanamycinhaltigem Nährboden. Aufzucht ganzer Pflanzen aus transformierten Zellen der Blatteile.
- Gemeinsame Kultur pflanzlicher Protoplasten und Agrobakterien und anschließende Regeneration der Protoplasten in kanamycinhaltigem Milieu.

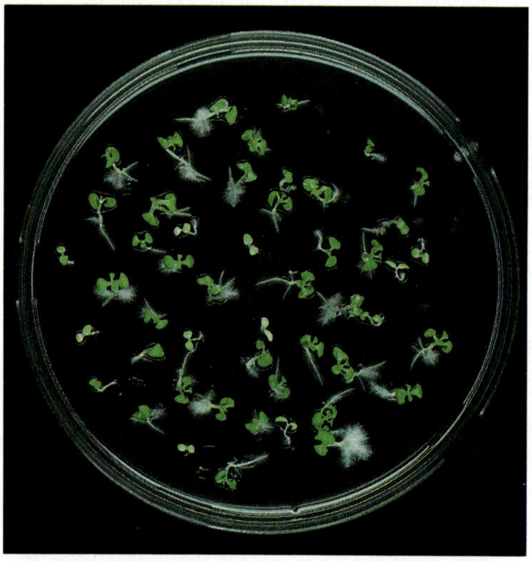

Abb. 46.1: Heranziehen von Tabakpflanzen auf einem antibiotikumhaltigen Kulturmedium. Nur die gentechnisch veränderte Pflanze, die ein entsprechendes Antibiotikumresistenzgen mit übertragen bekommen hat, wächst auf diesem Medium.

1.2.4 Weitere Methoden der Genübertragung auf Pflanzen

Der Wirtsbereich der Agrobakterien ist begrenzt. Sie befallen in der Natur viele zweikeimblättrige Pflanzen, aber nur wenige einkeimblättrige. Die für die Ernährung des Menschen und der Nutztiere so wichtigen Getreidepflanzen, die zu den Gräsern, also den Einkeimblättrigen, gehören, sind nicht darunter; deshalb gestaltete sich die Transformation von Getreidearten zunächst als schwierig, ist aber mittlerweile gelungen, weil man auch andere Methoden der Genübertragung insbesondere auf einkeimblättrige Pflanzen eingesetzt hat.

Aus der Mikrobiologie ist die *direkte Transformation mit isolierter DNA* bekannt. Dabei werden kompetente Zellen von Mikroorganismen zusammen mit Fremd-DNA inkubiert, einige von ihnen nehmen solche DNA auf. Die Zellen werden durch Zugabe von Calciumionen kompetent, d. h. aufnahmefähig für DNA, gemacht. In der Zellmembran entstehen dabei kurzfristig Poren. Die Erfolgsquote kann durch eine spezielle Behandlung erhöht werden, z.B. durch Elektroschocks mittels starken elektrischen Feldern, wodurch sich winzige Löcher in der Zellmembran öffnen *(Elektroporation)*. Die Methode der direkten Transformation kann auf Pflanzen angewendet werden, von denen sich Protoplasten herstellen lassen (vgl. hierzu *Pflanzliche Zell- und Gewebekulturen* 1.2 und 2.4). Dies gelingt auch bei Getreidepflanzen. Die Erzeugung ganzer Getreidepflanzen aus Protoplasten ist allerdings äußerst schwierig. Regeneration und Transformation gelangen aber bereits in den achtziger Jahren beim Mais (RHODES et al. 1988) und beim Reis (ZHANG/WU 1988).

Es werden auch Viren zur Transformation von Pflanzen eingesetzt, wobei allerdings die Transportkapazität dieser Genfähren beschränkt ist und nur relativ kleine DNA-Stücke übertragen werden können.

Die direkte Injektion von DNA in Zellkerne stößt bei Pflanzen auf größere Schwierigkeiten als bei Tieren, und zwar vor allem deshalb, weil ein großer Teil der pflanzlichen Zelle von der Vakuole ausgefüllt wird und der Kern relativ klein ist.

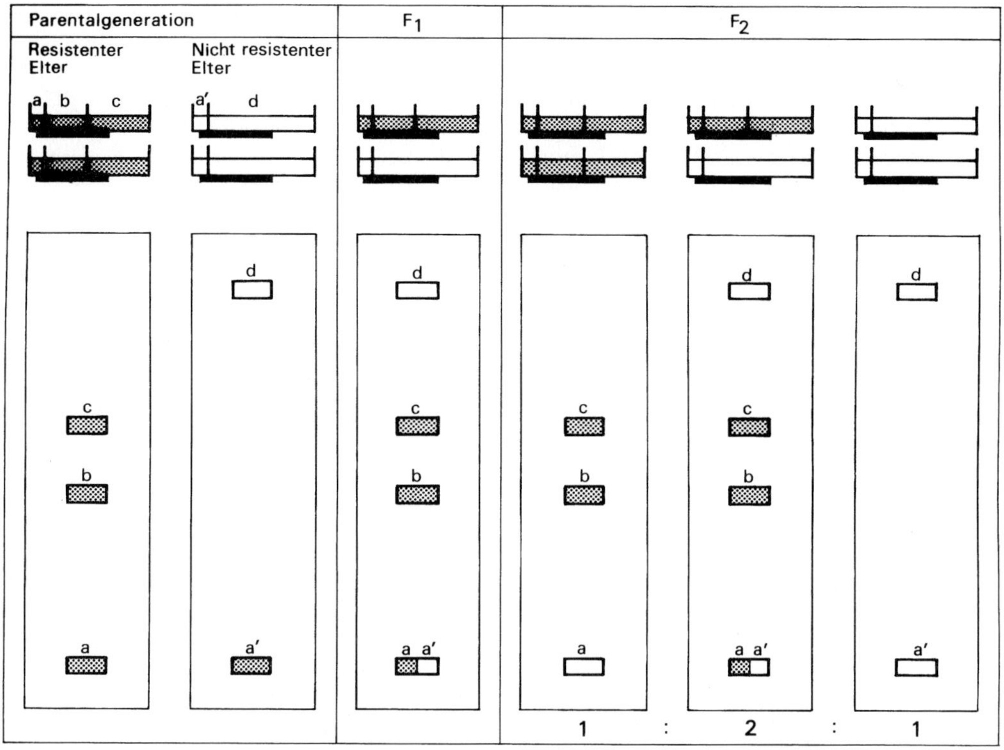

Abb. 47.1: Restriktions-Fragment-Längen-Polymorphismus (RFLP) einer Nutzpflanze (schematisch)
Oben: Darstellung eines Ausschnittes aus einem Chromosom. Die senkrechten Striche markieren Schnittstellen des Restriktionsenzyms. In den Chromosomen des nicht resistenten Elters fehlt eine solche Schnittstelle, so daß beim Schneiden ein relativ großes Fragment (d) entsteht. Der schwarze Balken markiert die Bindungsstelle der DNA-Sonde
Unten: Bandenmuster auf Elektrophorese-Gelen. Die DNA-Fragmente wandern von oben nach unten in Richtung Anode
Pflanzen, die gegen einen bestimmten Krankheitserreger resistent sind, unterscheiden sich von nichtresistenten im Bandenmuster der Rektriktionsfragmente. Aus dem Bandenmuster der F1-Generation ergibt sich, daß die Unterschiede in der Parentalgeneration auf zwei Allele eines Gens zurückzuführen sind. In entsprechender Anzahl und Häufigkeit treten die Fragmente in der F2-Generation auf (nach Graner 1988; verändert)

1.2.5 Analyse des pflanzlichen Genoms mit Hilfe der RFLP-Technik

Der Nachweis von Genen der Nutzpflanzen bereitet wegen des Umfangs des Genoms (Eukaryonten!) besondere Schwierigkeiten. Diese zeigen sich schon bei dem Versuch, das Gemisch aus DNA-Fragmenten aufzutrennen, das man beim Zerkleinern des Genoms mit einem Restriktionsenzym erhält. Die Trennung der Fragmente erfolgt mit Hilfe der *Gelelektrophorese* (s. hierzu 2.3 und Band 1, 2.4.7, S. 43): da die Fragmente als Säuremoleküle negative Ladungen tragen, wandern sie im Gel vom Minuspol zum

Pluspol, und zwar um so schneller, je kleiner sie sind. In einem Elektropherogramm treten allerdings nur dann getrennte Banden einzelner Restriktionsfragmente auf, wenn auch deren Länge deutliche Unterschiede aufweist. Im Falle der Nutzpflanzen gilt das nicht. Beim Schneiden des Genoms (oder auch nur eines Chromosoms) erhält man hinsichtlich der Fragmentlänge praktisch lückenlose Übergänge zahlreicher Spaltstücke und das Elektropherogramm erscheint nach dem Anfärben als eine „verschmierte" Bande. Mit Hilfe einer radioaktiv markierten DNA-Sonde kann man dennoch bestimmte Restriktionsfragmente hervorheben. Denn an eine solche Sonde binden nur diejenigen Fragmente, die an einem Teilstück des Fragments eine komplementäre Basenabfolge aufweisen. (Zuvor müssen die doppelsträngigen Fragmente mit Hilfe von Alkali in Einzelstränge zerlegt werden; vgl. 1.1 b). Die relativ wenigen hybridisierten Fragmente weichen in der Länge voneinander ab und lassen sich im Elektropherogramm hervorheben (Schwärzung eines Röntgenfilms aufgrund der Radioaktivität der Sonde!).

Nun zeigt sich, daß auch Fragmente ein und desselben Chromosomenstückes unterschiedlich lang sein können (Abb. 47.1). Dies kann u.a. daran liegen, daß sich pflanzliche Individuen bzw. verschiedene Pflanzenlinien an einer bestimmten Stelle eines Chromosoms in der Anzahl der Schnittstellen unterscheiden. So weisen die in Abb. 47.1 ganz links erwähnten „resistenten Elter" in einem Stück Chromosom drei Schnittstellen auf, die „nicht resistenten Elter" dagegen nur zwei. In diesem Fall kann der Züchter also allein anhand des Musters der Restriktionsfragmente auf das Vorliegen oder Fehlen einer Krankheitsresistenz schließen. Es ist anzunehmen, daß die Resistenz von einem Gen (mit-)gesteuert wird, das mit einem der Fragmente gekoppelt ist. Man kann auf derartige Verbindungen zwischen Gen und Restriktionsfragment stoßen, wenn man das Genom mit einer Reihe verschiedenartiger Sonden durchforstet. Die Struktur des Gens selbst braucht man dafür nicht zu kennen.

In der Biologie bezeichnet man eine Vielgestaltigkeit (z.B. bei Individuen, Geschlechtern, Generationen) als Polymorphismus. Deshalb heißen auch die Unterschiede in der Anzahl und der Länge der Restriktionsfragmente *Restriktions-Fragment-Längen-Polymorphismus (RFLP)*. Durch eine Kreuzung von Merkmalsträgern und Individuen ohne die entsprechende Eigenschaft läßt sich prüfen, ob die Unterschiede im Bandenmuster von Allelen eines Gens hervorgerufen werden. Die RFLP-Technik spielt auch eine besondere Rolle bei der Kartierung des menschlichen Genoms (näheres hierzu s. 1.4.1 a).

Zur Selektion im Zuchtgarten gehören viele Pflanzen, Erfahrung, Gespür und Glück – der Züchterblick. Ziel gentechnischer Verfahren ist es letztlich, die klassische Züchtung kalkulierbarer und damit weniger vom Glück abhängig zu machen. Während die notwendige Variabilität über klassische Verfahren meist leicht erreichbar ist, liegen in der Selektion, z.B. bei der Beurteilung der Qualitäts- und Resistenzeigenschaften, große Unsicherheiten. Aus diesem Grund können gentechnische Analyseverfahren wie die RFLP-Technik für den Züchter von großem Nutzen sein, denn Unterschiede im Phänotyp lassen sich schon auf der DNA-Ebene relativ einfach diagnostizieren. Der Züchter kann dann solche Eigenschaften sicher vorhersagen und muß nicht darauf warten, bis sich das Merkmal zeigt. So kann beispielsweise mit Hilfe der RFLP-Technik auf die Fruchtfleischausbildung der Tomaten selektioniert werden, bevor sich überhaupt Früchte bilden (näheres s. WENZEL 1989, S. 93).

Es ist auch möglich, aus einer großen Population solche Individuen herauszufischen, die zufällig eine gewünschte Eigenschaft tragen, aber nur in sehr geringer Zahl vorkommen. Dabei ist nicht einmal wichtig, ob dieses Merkmal auf die Wirkung eines einzigen oder vieler Gene zurückgeht. Die RFLP-Technik kann dem Züchter also dabei helfen, die natürliche Variabilität besser zu nutzen (WENZEL 1989).

1.2.6 Ziele der Gentechnik an Pflanzen

Gentechnik wird an Pflanzen vor allem mit folgenden drei Zielen betrieben:

- Erstens möchte man die *Funktion* und die *Regulation* pflanzlicher Gene kennenlernen.
- Zweitens sollen *Diagnoseinstrumente* zur Krankheitserkennung entwickelt werden.
- Drittens soll die *züchterische Veränderung* der Nutzpflanzen beschleunigt werden.

Konkret geht es auch bei der Herstellung transgener Nutzpflanzen um die traditionellen Ziele der Züchtung, also

- Erhaltung und Erweiterung der genetischen Vielfalt
- Steigerung der Widerstandsfähigkeit (Pflanzengesundheit, Streßtoleranz)
- Verbesserung des Nährstoffaneignungsvermögens (Effizienzsteigerung)
- Beeinflussung von Stoffwechselvorgängen (Photosynthese, Atmung, Photorespiration)
- Verbesserung der Produktqualität (Food- und Non-Food-Verwendung)
- Realisierung von umweltverträglicheren Produktionsverfahren in Landwirtschaft sowie nachfolgender Industrie (Minderung des Konfliktes Ökologie – Ökonomie).

1.2.7 Verbesserung der Stoffwechselleistungen bei Nutzpflanzen

Durch gentechnische Eingriffe in das Stoffwechselgeschehen sollen die Menge oder auch die Art bzw. die Zusammensetzung pflanzlicher Inhaltsstoffe (z.B. Kohlenhydrate, Fette, Proteine, Alkaloide) beeinflußt werden. In diesem Zusammenhang wird auch die Optimierung der Energiegewinnung (Photosynthese) und die Steigerung der Nährstoffversorgung (z.B. mit Stickstoffverbindungen) erforscht. Im Visier der Gentechniker sind sowohl Nahrungspflanzen wie Getreide als auch Industriepflanzen wie Raps.

a) Pflanzliche Inhaltsstoffe

Die Proteine von Nutzpflanzen sind in ihrem Aminosäuremuster weder dem Bedarf des Menschen noch dem vieler Nutztiere angepaßt. So enthalten Maiskörner nur wenig Lysin und Tryptophan (für Menschen und Tiere essentielle Nahrungsbestandteile). Normalerweise setzt man dem Mais, wenn er als Tierfutter verwendet wird, Sojamehl zu, dem es jedoch seinerseits an der Aminosäure Methionin mangelt. Nicht unproblematisch ist dabei die Tatsache, daß Soja auch aus Entwicklungsländern importiert wird, denn während es bei uns zur Steigerung der Fleischproduktion dient, fehlt es dort als Nahrungs- und Futtermittel (zu dieser Problematik s. *Linder* S. 168, BAYRHUBER/KULL 1989).

Getreidekörner enthalten allgemein relativ wenig Eiweißstoffe. Aus diesem Grund – wie auch wegen eines generellen Mangels an Fleisch – werden viele Menschen in den Entwicklungsländern nur unzureichend mit Proteinen versorgt. Durch gezielte Genübertragung auf Getreidepflanzen sollen nun die Menge und der Nährwert ihrer Reserveproteine erhöht werden. Dem stehen allerdings technische Schwierigkeiten im Wege (s. 1.2.2). Auch die Kartoffel ist Ziel gentechnischer Veränderungen. Es wird versucht, das Haupteiweiß der Knolle (Patatin) hinsichtlich der Qualität und der Menge zu verändern, zusätzlich soll eine besondere Art Stärke produziert werden, die aus Gründen der leichteren Verarbeitung nur noch aus Amylopektin besteht. Natürlicherweise stellt Kartoffelstärke ein Gemisch aus 25 % Amylose und 75 % Amylopektin dar. Neben der Stärke spielen auch pflanzliche Öle als Industrierohstoffe eine große Rolle. Mit Hilfe der Gentechnik wird das Ziel verfolgt, flexibel auf wechselnde Anforderungen der industriellen Produktion zu reagieren. So könnte auf die Einfuhr von Palmöl aus Südostasien verzichtet werden, wenn heimische Ölpflanzen (Raps, Sonnenblume) so verändert würden, daß sie das Öl der Ölpalme bilden oder eine bestimmte einheitliche Ölfraktion liefern. Dies hätte allerdings einschneidende wirtschaftliche Folgen für die bisherigen Lieferländer, z.B. Malaysia (s. KOECHLIN/SCHMIDT 1986, BADE 1990).

b) Nährstoffversorgung

Zur Erhöhung des Nutzpflanzenertrages reichen Genveränderungen nicht aus, den Pflanzen müssen dazu auch mehr Energie und mehr

Nährstoffe zur Verfügung stehen. So kann beispielsweise die Eiweißbildung nur dann erhöht werden, wenn auch die Düngung mit Stickstoff weiter gesteigert wird. Diese stellt in der Landwirtschaft allerdings schon heute einen erheblichen Kostenfaktor sowie ein Umweltproblem dar. Deshalb wäre es von *wirtschaftlichem* Vorteil, wenn z.B. den Getreidepflanzen auch die Fähigkeit bestimmter Bodenbakterien vermittelt werden könnte, den in großer Menge in der Luft vorhandenen molekularen Stickstoff zu binden. Im Hinblick auf eine Realisierung entsprechender Bemühungen in absehbarer Zeit herrscht jedoch allgemeine Skepsis. Dies unter anderem deshalb, weil an der bakteriellen Stickstoffixierung viele Gene und Regulationssysteme beteiligt sind. Bei dem Bodenbakterium *Klebsiella* handelt es sich dabei um insgesamt 17 Gene. Sieben Regulationssysteme sorgen dafür, daß diese Gene nur dann aktiv sind, wenn sie wirklich gebraucht werden. Eine weitere Schwierigkeit besteht darin, daß Pflanzen andere Regulationssysteme besitzen als Bakterien. Im übrigen ist die Stickstoffixierung relativ energieaufwendig, so daß zusätzlich die Photosyntheseleistung der Nutzpflanzen gesteigert werden müßte.

Bessere Erfolgsaussichten bestehen im Hinblick auf die Beeinflussung der Symbiose zwischen Nutzpflanzen und stickstoffoxidierenden Mikroorganismen. Ein Beispiel dafür ist das Zusammenleben von Leguminosen wie Klee, Bohne, Soja, Erbse, Luzerne mit dem Bodenbakterium *Rhizobium*. Die Bakterien veranlassen die Wirtspflanzen, an den Wurzeln typische Knöllchen zu bilden, in denen sie sich ansiedeln. Die Pflanzen erhalten von den Bakterien Stickstoffverbindungen und stellen diesen Assimilate zur Verfügung. Die Stickstoffversorgung der Nutzpflanze durch Rhizobien kann auf vielfältige Weise verbessert werden.

Beispielsweise könnte man das Eindringen der Bakterien in die Wurzel erleichtern und den Stoffaustausch zwischen den Symbionten steigern oder auch das Ausmaß der Stickstoffixierung selbst erhöhen. Außerdem ist denkbar, Bakterien der Gattung *Rhizobium* oder auch Getreidepflanzen gentechnisch so zu verändern, daß eine ganz neue Symbiose zwischen ihnen entsteht. Gelänge dies, könnte Luftstickstoff auch von Getreidepflanzen als Nährstoffquelle genutzt werden, ohne daß die bakteriellen Gene der Stickstoffixierung auf diese übertragen werden müßten. In diesem Zusammenhang sei auch auf die Symbiose zwischen dem Schwimmfarn *Azolla* und der Blaualge *Anabaena* verwiesen, die in Asien zusammen auf Reisfeldern wachsen und eine Stickstoffdüngung weitgehend entbehrlich machen. Daß unsere intensive Landwirtschaft künftig mit Hilfe der Gentechnik ohne mineralischen Stickstoffdünger auskommen könnte, dürfte allerdings ein Wunschtraum bleiben (nach ECKES et al. 1987).

Auch weitere Wechselbeziehungen zwischen Nutzpflanzen und im Boden lebenden Mikroorganismen sind im Blick der Gentechnik. Dabei wird das Ziel verfolgt, durch Eingreifen in dieses Geflecht die Nährstoffaufnahme aus dem Boden sowie die Abwehr schädlicher Bodenbakterien mit Hilfe konkurrierender unschädlicher Mikroorganismen zu verbessern.

Es sollte allerdings überlegt werden, ob entsprechende Systeme nicht auch ohne Hilfe der Gentechnik optimiert werden können, wenn die ökologischen Beziehungen noch besser bekannt sind. Denn so oft gentechnisch veränderte Mikroorganismen in die Umwelt entlassen würden, stellt sich mit besonderer Dringlichkeit die Frage nach den ökologischen Risiken. Deren Abschätzung macht wegen der Komplexität der Ökosysteme besondere Schwierigkeiten.

c) Energiegewinnung

Die Gentechnik wird auch dazu eingesetzt, die Photosyntheserate der Nutzpflanzen zu erhöhen und damit die Umwandlung von Lichtenergie in chemische Energie zu steigern. Dabei beschäftigten sich Gentechniker bisher besonders intensiv mit dem Enzym Ribulose-1,5-bisphosphat-Carboxylase (Rubisco). Es bewirkt die Bindung von Kohlenstoffdioxid an Ribulose-1,5-bisphosphat während der Dunkelreaktionen der Photosynthese. Das Enzym besteht aus acht identischen kleinen und acht großen Untereinheiten, seine räumliche Struktur ist bekannt. Es ist auch gelungen, das Gen für eine kleine Untereinheit aus Weizen und das für eine große Untereinheit aus Blaualgen auf *E. coli* zu übertragen und auf diese Weise ein aktives, wirksames Hybridenzym herzustellen. Damit sind wichtige Voraussetzungen für ein Enzymdesign geschaffen (s. Band 2, *„Nutzung von Enzymen in der Biotechnik"*, 1.3). Es besteht die Aussicht, die Photosyntheserate bei Nutzpflanzen durch einen Transfer dieser neukombinierten DNA zu erhöhen (nach ECKES et al. 1987).

Bei der Photosynthese wird ein Teil der Produkte sofort wieder zu Kohlenstoffdioxid abgebaut (Lichtatmung). Dabei geht auch die in den Kohlenhydraten gebundene Energie als Wärme verloren. Auch bei der Lichtatmung spielt das Enzym Rubisco eine entscheidende Rolle. Denn es katalysiert zusätzlich die Oxidation von Ribulose-1,5-bisphosphat durch Sauerstoff, wobei Kohlenstoffdioxid entsteht. Auch die Verminderung der Lichtatmung ist ein Ziel der Arbeiten an diesem Enzym.

1.2.8 Erzeugung von Resistenzeigenschaften

a) Herbizidresistenz

Bereits in den achtziger Jahren ist es der belgischen Firma *Plant Genetic Systems* gelungen, Tomaten, Kartoffeln und Tabak gegen den Wirkstoff des Unkrautvertilgungsmittels Basta, das „Glufosinat", resistent zu machen. Bei Basta, das von Hoechst produziert wird, handelt es sich um ein Breitbandherbizid (Totalherbizid). Spritzmittel dieser Art schädigen fast ausnahmslos alle Pflanzen, ausgenommen natürlich solche, die gegen sie bereits resistent sind. Innerhalb der Zelle hemmt Basta die Glutaminsynthetase. Dieses Enzym bewirkt die Bindung des Zellgiftes Ammoniak an Glutaminsäure und macht es auf diese Weise unschädlich. Ammoniak entsteht im Laufe des Aminosäurestoffwechsels in der Zelle. Wird es nicht gebunden, häuft es sich in der Zelle an, die daran schließlich zugrundegeht. So vergilben und verwelken die gespritzten Pflanzen und sterben schließlich ab.

Abb. 51.1: Gegen Basta restistente Maispflanzen überleben die Behandlung mit diesem Herbizid. Nicht resistente Maispflanzen und Unkräuter (Vordergrund) werden durch Basta abgetötet.

Wissenschaftler von *Plant Genetic Systems* hatten Bodenbakterien gefunden, die gegen Basta resistent sind. Diese Mikroorganismen verfügen über ein Enzym, das den Wirkstoff in Basta abbaut. Das Gen, das die Synthese dieses Enzyms steuert, konnten sie auf die oben genannten Kulturpflanzen übertragen, die dadurch ein wirksames Mittel gegen das tödliche Gift Glufosinat erhielten.

Um eine Pflanze gegen ein Herbizid resistent zu machen, kann man in der Gentechnik verschiedene Wege gehen: Man kann sie dazu bringen, ein neues Enzym zu produzieren, das das Herbizid abbaut, sobald es aufgenommen wird. Es ist auch denkbar, das Eindringen des Herbizids in die Pflanze bzw. diejenigen Zellorganellen zu verhindern, die von ihm geschädigt werden. Beispielsweise entfaltet *Atrazin* seine Wirkung in Chloroplasten. Die Membran der Chloroplasten der Maispflanze ist natürlicherweise gegen das Eindringen dieses Breitbandherbizids gefeit, so daß es bisher im Maisanbau eingesetzt werden konnte (Der Einsatz von *Atrazin* wurde in Deutschland Anfang 1991 verboten). Weiterhin ist denkbar, das Molekül, an dem das Herbizid angreift, derart zu verändern, daß es von diesem nicht mehr geschädigt werden kann. Die Übertragung von Genen ist allerdings nicht der einzige Weg, herbizidresistente Pflanzen zu gewinnen. So konnten nach einer Herbizidbehandlung von Zellkulturen der Pappel tolerante Zellen isoliert und zu Bäumen regeneriert werden (MICHLER et al. 1988). Diese Zellen hatten die Fähigkeit zur Herbizidresistenz aufgrund von Mutationen erworben. Derartige Erscheinungen in der Natur werden gelegentlich zugunsten der Gentechnik angeführt. Ethisch gesehen handelt es sich bei einer derartigen Argumentationsweise allerdings um einen naturalistischen Fehlschluß (s. 1.7).

Der Anbau herbizidresistenter Pflanzen hat einige *Vorteile*. Vorbeugendes Spritzen ist nicht nötig, der tatsächliche Unkrautbefall kann abgewartet werden. Aus wirtschaftlicher Sicht ist es sowieso erst dann sinnvoll zu spritzen, wenn der zu erwartende Schaden die Spritzkosten übersteigt (Überschreiten der wirtschaftlichen Schadensschwelle; vgl. NELLEN et al. 1987). Auch auf kostenträchtige Mehrfachspritzungen mit unterschiedlichen Präparaten, die selektiv gegen bestimmte Unkräuter wirken, kann verzichtet werden.

Der Anbau herbizidresistenter Pflanzen hat folgende *Nachteile*. Es besteht das Risiko einer verstärkten Abhängigkeit der Bauernschaft von Spritzmittelerzeugern, die zum Teil Saatgutfirmen übernehmen, um zugleich mit dem Herbizid auch die resistente Kulturpflanze anbieten zu können. Im schlimmsten Fall könnte es dazu kommen, daß (weltweit) nur noch solche Sorten angeboten werden, die gegen bestimmte Breitbandherbizide resistent sind. Sollten dann auch gewisse Schadpflanzen eine Resistenz gegen ein derartiges Herbizid entwickeln, könnte es zu erheblichen Ertragseinbußen in der Landwirtschaft kommen. Bei zunehmender Toleranz derartiger Schadpflanzen könnte außerdem die erforderliche Menge des ausgebrachten Herbizides steigen (SCHUPHAN 1987).

So sind in den letzten Jahren Unkräuter bekannt geworden, die gegen *Atrazin* resistent sind. Zu diesen Pflanzen, die im Maisanbau bereits Probleme bereitet haben, gehören *Chenopodium*-Arten wie *Chenopodium album* und *Chenopodium ficifolium*. Die resistenten Arten reagieren 1000fach toleranter gegenüber Atrazin als die nicht resistenten. Die Resistenz kam durch eine Punktmutation zustande, die im Austausch einer einzigen Base (Guanin gegen Adenin) der DNA besteht. Das entsprechende Gen codiert für ein Protein, das beim Elektronentransport während der Photosynthese eine unentbehrliche Rolle spielt (QB-Protein, Photosystem II). Der Ersatz einer einzigen Aminosäure (Serin durch Glycin) aufgrund der Mutation bewirkt die Resistenz. An das neue Protein kann Atrazin nicht binden und somit die Photosynthese auch nicht hemmen. Dieses Beispiel zeigt, daß Schadpflanzen, die gegen Atrazin resistent sind, relativ leicht auftreten können.

Auf jeden Fall wird eine Verringerung der Sortenzahl durch Erzeugung einer Herbizidresistenz die genetische Vielfalt der Nutzpflanzen weiter erheblich einschränken (Verarmung des Genpools), so daß es immer schwieriger werden dürfte, züchterisch angemessen auf widrige Umwelteinflüsse zu reagieren. Der breite Einsatz von Totalherbiziden dürfte außerdem die Verarmung der Pflanzen- und Tierwelt beschleunigen. Beispielsweise ist zu erwarten, daß die Ackerdistel aus ihrem Verbreitungsgebiet verschwindet. Von ihr leben zur Zeit etwa 100 Insektenarten sowie Rebhuhn, Wachtel, Distelfink und indirekt auch insektenfressende Vögel.

Im Hinblick auf die Sicherheit der Anwendung muß geklärt werden, ob Rückstände der Breitbandherbizide in den Nutzpflanzen zurückbleiben und dann die Gesundheit des Menschen und der Nutztiere gefährden oder auch schädliche Wirkungen auf Lebewesen im Boden oder in den Gewässern ausüben. Dies gilt gleichermaßen für Abbauprodukte in der Pflanze. Dabei ist zu bedenken, daß es unmöglich sein dürfte, alle Abbauwege von Herbiziden in der Umwelt und jede Auswirkung, z.B. auf die Bodenfauna, zu verfolgen.

Die Freisetzung der resistenten Pflanze führt weiterhin zu der Frage, ob nicht die Produkte der Resistenzgene für Mensch und Nutztiere gefährlich sind. Auch muß geklärt werden, ob die Fremdgene nicht auf andere Arten, beispielsweise auf Unkräuter, übertragen werden können (horizontaler Gentransfer).

b) Resistenz gegen Krankheitserreger und tierische Schädlinge

Erreger von Pflanzenkrankheiten kommen Viren, Bakterien und Pilze infrage. Bakterien und Pilze lassen sich mit Pestiziden bekämpfen. Eine chemische Bekämpfung der Viren ist unmöglich.

Mit Hilfe der Gentechnik wird nun versucht, Kulturpflanzen gegen Viren resistent zu machen. Man geht dabei unter anderem von der Tatsache aus, daß die Infektion einer Pflanze mit einem Virusstamm, der nur eine geringe krankmachende Wirkung besitzt, diese vor einem gefährlichen Stamm schützen kann („Kreuzresistenz" oder „cross protection"). Die Schutzwirkung geht vom Hüllprotein des Virus aus. Es reicht also aus, das Gen für das Hüllprotein eines pathogenen Virus mit Hilfe von *Agrobacterium* auf die gefährdete Pflanze zu übertragen, um sie resistent zu machen. Denn sie erzeugt daraufhin ja selbst das betreffende Protein. Mit dieser Methode konnte in den USA Tabakpflanzen eine Resistenz gegen das Tabak-Mosaik-Virus vermittelt werden (CASPER 1989).

Pseudomonas syringae gehört zu denjenigen Bakterien, die bei Temperaturen von –1 bis –5 °C die Eiskristallbildung an Blüten und Blättern auslösen können und somit z.B. in Erdbeerplantagen Schaden anrichten. Mit Hilfe der Gentechnik hat man aus dem Genom des genannten Bakteriums das Gen für ein Protein entfernt, das die Eiskristallbildung bewirkt. Durch Verspritzen der gentechnisch veränderten Bakterien („Eis-minus-Bakterien"), die in Konkurrenz mit den natürlicherweise vorkommenden treten, will man die Eiskristallbildung einschränken und so die Kulturpflanzen schützen. Eis-minus-Bakterien wurden in den USA bereits ausgebracht.

Zur Bekämpfung schädlicher Bakterien oder Pilze geht man auch den Weg der gentechnischen Veränderung der Kulturpflanzen selbst. Beispielsweise versucht man, die natürliche Fähigkeit vieler Pflanzen zu verstärken, Chitinasen zu bilden. Bei den Chitinasen handelt es sich um Enzyme, die Chitin spalten. Sie greifen die Zellwände der Pilze an, die aus Chitin aufgebaut sind. Die Steigerung der Chitinaseproduktion geschieht über die Beeinflussung der Promotoren der entsprechenden Gene (CASPER 1989; s. Band 2, *„Nutzung von Enzymen in der Biotechnik"*, 1.1).

Auch zur Bekämpfung tierischer Schädlinge wird die Gentechnik eingesetzt. Beispielsweise wurde das Toxin-Gen von *Bacillus thuringiensis* auf Kulturpflanzen übertragen, die daraufhin den Giftstoff dieses Bakteriums selbst produzierten und so gegen Fraßschädlinge geschützt waren (vgl. 1, Einführung).

Auch alle Methoden der gentechnischen Resistenzerzeugung gegen Viren, Mikroorganismen oder tierische Schädlinge werfen Fragen nach toxikologischen oder ökologischen Risiken auf. Der Einsatz entsprechender gentechnisch veränderter oder transgener Organismen kann nur verantwortet werden, wenn mögliche Risiken tragbar erscheinen und die Abschätzung der Folgen angesichts der Komplexität von Ökosystemen überhaupt geleistet werden kann.

1.3 Gentechnik und Nutztiere

Besondere Schwerpunkte sind die Erzeugung von Wirkstoffen und Impfstoffen, die Beeinflussung von Symbiosen zwischen Nutztieren und Mikroorganismen sowie die Herstellung transgener Nutztiere.

1.3.1 Steigerung der Milchproduktion bei Kühen durch Wachstumshormon

Die Firma *Monsanto GmbH Deutschland* hat beim Bundesinstitut für Verbraucherschutz und Veterinärmedizin einen Antrag auf Zulassung künstlich hergestellten Rinderwachstumshormons zur Behandlung von Milchkühen gestellt. Dieser Antrag ruht jedoch, da von der Europäischen Kommission ein Moratorium zur Produktion von Hormonen in der Tierzucht verabschiedet wurde. Das Hormon soll mit Hilfe von Bakterien produziert werden, auf die das Gen für das Wachstumshormon des Rindes (Rindersomatotropin) künstlich übertragen wurde. Es wird als rBST (recombinant bovine somatotropin) abgekürzt.

Dieses Hormon steuert während der Entwicklung das Wachstum der Tiere, bei ausgewachsenen Rindern fördert es u. a. die Milchproduktion. Die Hormonbehandlung ist allerdings nur in relativ großen und besonders spezialisierten Betrieben möglich. Denn die Tiere, die unter erheblichen physiologischen Leistungsdruck gesetzt werden, bedürfen intensiver Pflege. Auch muß das Hormon gespritzt werden, denn als Eiweißstoff würde es im Magen-Darmtrakt verdaut, wenn man es verfütterte.

Gegner des Antrags befürchten unter anderem, die Leistungssteigerung größerer Milchbetriebe könnte kleine und mittlere Betriebe zum Aufgeben zwingen. Auch erwarten sie, daß sich die Zusammensetzung der Milch unter den Hochleistungsbedingungen verändert und sich somit schlechte Folgen für die *Qualität der Molkereiprodukte* und sogar für die *Gesundheit* der Verbraucher ergeben (vgl. BAUMGARTNER/FINK 1989). *Befürworter* führen z.B. die Möglichkeiten der Einkommenserhöhung und die Verbesserung der internationalen Wettbewerbsfähigkeit ins Feld. Die Beurteilung der *ökonomischen* und *sozialen Folgen* ist allerdings äußerst schwierig, sie hängt nicht zuletzt von bestimmten Wertsetzungen in der Gesellschaft sowie von landwirtschaftspolitischen Entscheidungen der Europäischen Gemeinschaften ab. Das Für und Wider wird ausführlich im Bericht der Enquete Kommission dargestellt, die sich mit dem Rinderwachstumshormon befaßt hat (*Deutscher Bundestag* 1989).

Hochleistungskühe stehen offensichtlich auch schon ohne eine solche Hormonbehandlung unter einem zu hohen Leistungsdruck. Er kommt in der relativ geringen Lebensdauer von wenig mehr als 5 Jahren zum Ausdruck und ist aus dem Blickwinkel des *Tierschutzes* bedenklich. Aber auch die Wirtschaftlichkeit der Milchkuhhaltung ist entsprechend gering, müssen die Kühe doch immerhin zwei Jahre lang gefüttert werden, bevor sie zum ersten Mal kalben und Milch geben. Der Einsatz des Wachstumshormons stellt nun eine zusätzliche Leistungsanforderung an die Rinder dar.

In Abb. 55.1 ist die Veränderung in der Milchproduktion im Laufe einer Laktationsperiode dargestellt. Während der Zeit des steilen Anstiegs der Laktationskurve lebt die Kuh unter den Fütterungsbedingungen auf dem Bauernhof mit von der eigenen Körpersubstanz. Sie nimmt also mit dem Futter weniger Nährstoffe auf, als sie für die Synthese der Milch benötigt. Die Verluste werden mit dem Absinken der Kurve wieder ersetzt, vor allem aber in der Trockenperiode, wenn vor dem nächsten Kalben nicht mehr gemolken wird.

Der Abbau von Körpersubstanz wird natürlicherweise durch das körpereigene Rinderwachstumshormon gesteuert. Es hemmt den Fettaufbau und fördert den Fettabbau und damit zugleich die Synthese der Milch. Wird während der Trächtigkeit zu viel Körperfett gespeichert, kann es zu Beginn der Laktation zu erheblichen Belastungen des Stoffwechsels vor allem in der Leber kommen. Denn das Ausmaß des Stoffabbaus ist stärker abhängig vom Umfang der gespeicherten Substanz – vor allem des Depots an Körperfett – als von der Milchbildung selbst. Die Abbauprodukte der im Überschuß mobilisierten Stoffe werden ungenutzt ausgeschieden. Durch die Behandlung mit künstlichem Rinderwachstumshormon wird nun versucht, eine hohe Milchleistung über längere Zeit zu erhalten, so daß die Laktationskurve im Idealfall nach dem Anstieg parallel zur x-Achse verläuft (s. Abb. 55.1). Dabei verwendet man Langzeitpräparate, die z.B. nur alle 28 Tage gespritzt werden müssen. Auf diese Weise erreichten verschiedene Untersuchergruppen Steigerungen der Milchleistung zwischen 5,5 und 19,5 % (FARRIES et al. 1989, S. 176) bei der Mehrzahl der Tiere.

Gegen diesen Vorteil ist allerdings der Nachteil einer noch stärkeren physiologischen Belastung aufgrund der Hormonwirkung abzuwägen. „Die zum Teil erhebliche Verschlechterung der Fruchtbarkeit, in einigen Fällen auch die Veränderung der Milchbeschaffenheit, deutet auf eine Beeinträchtigung der Tiergesundheit hin" (*Deutscher Bundestag* 1989). Der Hormoneinsatz führte bisher nicht zu einem zur x-Achse parallelen Verlauf der Laktationskurve. Vielmehr stieg die Leistung der Versuchsgruppe mit jeder Hormongabe vom Niveau der Kontrollgruppe aus 14 Tage lang an und ging in den folgenden 2 Wochen wieder auf das niedrige Niveau zurück, das die Kontrolltiere zu diesem Zeitpunkt aufwiesen.

Wird Rinderwachstumshormon zu früh nach dem Kalben eingesetzt, wenn also die Fettvorräte noch nicht beseitigt sind, kann es zu den oben

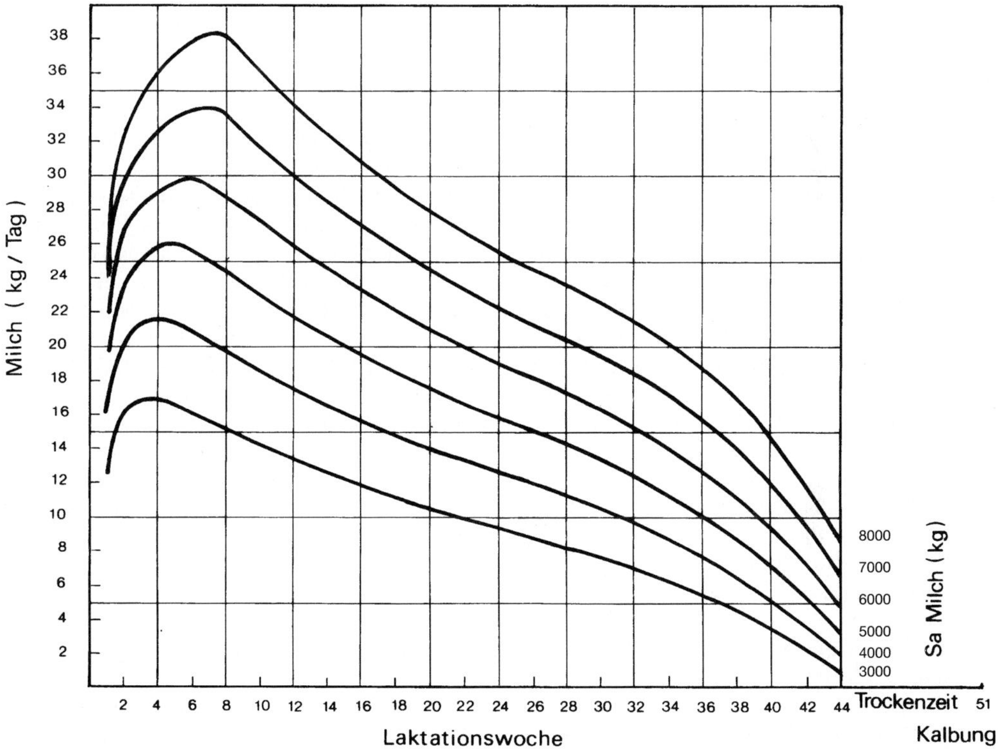

Abb. 55.1: Milchproduktion bei Kühen im Laufe einer Laktationsperiode (schematisch). Der Spiegel des Rinderwachstumshormons ist nicht dargestellt. Er verläuft exakt parallel zur Laktationskurve. Von einer Spitzenkuh, die während dieser Zeit insgesamt 8.000 kg Milch lieferte, erhielt man unmittelbar nach dem Kalben pro Tag 25 kg, in der Spitze 38 kg und vor dem Beginn der Trockenperiode nach 305 Tagen noch 9 kg. Eine Kuh an der unteren Leistungsgrenze mit insgesamt 3.000 kg Milch gab zu den gleichen Meßpunkten 12 kg, 17 kg und 1 kg (nach FARRIES et al. 1989, S. 170f)

beschriebenen Stoffwechselbelastungen kommen. Wartet man den richtigen Zeitpunkt ab, kann das vermieden werden. Dabei sind aber die Reaktionen der einzelnen Versuchstiere sehr unterschiedlich, so daß eine Auslese der geeigneten Kühe erforderlich ist. Immerhin werden vom Viehhalter, der Wachstumshormon einsetzt, erhebliche zusätzliche Kenntnisse gefordert. Dies zeigen auch Untersuchungen zur Zusammensetzung der Milch. Die Behandlung mit Wachstumshormon ist nämlich darauf nur dann ohne Einfluß, wenn die Nährstoffbilanz der Kühe ausgeglichen ist. Geraten diese aber in eine Mangelsituation, wie dies bei Kühen mit einem zu hohen Fettdepot beim Kalben der Fall ist, so enthält die Milch mehr Fett und weniger Eiweiß, der Milchzuckergehalt bleibt dagegen unverändert.

Eventuelle Rückstände des Rinderwachstumshormons in der Milch bleiben unter der Nachweisgrenze von 0,5 ng/l. Überhaupt dürfte von diesem Hormon für den Menschen keine Gefahr ausgehen. Da es sich um ein Peptidhormon handelt, wird es im Magen-Darm-Trakt von den proteolytischen Enzymen gespalten. Überdies kann es im Körper des Menschen seine spezifische Wirkung nicht ausüben, es unterscheidet sich nämlich in seinem Aufbau weitgehend vom menschlichen Wachstumshormon (FARRIES et al. 1989).

1.3.2 Krankheitsdiagnose und Impfung

a) Diagnose am Beispiel der Maul- und Klauenseuche

Für die Prophylaxe und die Bekämpfung dieser gefürchteten Viruserkrankung der Klauentiere, z.B. der Rinder, werden in der Bundesrepublik Deutschland jährlich etwa 200 Millionen DM ausgegeben. Dabei ist die aufwendige Vorsorge nicht ohne Risiko. So brach die Krankheit von 1970 bis 1988 in 23 Fällen aufgrund der Impfung aus, weil die Viren, die dafür verwendet wurden, nur unzureichend inaktiviert worden waren. Außerdem gingen von den 30 Primärausbrüchen, die in diesem Zeitraum dokumentiert worden sind und nicht in Zusammenhang mit einer Impfung stehen, fünf auf Undichtigkeiten in Impfstoffwerken zurück, durch die Krankheitserreger ins Freie gelangt waren (KIPER 1988; KIPER/STREICH 1990, S. 114). Die Maul- und Klauenseucheprophylaxe ist bisher also keineswegs sicher. Nicht zuletzt deshalb sollte die Möglichkeit bestehen, den bei einer Epidemie wirksamen Virustyp schnell zu identifizieren, so daß gegebenenfalls ein ungenügend inaktivierter Impfstoff sofort erkannt und zurückgezogen wird. Mit herkömmlichen immunologischen Methoden ist eine kurzfristige Identifikation allerdings nicht möglich. Dagegen kann der Virustyp relativ schnell (innerhalb einer Woche) erkannt werden, wenn man dessen Erbinformation des vorliegenden Krankheitserregers mit Hilfe von Gensonden untersucht. Dabei handelt es sich nicht um Gentechnik im Sinne des Gesetzes, es werden jedoch Analyseinstrumente eingesetzt, die gentechnisch hergestellt werden.

Maul- und Klauenseuche-Viren sind Retroviren, sie besitzen RNA und keine DNA. Diese wird in der Wirtszelle in DNA (copy DNA oder cDNA) umgeschrieben (s. 1.3.3 a). Die Sequenzierung eines kleinen Teils der cDNA reicht aus, den Virustyp zu erkennen. Denn die einzelnen Typen unterscheiden sich in der Nukleotidsequenz des RNA-Abschnittes, der für ein bestimmtes Protein (VP 1) der Virushülle codiert (Sequenzierung s. 1.4.1 c). BECK/STROHMAIER (1987), die die Methode beschreiben, schlagen vor, die DNA-Untersuchung allgemein bei Epizootien (Epidemien bei Tieren) zur Diagnose einzusetzen (zit. nach KEIL 1989).

b) Impfung

Dringen Krankheitserreger in den Körper der Wirbeltiere ein, werden sie von bestimmten Zellen erkannt, die dann einen spezifischen Abwehrmechanismus auslösen, die *Immunreaktion*. Diese ist gezielt gegen eingedrungene Viren, Bakterien, Pilze oder tierische Parasiten gerichtet (s. *Linder* S. 410ff, BAYRHUBER/KULL 1989). Man unterscheidet die *humorale Immunantwort*, also die Bildung von *Antikörpern* durch B-Lymphozyten, und die *zelluläre Immunantwort* durch bestimmte T-Lymphozyten (T-Killer-Zellen). Letztere zerstören körperfremde Zellen oder vernichten körpereigene, die von Viren befallen sind.

Die Immunreaktion wird von bestimmten Molekülen der Krankheitserreger ausgelöst, die man als *Antigene* bezeichnet. Bei diesen kann es sich um Proteine, Peptide, Polysaccharide oder Polynukleotide handeln. Antikörpermoleküle, globuläre Proteine, die gegen spezielle Antigene gebildet werden, binden gleichzeitig an mehrere Moleküle eines Antigens. Handelt es sich bei diesem z.B. um ein Protein der Zellwand von Bakterien, so kann die Bindung zur Verklumpung dieser Mikroorganismen führen. Die Klumpen werden schließlich abgebaut. Antikörper richten sich immer nur gegen einen Teil des Antigenmoleküls, z.B. gegen eine kleine Aminosäuresequenz eines Proteinmoleküls. Ein solcher Molekülbereich heißt *Epitop*. Demgemäß können gegen ein Antigen mit mehreren Epitopen auch mehrere unterschiedliche Antikörper gebildet werden.

Bei der Impfung verabreicht man einem erkrankten Tier oder auch dem Menschen entweder Antikörper, um bei der Überwindung der Infektion zu helfen (*passive Immunisierung*) oder man ruft mit Hilfe eines Impfstoffes eine humorale oder auch eine zelluläre Immunreaktion hervor (*aktive Immunisierung*). Im zweiten Fall bildet sich immer auch ein Teil der B-Lymphozyten, die gegen den Impfstoff Antikörper bilden, in *Gedächtniszellen* um, die lange im Körper erhalten bleiben. Dringt nun der Krankheitserreger ein, gegen den geimpft wurde, so teilen sich diese rasch und bewirken eine sehr schnelle und besonders heftige Immunantwort (s. *Linder* Abb. 409.2, BAYRHUBER/KULL 1989). Darin besteht die Schutzwirkung einer aktiven Immunisierung.

Zur Schutzimpfung können lebensfähige Mutanten eines Erregers verwendet werden, die selbst nicht mehr pathogen sind (*Lebendimpfstoff*). Außerdem können Krankheitserreger verabreicht werden, die durch Hitzeeinwirkung oder auf chemischem Weg inaktiviert worden sind. Sie sind zwar nicht mehr lebensfähig, ihre Antigene sind aber noch wirksam (*inaktivierter Impfstoff*). Weiterhin können Antigene selbst oder auch Teile von ihnen, wenn sie Epitope tragen, als Impfstoffe verwendet werden (*Untereinheitenvakzine*). Gerade solche Impfstoffe versucht man, mit gentechnischen Mitteln herzustellen. Man hofft, auf diesem Wege insbesondere auch solchen Infektionskrankheiten Herr zu werden, gegen die eine aktive Immunisierung bisher nicht gelang. Mit Hilfe der Gentechnik ist es möglich, solche Gene aufzuspüren, die für bestimmte Antigene codieren. Auch lassen sich die verschiedenen Epitope einzelnen Genabschnitten zuordnen. Derartige Gene bzw. Genabschnitte können kloniert und schließlich zur Impfstoffherstellung verwendet werden. Dieses Verfahren ist allerdings noch relativ teuer, auch versagen solche Impfstoffe im Kampf gegen Krankheitserreger, die ihre Oberfläche laufend verändern, sich so gegenüber dem Immunsystem tarnen und die schnelle Immunabwehr verhindern (z.B. Grippeviren).

Immerhin ist es bereits gelungen, Rinder durch Impfung mit dem unter a) genannten Protein (VP 1) aus der Hülle der Maul- und Klauenseuche Viren vor dieser Seuche zu schützen. Man hatte den Eiweißstoff mit Hilfe transformierter Bakterien (*E. coli*) erzeugt. Die Immunreaktion erfolgte allerdings weniger intensiv als bei Verwendung inaktivierter Viruspartikel (ROWLANDS 1985). Dies mag daran liegen, daß den Impflingen nur die Epitope, die sich auf diesem Protein befinden, angeboten worden sind, das Virus aber weitere Epitope enthält, ein Problem, das sich allgemein bei der Verwendung von Antigenen als Impfstoff stellen kann.

Die Gentechnik kann auch zur Herstellung von Lebendimpfstoff genutzt werden. So kann man beispielsweise aus dem Erbmaterial eines pathogenen Virus den Teil entfernen, der die Virulenz hervorruft (Deletion). Eine Rückmutation in den pathogenen Zustand ist dann nicht möglich, allerdings kann eine Rekombination mit einem Wildstamm vorkommen. Es ist weiterhin denkbar, das Gen eines gefährlichen Virus, das für ein Antigen codiert, auf ein ungefährliches Virus zu übertragen und die Impfung mit diesem durchzuführen (KEIL 1989).

1.3.3 Erzeugung transgener Nutztiere

Eine weitere Leistungssteigerung der Nutztiere versucht man dadurch zu erreichen, daß man fremde Gene auf die Tiere selbst überträgt. Die Herstellung transgener Säugetiere erfolgte erstmals bei der Maus (GORDON et al. 1980). Dabei wurde das Gen der Ratte für das Wachstumshormon auf Labormäuse übertragen. Diese wurden daraufhin doppelt so groß und so schwer wie ihre Zwillingsgeschwister (s. *Linder* Abb. 387.1, BAYRHUBER/KULL 1989). Mittlerweile konnten auch transgene Nutztiere erzeugt werden, u. a. Schweine, Schafe und Kaninchen.

a) Methoden des Gentransfers auf Nutztiere

Es werden verschiedene Methoden des Gentransfers angewendet, auf zwei soll kurz eingegangen werden.

Mikroinjektion von DNA in die befruchtete Eizelle.

Eine winzige Menge DNA (1 bis 2 µl) wird mit Hilfe einer feinen Kanüle unter dem Mikroskop in einen Vorkern einer befruchteten Eizelle gespritzt. Dabei handelt es sich um ein Gen, das um geeignete steuernde Abschnitte ergänzt ist (vgl. 1.2.3 a). Man muß die Eizellen also zu einem definierten Zeitpunkt nach der Ovulation entnehmen und besamen. Im Vorkernstadium sind der Kern der Eizelle und der Kern der Samenzelle noch nicht verschmolzen, sondern liegen frei im Cytoplasma (s. *Linder* Abb. 308.1, BAYRHUBER/KULL 1989). Die veränderten Eizellen werden schließlich in den Eileiter übertragen.

Die Erfolgsquote der Mikroinjektion von DNA ist relativ gering, nur jede hundertste bis zweihundertste der so behandelten Eizellen entwickelt sich schließlich zu einem transgenen Tier. Das Ergebnis der Genübertragung läßt sich nach der Geburt des Tierjungen mit Hilfe von Gensonden erkennen, die man z.B. auf Zellen des Blutes anwendet (s. 1.1.2). Ein Einbau der fremden DNA an einem definierten Ort eines Chromosoms ist zur Zeit nicht möglich, er erfolgt irgendwo im Genom der Empfängerzelle. Auch kommt es trotz des Gentransfers auf *Eizellen* relativ häufig vor, daß nicht alle aus ihr hervorgehenden Zellen dieses neue Gen besitzen *(Mosaikbildung)*, weiterhin kann es in der Generationenfolge wieder ganz verschwinden. Das fremde Gen kann auch mitten in ein eigenes Gen eingefügt werden, das dadurch funktionslos wird. Solche *Insertionen* können allerdings der Grundlagenforschung dienen. Man kann nämlich das nach der Insertion nicht mehr aktive eigene Gen mit Hilfe von Sonden für das Fremdgen isolieren und im einzelnen untersuchen (vgl. hiermit die Ausführungen zur Untersuchung von Petunien mit Hilfe „Springender Gene" unter 1.2).

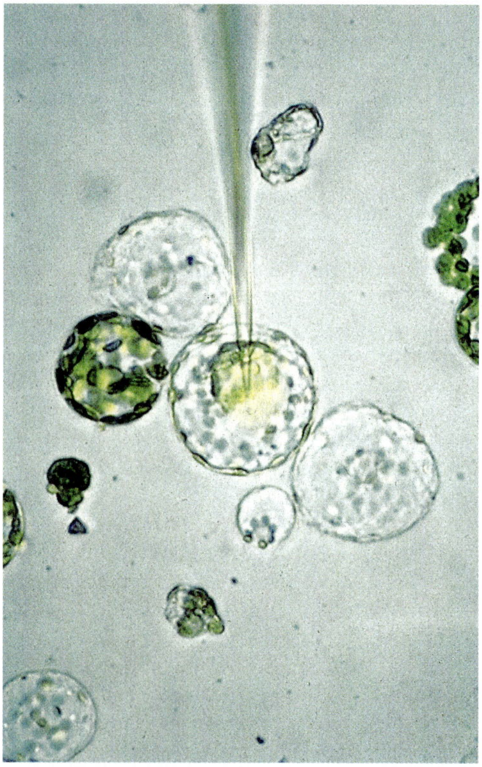

Abb. 58.1: Mikroinjektion von DNA in eine Zelle. Die gelb gefärbte DNA ist in den Zellkern gelangt (aus TRUSCHEIT 1984)

Auf jeden Fall reicht die Erzeugung eines einzigen transgenen Tieres für den weiteren Einsatz in der Tierzüchtung keineswegs aus, weil zunächst nicht vollkommen auszuschließen ist, daß eine Mosaikbildung oder eine Insertion vorliegt (BREM 1989).

Nutzung von Retroviren als Vektoren

Retroviren tragen in ihrer Hülle RNA. Diese wird innerhalb der infizierten Zelle in DNA umkopiert (*copy DNA* oder *cDNA*). Die Reaktion wird von dem Enzym *„reverse* (= umkehrende) *Transkriptase"* katalysiert, dessen Synthese vom Virus ausgelöst wird. Die cDNA wird als „Provirus" in das Genom der Wirtszelle integriert, an ihr wird schließlich wieder RNA gebildet (Vermehrung der Retroviren s. *Linder* S. 361, BAYRHUBER/KULL 1989).

Retroviren infizieren sehr leicht die angebotenen Wirtszellen. Mit ihrer Hilfe lassen sich fremde Gene in tierische Zellen einschleusen. Normalerweise schädigen sie diese nicht, außerdem können sie viele Zellen gleichzeitig befallen. Dies sind Vorteile gegenüber der Mikroinjektion von DNA in Eizellen. Die in diesem Zusammenhang genannten Probleme (Mosaikbildung und ähnliches) stellen sich allerdings auch bei der Verwendung von Retroviren als Vektoren. Dazu kommt, daß sich in die winzigen Viruspartikel nur relativ kleine Gene verpacken lassen. Darüber hinaus sind auch mit diesem Verfahren unter anderem folgende Risiken verbunden (FRIEDMANN 1989):

- Der Vektor kann – wie auch im Falle der Mikroinjektion – mitten in ein intaktes Gen eingebaut werden *(Insertion)* und dieses dadurch funktionslos machen.
- Ein nicht tätiges *Protoonkogen* („Krebsgen") kann z.B. mit Hilfe einer Promotorsequenz des Virus aktiviert werden.
- Nicht tätige, ins Genom eingebaute *Viren* können aktiviert werden.
- Dem Vektor sind zwar krankmachende DNA-Sequenzen entnommen worden. Er kann sie aber *durch Rekombination wieder erlangen*, wenn diese DNA-Sequenzen im Genom der Zelle vorliegen sollten.

b) Ziele der Erzeugung transgener Nutztiere

Ein Ziel der Erzeugung transgener Nutztiere ist die Beeinflussung der tierischen Produktion wie die Synthese von Milch, der Ansatz von Fleisch oder das Wachstum von Wolle. Dabei kommt es im Hinblick auf Länder der Dritten Welt sowohl auf eine gesteigerte Quantität als auch auf eine erhöhte Qualität an, hinsichtlich der Industrieländer jedoch vor allem auf Qualitätssteigerung. Beispielsweise wird daran gedacht, transgene Kühe oder Schafe zu erzeugen, die im Euter Lactase bilden, so daß sie lactosefreie Milch geben (MERCIER 1987; zum Problem der Lactoseintoleranz beim Menschen s. *„Nutzung von Enzymen in der Biotechnik"*, 2.5).

Weitere Ziele sind die Erhöhung der Reproduktionsrate sowie die Verbesserung der Resistenz gegen Streß, z.B. bei der Intensivhaltung von Schweinen, oder auch gegen Krankheiten. So soll z.B. die Anfälligkeit des westafrikanischen N-Dama-Rindes gegen die Nagana-Seuche (s. *Linder* S. 176, BAYRHUBER/KULL 1989) verringert und unser Hausschwein vor Grippe (Influenza) geschützt werden.

Außerdem werden Nutztiere auf gentechnischem Wege zur Produktion artfremder Stoffe veranlaßt. Dazu gehört die Bildung des Faktors IX der Blutgerinnung in den Milchdrüsen von Schafen oder von menschlichem Plasminogen-Aktivator (s. 1.4.2) in den Milchdrüsen von Mäusen (*„genefarming"*). In Schottland leben mittlerweile Schafe, die in der Milchdrüse den alpha-1-Proteinasehemmer bilden. Dieser hemmt die Aktivität von Proteinasen, Enzymen die Proteine abbauen. Fehlt aufgrund eines genetischen Defekts der Proteinasehemmer im Blut, so kommt es vor allem in der Lunge zur Zerstörung von Bindegewebe und ein Lungenemphysem entsteht. Der alpha-1-Proteinasehemmer soll in hochgereinigter Form als Medikament gegen diese Krankheit eingesetzt werden. Die transgenen Schafe wurden in Kooperation von Bayer und Miles erzeugt. Mit Hilfe von 2000–3000 Tieren hoffen die beiden Firmen künftig den Weltbedarf an alpha-1-Proteinasehemmer decken zu können. Auf Tiere werden weiterhin Gene übertragen, die an der Entstehung von Krankheiten beteiligt sind. Mit Hilfe dieser „Tiermodelle„ werden die Krankheitsmechanismen untersucht und neuartige Medikamente getestet.

Kritiker befürchten, eine weitere Leistungssteigerung aufgrund der Erzeugung transgener Nutztiere werde das Problem der landwirtschaftlichen Überproduktion in den Industrieländern noch verschärfen. Es ist auch zu befürchten, daß die negativen Auswirkungen der industriellen Tierproduktion auf die Gesundheit und das Verhalten der Tiere aufgrund der erneuten Produktivitätssteigerung zunehmen werden. Ob die ungünstige Ernährungssituation in den Ländern der Dritten Welt durch den Einsatz der Gentechnik im Bereich der Züchtung und Haltung der Nutztiere verbessert werden kann, ist noch umstritten. Sie liegt nicht zuletzt auch an der ungleichen Verteilung von Ressourcen.

1.4 Gentechnik und Gesundheit des Menschen

Die Produktion von Arzneimitteln mit Hilfe von Lebewesen ist in der pharmazeutischen Industrie gang und gäbe. Mehr als ein Viertel aller Medikamente stammte schon vor der Einführung der Gentechnik aus biologischen Produktionsverfahren. Darunter stellen die Antibiotika die größte Gruppe dar.

Auf gentechnischem Wege werden heute Substanzen hergestellt, die von besonderer Bedeutung für die medizinische Praxis sind. Dazu gehören Impfstoffe (z.B. gegen Hepatitis B), Diagnostika (z. B. monoklonale Antikörper) und Therapeutika. Nicht zuletzt bei der Diagnose von Infektionskrankheiten, Erbkrankheiten und Krebs werden in Zukunft chemische Stoffe eine wichtige Rolle spielen, die mit den Mitteln der Gentechnik hergestellt werden (Tab. 60.1.).

Die Möglichkeiten der *Diagnostik* beim Menschen werden künftig erheblich ausgeweitet werden, und zwar vor allem aufgrund der Ergebnisse der laufenden „Genomprojekte", die unter 1.4.1 beschrieben werden. Auf gentechnisch erzeugte Stoffe für die *Vorsorge* und die *Therapie* beim Menschen wird unter 1.4.2 eingegangen. Probleme der Gentherapie werden in 1.7 unter ethischen Gesichtspunkten analysiert.

Diagnostik	Vorsorge	Therapie
Analyse pathologischer Veränderungen mit Hilfe gentechnisch hergestellter · Enzyme · Antikörper · Gensonden Analyse genetischer Dispositionen für monogene Krankheiten oder polygene, multifaktorielle Krankheiten	Impfstoffherstellung durch Übertragung von Genen für bestimmteAntigene auf Mikroorganismen	Medikamentenherstellung mit Hilfe gentechnisch veränderter Mikroorganismen oder auch transgener Pflanzen und Tiere, u.a. von Substanzen, die in geringen Mengen wirken

Tab. 60.1: Übersicht über die Nutzung der Gentechnik für medizinische Zwecke. Bei den unter Vorsorge erwähnten Antigenen kann es sich um Membranproteine humanpathogener Mikroorganismen handeln.

1.4.1 Kartierung und Sequenzierung des Genoms des Menschen

Im Jahre 1986 regte DULBECCO in den USA an, die Basensequenz des gesamten Erbgutes des Menschen zu analysieren, weil er sich davon einen entscheidenden Beitrag zur Krebsforschung versprach. Er löste mit seiner Arbeit eine lebhafte Debatte aus, die schließlich zu einer Förderung der Kartierung und Sequenzierung des menschlichen Genoms durch das National Institute of Health (NIH) und das Department of Energy (DOE) der Vereinigten Staaten führte. Dieses Mammutvorhaben („Human Genome Project",

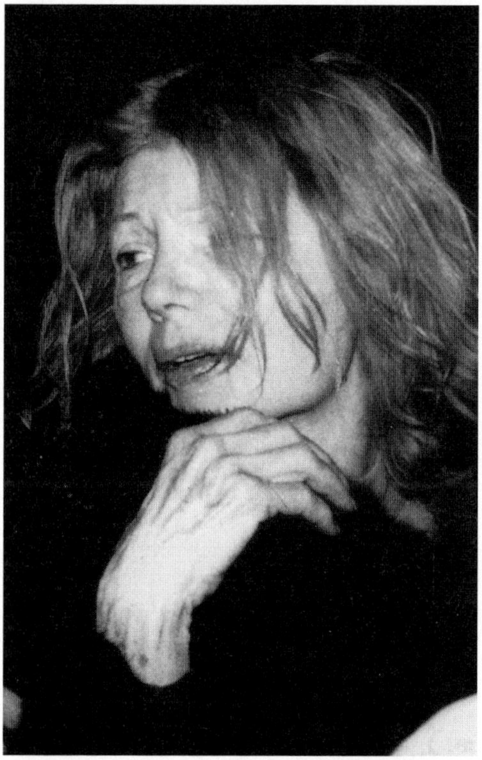

Abb. 61.1: Von der Alzheimerschen Krankheit, einer Erbkrankheit, befallene Frau. Es handelt sich um eine Aufnahme des Filmstars Rita HAYWORTH. Das die Erkrankung auslösende Gen konnte inzwischen auf dem Chromosom 21 lokalisiert werden. Von der weiteren Analyse des Gens verspricht man sich auf lange Sicht auch Hinweise für die Entwicklung einer Therapie

HGP) ist in seinem Umfang dem Projekt der Mondlandung vergleichbar, sollen dafür doch innerhalb von 15 Jahren 3 Milliarden US$ zur Verfügung gestellt werden. Entsprechende Arbeiten wurden auch in Europa und Japan begonnen.

Von dem Vorhaben verspricht man sich u.a. auch ein besseres Verständnis von Erbkrankheiten; in erster Linie werden sich neue Wege der Diagnose ergeben, für die fernere Zukunft besteht auch Hoffnung auf neue therapeutische Möglichkeiten. So konnte bereits im Jahr 1990 von amerikanischen Forschern das Gen für Mukoviscidose (engl. cystic fibrosis) auf dem Chromosom 7 lokalisiert und seine Basensequenz aufgeklärt werden. Es kann nun mit Hilfe einer entsprechenden Gensonde leicht nachgewiesen werden. Mukoviscidose (lat. *mucus* Schleim, *viscidus* zäh) ist die häufigste Erbkrankheit in Europa und Amerika. Die Betroffenen bilden in Drüsenzellen einen zähflüssigen Schleim, so daß z.B. die Funktion der Lunge und der Verdauungsorgane schwer beeinträchtigt ist.

Aus dem Genomprojekt erwachsen aber auch besondere ethische und gesellschaftliche Probleme. Beispielsweise stellen sich die folgenden Fragen: Unter welchen Bedingungen darf man die Diagnose einer Erbkrankheit durchführen, für die es keine Therapie gibt? Dürfen ganze Bevölkerungsgruppen auf bestimmte Erbkrankheiten hin durchforstet werden? Führen die neuen diagnostischen Möglichkeiten zu vermehrter Abtreibung von Foeten mit unerwünschten genetischen Eigenschaften? Sollten die immensen Forschungsmittel nicht besser zur Lösung anderer, drängenderer Probleme eingesetzt werden? Wer darf die Ergebnisse des Genomprojektes kommerziell nutzen? Dürfen Gene des Menschen oder Teilstücke der menschlichen DNA patentiert werden?

Bei der **Kartierung** des Genoms des Menschen werden Gene bzw. andere DNA-Abschnitte auf einem Chromosom lokalisiert, und es werden die Abstände zwischen diesen „Markern" ermittelt. Dabei entstehen also detaillierte „Landkarten" von Chromosomen. Zum Genom des Menschen gehören die 46 Chromosomen des Zellkerns, die je zur Hälfte vom Vater und von der Mutter stammen (44 Autosomen, 2 Geschlechtschromosomen) sowie die kleinen ringförmigen Chromosomen, von denen die Mitochondrien, die Organellen der Zellatmung, je eines besitzen. In dem Genomprojekt werden 22 Autosomen, die beiden Geschlechtschromosomen sowie das Mitochondrienchromosom analysiert. Die Basensequenz der mitochondrialen DNA ist inzwischen bereits aufgeklärt.

Für die Kartierung der Gene auf einem Chromosom stehen prinzipiell zwei Wege offen: Bei der schon von MORGAN zu Beginn des 20. Jahrhunderts entwickelten *indirekten* Methode wird die Häufigkeit des Genaustausches durch Crossing-over bestimmt und daraus die Abfolge der Gene in einer Kopplungsgruppe (Chromosom) abgeleitet. Dafür sind beim Menschen Stammbaumuntersuchungen und bei anderen Lebewesen Kreuzungsexperimente erforderlich. Man spricht deshalb von *genetischer Kartierung* (engl. genetic mapping). Die *direkte* Untersuchung des Chromosomenaufbaus erfolgt unabhängig von einem Erbgang. Diese Methode heißt *topographische Kartierung* (engl. physical mapping; im deutschen Schrifttum auch „physikalische Kartierung" genannt). Zu diesem Zweck kann man ein Chromosom färben, so daß die typischen Bandenmuster entstehen. Man kann es auch in kleine Stücke schneiden, diese charakterisieren und in der richtigen Abfolge auf einer Chromosomenkarte anordnen. Bei der genetischen Kartierung schließt man also aus Merkmalsänderungen des Phänotyps auf den Aufbau der Chromosomen, bei der topographischen untersucht man die Chromosomen selbst.

Sequenzierung ist die Bestimmung der Nukleotidabfolge in einem DNA-Abschnitt. Als letztes und ehrgeizigstes Ziel gilt die Sequenzierung des gesamten Genoms des Menschen. Dabei entstünde am Ende die detaillierteste topographische Karte dieses Genoms. Somit ist Sequenzierung genau genommen eine Form der topographischen Kartierung.

Gesamtzahl der Gene des Menschen (haploides Genom; geschätzt)	50.000–100.000
Anzahl der identifizierten Gene	ca. 4.600
Anzahl der kartierten Gene	ca. 1.500
Anzahl der sequenzierten Gene	ca. 600

Tab. 62.1: Stand der Identifizierung, Kartierung und Sequenzierung von Genen des Menschen im Jahre 1989 (Quelle: MCKUSICK 1989)

In den Vereinigten Staaten werden auf diesem Gebiet zur Zeit die größten Anstrengungen unternommen (vgl. *Congress of the United States* 1988; *National Research Council* 1988). Dazu gehören auch die Entwicklung schneller und kostengünstiger Analyseinstrumente sowie neuer Methoden zum Sammeln und Verarbeiten der wissenschaftlichen Daten, die in ungeheurer Menge anfallen werden, mit Hilfe des Computers (s. hierzu auch DRIESEL 1990, WATSON 1991).

a) Genetische Kartierung

Der amerikanische Zoologe Thomas H. MORGAN hat schon zu Beginn dieses Jahrhunderts nachgewiesen, daß bestimmte Gene, die zusammen auf einem Chromosom liegen (*Genkopplung*), gemeinsam vererbt werden. MORGAN entdeckte weiterhin, daß zwischen homologen Chromosomen im Laufe der Geschlechtszellenbildung ein Genaustausch stattfindet. Deshalb sind die Chromosomen der Geschlechtszellen normalerweise mosaikartig aus Teilstücken der von den Eltern stammenden Chromosomen zusammengesetzt.

Je weiter zwei Gene auf dem Chromosom voneinander entfernt liegen, desto öfter kommt es in dem Abschnitt zwischen ihnen zu einem Crossing-over, d. h. zu einer Entkopplung der beiden Gene. Demnach ist die Häufigkeit der Entkopplung auch ein Maß für den Abstand zweier Gene auf dem Chromosom. Heute weiß man, daß einer Austauschhäufigkeit von 1 % pro Generation (1 MORGAN -Einheit, engl. 1 centimorgan) eine Länge von etwa 1.000.000 Basenpaaren entspricht. Diese kann allerdings zwischen 100.000 und 10.000.000 Basenpaaren variieren; denn in manchen Bereichen eines Chromosoms kommt es häufiger zu einem Crossing-over als in anderen, auch zeigen sich bei bestimmten Chromosomen Unterschiede zwischen Frauen und Männern (vgl. WHITE/LALOUEL 1988, S. 89).

Aus den Abständen in MORGAN -Einheit kann man auch die Abfolge von Genen auf dem Chromosom ableiten und auf diese Weise eine Genkarte des Chromosoms entwickeln. Beträgt z.B. der Abstand zwischen Gen x und Gen y 10 MORGAN-Einheiten, zwischen Gen y und Gen z 20 und zwischen Gen x und Gen z 30 MORGAN -Ein-

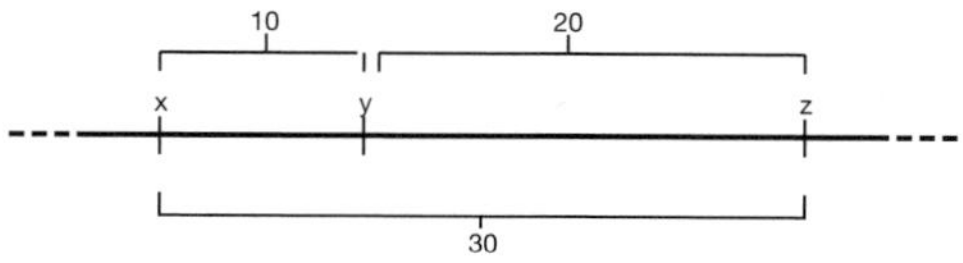

Abb. 63.1: Bestimmung der Reihenfolge dreier Gene x, y und z aus ihren relativen Abständen untereinander

heiten, so müssen diese in der Reihenfolge x, y, z auf dem Chromosom liegen (Abb. 63.1).

Nur der kleinste Teil der DNA des Menschen, nämlich allein 2 %, dient der Herstellung von Polypeptiden. Ausschließlich bei diesem Bruchteil der DNA handelt es sich also um Gene im Sinne der Molekulargenetik. Von einem Teil des Restes weiß man, daß er die Proteinsynthese steuert, die Funktion der allergrößten Menge der DNA liegt dagegen noch völlig im Dunkeln. Um ein Chromosom vollständig zu kartieren, kann man sich also nicht auf die Lokalisierung von einzelnen Genen beschränken. Deshalb unterzieht man heute auch DNA-Stücke der genetischen Kartierung, die aus nicht codierenden Bereichen bestehen. Das ist allerdings nur dann möglich, wenn diese DNA-Bereiche wie die Gene in unterschiedlichen Varianten vorkommen, d.h. wie diese entsprechend den MENDEL'schen Regeln vererbt und durch Crossing-over entkoppelt werden.

Diese Voraussetzungen erfüllen beispielsweise die **Restriktionsfragmente**, also DNA-Stücke, die man mit Hilfe von Restriktionsenzymen erzeugt. Letztere spalten einen DNA-Strang immer da, wo eine besondere Sequenz von ein paar Nukleotiden auftritt (Beispiel: TTAA), wobei diese Nukleotidabfolge von Enzym zu Enzym unterschiedlich ist (vgl. 2.3; s. auch MICKLOS/FREYER 1990, S. 41 ff). Zur Herstellung von Restriktionsfragmenten kann man DNA aus Lymphozyten des Menschen verwenden. Um die Fragmente aufzutrennen, bedient man sich der *Gelelektrophorese*. Dabei ergibt sich allerdings eine Schwierigkeit: Behandelt man nämlich das Genom des Menschen oder auch nur ein Chromosom mit einem Restriktionsenzym, so erhält man ein Gemisch sehr vieler verschieden großer Fragmente. Während der Elektrophorese wandern diese DNA-Stücke im Gel umso schneller, je kleiner sie sind. Sie werden deshalb darin der Reihe nach vom größten zum kleinsten angeordnet. Die benachbarten Fragmente unterscheiden sich aber hinsichtlich ihrer Länge nur so wenig, daß im Elektropherogramm keine klar voneinander getrennten Banden erscheinen. Einzelne Banden lassen sich in dem „Geschmier" allerdings mit Hilfe radioaktiv markierter DNA-Sonden hervorheben (Näheres s. 1.1). Auf diese Weise gewinnt man Restriktionsfragmente für die Kartierung.

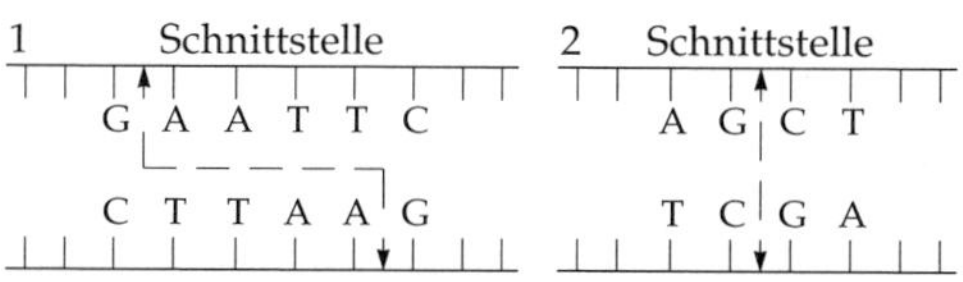

Abb. 63.2: Gebräuchliche Restriktionsenzyme spalten einen DNA-Doppelstrang an allen den Stellen, wo eine spezielle Sequenz von Nukleotiden auftritt. Das Restriktionsenzym (1) mit der Erkennungssequenz AATT spaltet den Strang versetzt, die Spaltstücke weisen einsträngige Enden auf. Das Enzym (2) hat die Erkennungsfrequenz AGCT, es spaltet an genau gegenüberliegenden Enden (aus *Linder* S. 361, BAYRHUBER/KULL 1989; vgl. 2.3).

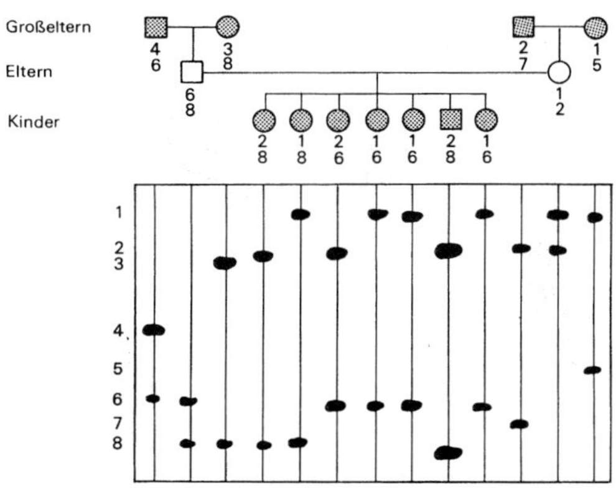

Abb. 63.3: Erbgang eines Restriktions-Fragment-Längen-Polymorphismus (RFLP) in einer kinderreichen Familie. Das Fragment tritt in acht verschiedenen Größen auf. Jede Person besitzt zwei dieser Varianten (aus WHITE/LALOUEL 1988).

Homologe Chromosomen des Menschen unterscheiden sich alle 200 bis 500 Basenpaare in einem Nukleotid. Damit erweist sich die DNA als ausgesprochen vielgestaltig. Befindet sich eine derartige Variation an der Erkennungsstelle eines Restriktionsenzyms, kann die DNA von diesem Enzym dort nicht geschnitten werden. Daher entsteht ein relativ langes Restriktionsfragment, das bei der Spaltung einer anderen DNA, in der diese Abweichung fehlt, nicht auftritt. Man bezeichnet in der Biologie eine Vielgestaltigkeit, z.B. bei Individuen, Geschlechtern oder Generationen, als *Polymorphismus*. Deshalb nennt man die Variabilität der Länge der Restriktionsfragmente auch *Restriktions-Fragment-Längen-Polymorphismus* (RFLP; s. hierzu auch 1.2.5). In Abb. 63.3 ist der Erbgang eines polymorphen Fragments in einer kinderreichen Familie dargestellt. Es tritt in acht verschiedenen Größen auf, wobei die Variante 8 am kürzesten ist, sie wandert deshalb während der Elektrophorese im elektrischen Feld am weitesten. Jedes Familienmitglied weist zwei Varianten des Fragments auf, die wie zwei allele Gene auf homologen Chromosomen liegen.

Bei der RFLP-Kartierung werden die Abstände zwischen den Restriktionsfragmenten nach der MORGAN-Methode bestimmt und die Anordnung der Fragmente auf dem Chromosom dargestellt. Aus Gründen der statistischen Absicherung ist man dabei auf das Studium mehrerer Generationen kinderreicher Familien angewiesen. Eine entsprechende Karte ist für die spätere Suche nach unbekannten Genorten ausgesprochen nützlich. Tritt nämlich in einer Familie, die mit einer monogen verursachten Erbkrankheit belastet ist, eine bestimmte Variante eines Restriktionsfragmentes bei den Erkrankten regelmäßig auf, so muß das krankmachende Gen ganz nahe bei diesem DNA-Abschnitt auf demselben Chromosom liegen; denn die Häufigkeit eines Austausches zwischen dem Gen und dem gefundenen Restriktionsfragment ist unter dieser Bedingung praktisch gleich Null. Durch eine exakte wie auch zeitraubende Analyse, die man als *„Wandern auf dem Chromosom"* (engl. *chromosome walking*) bezeichnet, ist das Gen auffindbar (Abb. 64.1).

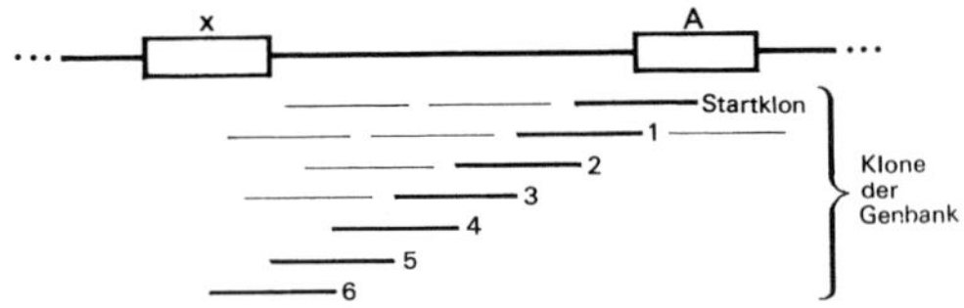

Abb. 64.1: Wandern auf dem Chromosom von einem bekannten Restriktionsfragment (A) zu einem benachbarten unbekannten Gen (X). Man legt zunächst eine Genbank an (siehe 1.1. b). Diese besteht aus (klonierten) Spaltstücken der zu untersuchenden DNA. Mit Hilfe einer Gensonde wird der Klon mit dem Restriktionsfragment (Startklon) herausgesucht. Dann wird aus dem Startklon selbst eine Sonde hergestellt. Mit ihr kann ein weiteres Fragment nun identifiziert werden, das mit dem Startklon überlappt, jedoch in Richtung des gesuchten Gens über dessen DNA-Bereich hinausreicht (Klon 1). In den folgenden Schritten werden die einander überlappenden Klone 3 bis 6 aus der Genbank herausgefischt. Klon 6 überdeckt den Bereich des gesuchten Gens X. Um dieses zu erkennen, kann man außer der DNA eines Gesunden auch die eines Erbkranken analysieren, bei dem das gesuchte Gen durch Mutation so verändert ist, daß die Sonde 6 mit ihm nicht hybridisiert (nach IBELGAUFTS 1990; s. auch NEVERS 1991).

Es wird schließlich kloniert und sequenziert. Aus der Basenfolge ergibt sich die Aminosäuresequenz des von ihm codierten Proteins. Der Eiweißstoff kann synthetisiert werden, in den Körpern von Versuchstieren kann man Antikörper gegen ihn erzeugen, die schließlich dazu dienen können, den Ort der Proteinproduktion im Körper des Kranken zu lokalisieren. Daraus ergibt sich vielleicht ein erster Ansatz zur Entwicklung einer Therapie. Dieses Vorgehen beim Studium einer Erbkrankheit wird in der englischsprachigen Literatur als *reverse genetics bezeichnet*, weil es sich um die *Umkehrung* eines traditionellen Verfahrens handelt.

Bei letzterem geht man auf der Suche nach einem defekten Gen vom Genprodukt, einem bestimmten Eiweißstoff, aus. Man analysiert dessen Aminosäuresequenz wenigstens zum Teil und kann dann ein DNA-Stück mit entsprechender Nukleotidsequenz synthetisch herstellen. Dieses dient als Sonde bei der Suche nach dem Gen in einer Genbank (s. b, unten, topographische Kartierung). Das traditionelle Vorgehen wird in der englischen Fachliteratur heute als *forward genetics* bezeichnet. Es eignet sich zur Erforschung von nur relativ wenigen Erbkrankheiten, denn bei den meisten dieser Krankheiten sind die Genprodukte noch nicht bekannt. Sie können künftig durch *reversed genetics* aufgespürt werden. Dafür benötigt man aber – wie oben erläutert – Genkarten, aus denen die Verknüpfung bestimmter DNA-Fragmente mit defekten Genen hervorgeht (Kopplungskarten; engl. *„linkage maps"*).

Schon im Jahre 1987 lagen in den USA zwei fast vollständige, wenn auch noch recht grobe Karten zum menschlichen Genom dieser Art vor. Die Restriktionsfragmente hatten einen Abstand von 10 MORGAN-Einheiten (ca. 10 bis 20 Millionen Basenpaare). Eine von ihnen stammt von WHITE und LALOUEL (1988), die mit 475 Fragmenten insgesamt 17 Chromosomen abgedeckt haben. Dazu hatten sie das Erbmaterial dreier Generationen von 59 kinderreichen Familien untersucht (zit. nach *Congress of the United States* 1988). Bereits im Jahre 1990 kann FRIEDMANN schreiben: „A complete linkage map of the human genome at the 3-5-centimorgan level is now very close to reality, in principle permitting linkage analysis of most genetic diseases" (FRIEDMANN 1990, S. 408). Er ist der Auffassung, die jüngsten Erfolge beim Studium solcher Erbkrankheiten wie z.B. der Mukoviszidose und die anfänglichen Fortschritte bei der Erforschung der Alzheimerschen Krankheit und der Schizophrenie machten den Nutzen von genetischen Karten deutlich. Als ideal für die Forschung wird eine Karte mit tausenden DNA-Fragmenten eines Chromosoms angesehen, die im Durchschnitt einen Abstand von einer MORGAN-Einheit besitzen. Dann läge ein Gen höchstens hunderttausend bis zehn Millionen Basenpaare von dem mit ihm gekoppelten Restriktionsfragment entfernt (s. o.).

Aus einer genetischen Karte gehen also die Abfolge der Gene auf den einzelnen Chromosomen und die Verknüpfung der Gene z.B. mit Restriktionsfragmenten hervor. Sie stellt eine wichtige Hilfe für die Isolierung eines Gens dar. Denn eine solche Karte ermöglicht die genaue Lokalisierung eines Gens durch ein „Wandern auf dem Chromosom", das aber bereits eine kleine topographische Karte des entsprechenden DNA-Abschnittes ergibt. Die Genisolation wäre wesentlich vereinfacht, wenn das gesamte Genom bereits *topographisch kartiert*, in sich *überlappende* Bruchstücke zerlegt und deren ursprüngliche Reihenfolge auf dem Chromosom bereits bestimmt wäre. „The walk or jump would not be down the genome but rather to the freezer to retrieve a clone" (FRIEDMANN 1990, S. 410). Dies gilt, obwohl die Abstände vergleichbarer Restriktionsfragmente auf einer genetischen und auf einer topographischen Karte nicht voll übereinstimmen (vgl. die oben erwähnten Unterschiede in der Häufigkeit des Crossingover). Da Restriktionsfragmente sowohl zur genetischen als auch zur topographischen Kartierung verwendet werden, stellen sie Bindeglieder der beiden Kartierungsarten dar.

Der Unterschied zwischen einer genetischen und einer topographischen Karte eines Chromosoms läßt sich beispielsweise an einer Zuglinie der Bahn erläutern. Stellt man die Fahrtroute eines Weges von Kiel nach München als eine Linie dar, würde man die Abstände der dazwischen liegenden Städte auf zweierlei Art markieren können. Spiegelt der Schienenstrang eine Zeitlinie wider, und legt man die Fahrzeiten der Züge von Stadt zu Stadt zugrunde, erhält man eine indirekte und relativ ungenaue Darstellung der tatsächlichen Abstände der Städte, da der Zug nicht immer die gleiche Geschwindigkeit fährt. Dem entspricht die genetische Karte eines (idealisierten) Chromosoms. Denn auch die Abstände der drei Erbfaktoren x, y und z wurden aufgrund der Häufigkeit ihrer Entkopplung ermittelt, also ohne eine direkte Untersuchung des Chromosoms selbst. Stellt man die Entfernungen der Städte an der Schiene dar, erhält man deren tatsächliche Distanz in km. In gleicher Weise kann man aus der topographischen Karte eines Chromosoms die tatsächlichen Abstände von Genen entnehmen. Sie werden auf genauen Karten normalerweise als Anzahl Basenpaare angegeben.

b) Topographische Kartierung

Die topographische Kartierung erfolgt unabhängig von der Entkopplung von Genen oder anderer Marker auf dem Chromosom. Aus einer topographischen Karte ergibt sich der tatsächliche Abstand zwischen den Markern. Er wird normalerweise als Anzahl Basenpaare gemessen. Welchen zeitlichen Aufwand die topographische Kartierung des Genoms des Menschen erfordert, machen die folgenden Angaben deutlich. Das haploide Genom des Menschen umfaßt 3 Milliarden Basenpaare. Da auf eine Seite eines Buches 3.000 Buchstaben passen, bräuchte man, um all diese Basenpaare aufzulisten, 1.000 Bücher zu je 1.000 Seiten. Verwendete man Papier mit der Blattdicke dieses Handbuches (1/10 mm, so benötigte man einen Stapel Blätter von 50 m Höhe (beidseitig bedruckt).

Bei der ältesten und gröbsten Form topographischer Kartierung handelt es sich um die Charakterisierung der Chromosomen mit der Bandentechnik. Die dafür verwendeten Marker sind anfärbbare Teilstücke des Chromosoms (*Chromomeren*). Das beim Färben entstehende Bandenmuster stellt die topographische Karte dar. Diese Art der Kartierung erlaubt immerhin eine sichere Unterscheidung der 46 Chromosomen des Menschen sowie die Zuordnung mehrerer Genorte zu bestimmten Chromosomen und Banden, z.B. die Lokalisierung der für die Blutgruppen oder die Farbenblindheit zuständigen Gene. Näheres siehe *Linder* S. 389, BAYRHUBER und KULL 1989).

Stärker auflösend ist eine Karte aller DNA-Bereiche, die exprimiert werden. Die dabei erzeugte mRNA wird für die Kartierung verwendet. Aus dem mRNA-Molekül läßt sich nämlich eine DNA-Kopie (*copy DNA = cDNA*) herstellen, die die gleiche Basenfolge aufweist wie der natürliche DNA-Bereich (ohne Introns!), von dem diese mRNA abgeschrieben wurde. Eine cDNA stellt man mit Hilfe des Enzyms *Reverse Transskriptase* her. Die Bildung dieses Enzyms wird von bestimmten Viren (*Retroviren*) in der Wirtszelle ausgelöst. Solche Viren enthalten keine DNA sondern RNA. Das Enzym läßt sich gewinnen und für das Umschreiben von mRNA in cDNA verwenden. (Näheres s. *Linder*, S. 361 u. 370, BAYRHUBER/KULL 1989).

Zur Kartierung der cDNA eignet sich die Methode der *Zellhybridisierung*. Dabei kultiviert man z.B. Fibroblasten des Menschen mit Zellen einer Tierart, z.B. mit Tumorzellen der Labormaus. (Bei den Fibroblasten handelt es sich um Zellen im Bindegewebe, aus denen sich Fibrozyten, spindelförmige Bindegewebszellen mit langen Fortsätzen, entwickeln.) In der Kultur kommt es zu Zellverschmelzungen. Bei den folgenden Teilungen der Hybridzellen gehen Chromosomen verloren, so daß manche der Folgezellen nur noch wenige menschliche Chromosomen oder gar nur ein einziges enthalten. Aus der Primärstruktur der Proteine, die von diesen Zellen produziert werden oder auch aus dem Bau der mRNA, die darin vorkommt, ergibt sich die Basensequenz der dafür codierenden DNA. Derartige DNA-Abschnitte müssen also auf dem verbliebenen Chromosom liegen. Durch künstlich ausgelöste Mutationen, die den Verlust eines Chromosomenstückes zur Folge haben (*Deletion*), kann man die Lage der entsprechenden DNA einkreisen. Aus der klonierten cDNA läßt sich Sonden-DNA herstellen, die an den komplementären DNA-Strang bindet, so daß eine genauere Lokalisierung möglich ist.

Schon eine topographische Karte derjenigen DNA-Bereiche, die exprimiert werden, würde die Suche nach den bisher noch nicht identifizierten Genen des Menschen (s. Tab. 62.1) erheblich erleichtern. Obwohl insgesamt nur etwa 2 % der DNA des Menschen exprimiert werden, ist eine solche Karte doch das Nahziel vieler Forscher, vor allem in Europa.

Um eine noch umfassendere topographische Karte zu entwickeln, schneidet man zunächst die gesamte chromosomale DNA mit einem Restriktionsenzym. Dabei verwendet man ein Enzym, das normalerweise sehr kleine Spaltstücke liefert (Länge: ca. 500 Basenpaare). Durch die Wahl einer relativ niedrigen Enzymkonzentration stellt man sicher, daß die DNA nicht an allen Schnittstellen des Enzyms gespalten wird. So entstehen größere Fragmente. Ihre durchschnittliche Länge wird so eingestellt, daß sie die Aufnahmefähigkeit des Vektors, der für das spätere

Klonieren eingesetzt wird, nicht übersteigt (gewöhnlich 20.000 bis 50.000 Basenpaare). Da die DNA an jeder Schnittstelle des Restriktionsenzyms mit der gleichen Wahrscheinlichkeit angegriffen wird, entstehen Spaltstücke, die sich teilweise überlappen. Jedes dieser Fragmente wird durch Klonieren vermehrt. Die Menge der noch ungeordneten Klone bezeichnet man als *Bibliothek des Genoms („genomic library")* oder als *Genbank*. Um daraus eine topographische Karte zu machen, muß man die DNA-Fragmente gemäß ihrer ursprünglichen Lage auf dem Chromosom ordnen (s. Abb. 67.1). Dazu wird jeder Klon weiter mit einem oder mehreren andersartigen Restriktionsenzymen geschnitten. Die neu entstandenen kleinen Bruchstücke werden durch Gelelektrophorese voneinander getrennt.

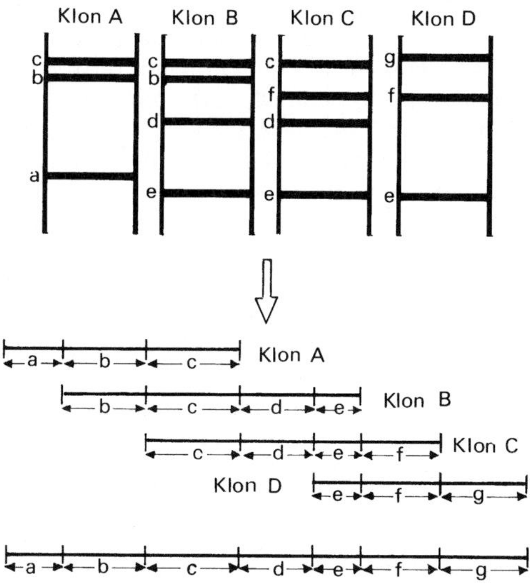

Abb. 67.1: Entwicklung einer topographischen Genkarte aus ungeordneten Klonen einer Genbank. Die Klone (A bis D) werden mit Hilfe eines Restriktionsenzyms gespalten, die Spaltstücke (a bis g) elektrophoretisch aufgetrennt. Liegen zwei Fragmente im Gel auf gleicher Höhe, weist das auf eine Überlappung der ursprünglichen Klone der Genbank hin (nach *Congress of the United States* 1988, S. 39).

Die Fragmentmuster, die dabei auf dem Gel entstehen, unterscheiden sich von Klon zu Klon, und zwar wegen des individuellen Musters der Restriktionsschnittstellen, die die klonierten (längeren) DNA-Fragmente tragen. Treten jedoch auf zwei Gelen in gleicher Höhe Banden auf, ist das ein Hinweis darauf, daß die entsprechenden (längeren) DNA-Spaltstücke überlappen.

Als Basis für die spätere Sequenzierung von DNA sollte die so entstandene Karte möglichst auf Spaltstücken mit einer Länge von 500 Basenpaaren beruhen. Um das ganze Genom des Menschen zu sequenzieren, dessen einfacher Chromosomensatz aus etwa drei Milliarden Basenpaaren besteht, muß man zunächst die riesige Menge von 6 Millionen Restriktionsfragmenten kartieren. Das Ordnen der geklonten DNA-Fragmente vom Menschen bereitet größere technische Probleme, und zwar deshalb, weil mehr als die Hälfte der menschlichen DNA hochrepetitive Sequenzen darstellt, das sind Nukleotidabfolgen, die sich mehr als 10000fach wiederholen (s. *Linder*, S. 376, BAYRHUBER/KULL 1989). Diese können eine Überlappung vortäuschen (WATSON 1991).

Auch die Untersuchung nichtmenschlicher Genome ist von großer Bedeutung, und zwar vor allem aus folgenden Gründen: Die vollständige Analyse des Genoms eines Bakteriums gibt zum ersten Mal Auskunft darüber, welche Proteine und welche Steuerungssysteme eine einfache Zelle benötigt, um zu wachsen und sich zu vermehren. Außerdem lassen sich an so einem einfachen Modell und an anderen Organismen auch Struktur-Funktionsbeziehungen im Genom untersuchen. Aufgrund des phylogenetischen Zusammenhangs aller Lebewesen („Universalität der Biochemie der Zellen") fördern entsprechende Ergebnisse auch die weitere Genforschung am Menschen. Auch erwartet man sich von den Arbeiten an nichtmenschlichen Genomen eine Entwicklung von Techniken zum schnelleren Sequenzieren und den Aufbau einer zentralen Datenerfassung und Datenverarbeitung. Dies gilt z.B. für das erste Genomprojekt auf EG-Ebene, das Hefegenomprojekt, bei dem es um die vollständige Kartierung, Sequenzierung und funktionelle Analyse des Genoms der Bäckerhefe geht [s. c) Sequenzierung].

c) Sequenzierung

Darunter versteht man die vollständige Auflistung aller Nukleotide in ihrer natürlichen Abfolge. Im Jahre 1992 berichteten 147 Autoren, Mitglieder von 35 Arbeitsgruppen aus 11 europäischen Ländern, in einer gemeinsamen Publikation, daß sie die Sequenz der Bausteine des Chromosoms III der Bäcker- oder Bierhefe *(Saccharomyces cerevisiae)* aufgeklärt hätten (OLIVER et al. 1992). Die Forschungen waren von den Europäischen Gemeinschaften finanziert worden, die Ergebnisse sind in der Datenbank des Europäischen Molekularbiologischen Laboratoriums (EMBL) in Heidelberg gespeichert und frei zugänglich. Die Molekularbiologen haben sich vorgenommen, das gesamte Genom der wirtschaftlich bedautsamen Bäckerhefe, das aus etwa 14 Millionen Basenpaaren auf insgesamt 16 Chromosomen besteht, bis zum Jahre 2002 zu sequenzieren. Die Arbeiten teilen sich europäische, US-amerikanische, kanadische und japanische Laboratorien. Man erhofft sich aus der Funktionsanalyse des Genoms dieses Organismus, dessen Chromosomen vergleichsweise einfach gebaut sind, auch Hilfen für das Verständnis der meist viel längeren und komplexeren Chromosomen des Menschen (s. oben).

Die Sequenzierung der gesamten DNA des Menschen haben sich vor allem amerikanische Forscher als Fernziel gesteckt. In Amerika hält man zur Finanzierung der Genomprojekte insgesamt 3 Milliarden US $ für erforderlich, 15 Jahre lang 200 Millionen US $ pro Jahr (*Congress of the United States* 1988, S. 4). James D. WATSON (1991), der Entdecker der DNA-Doppelhelix, vergleicht dieses Vorhaben mit dem Projekt der Landung auf dem Mond:

„We have now, in the United States, set as a national objective the working out of the human DNA sequence. Similar to the 1961 decision made by President Kennedy to send a man to the moon, the US government has committed itself to a highly visible and important goal. Although the final money required to complete the human DNA sequence of some 3 billion base pairs (bp) will be an order of magnitude smaller than that needed to let Americans explore the moon, the implications of the Human Genome Project for human life are likely to be far greater. A more important set of instruction books will never be found by human beings."

Im folgenden soll das von SANGER/NIKLEN/COULSON (1980) entwickelte Verfahren der DNA-Sequenzierung, eine der Standardmethoden, beschrieben werden (s. Abb. 62.1; Darstellung nach *Congress of the United States* 1988).

Im ersten Schritt wird der Klon eines DNA-Fragmentes, also eine große Menge von Kopien dieses Fragmentes, mit vielen radioaktiv markierten DNA-Stücken (Starter, engl. *„primer"*) vermischt, die zu einem Ende dieser Fragmente komplementär sind. Mit Hilfe des Enzyms DNA-Polymerase werden die kleinen Stücke verlängert, und zwar komplementär zu dem geklonten Fragment. Als Bausteine verwendet man außer den natürlich vorkommenden Nukleotiden auch chemisch modifizierte. Letztere werden zwar in das länger werdende DNA-Molekül aufgenommen, verhindern aber dessen weitere Verlängerung, so daß die Synthese an der Stelle ihres Einbaus abbricht. Enthält das unbekannte Fragment beispielsweise drei Cytosin-Basen, so kann ein modifiziertes Guanin-Nukleotid an drei Stellen des neuen DNA-Stranges eingebaut werden. Der Einbau erfolgt in Konkurrenz zu dem natürlichen Guanin-Nukleotid. Liegen in dem Reaktionsgemisch alle vier natürlich vorkommenden Nukleotide sowie zusätzlich modifizierte Guanin-Nukleotide vor, entstehen gemäß Abb. 69.1 insgesamt drei verschieden lange neue DNA-Stränge, jeder von ihnen endet mit einem modifizierten Guanin-Nukleotid. Durch den Zusatz der restlichen drei modifizierten Nukleotide zu je einem von drei weiteren Reaktionsgemischen ergeben sich vergleichbare Resultate. Mittels Gelelektrophorese werden die neu synthetisierten DNA-Stränge voneinander getrennt. Aus den Wegstrecken, die die DNA-Stränge während der Elektrophorese zurücklegen, ergibt sich die Abfolge der Nukleotide im DNA-Fragment. Trägt beispielsweise das längste Stück am Ende ein modifiziertes Guanin-Nukleotid, weiß man, daß das letzte Nukleotid des zu untersuchenden Fragmentes ein dazu komplementäres Cytosin-Nukleotid sein muß.

Die Sequenzierung wird automatisch durchgeführt, so daß pro Tag und Automat die Analyse von ca. 10 000 Basenpaaren möglich ist. Im Jahre 1989 wurden auf diese Weise bereits 1,8 Millionen Basenpaare sequenziert (*Bundesminister für Forschung und Technologie* 1991, S. 31). Da nun das (haploide) Genom des Menschen insgesamt 3 Milliarden Basenpaare aufweist, würde es bei der Sequenzierungsgeschwindigkeit des Jahres 1989 etwa 1666 Jahre, also bis zum Jahr 3656, dauern, um es vollständig zu sequenzieren. Um das Ganze in 15 Jahren zu schaffen, muß man pro Jahr mindestens 200 Millionen Basenpaare sequenzieren, braucht dafür aber nur 55 solcher Apparate im koordinierten Dauereinsatz. Die Sache ist also aus rein technischer Sicht im Prinzip in diesem Zeitraum machbar.

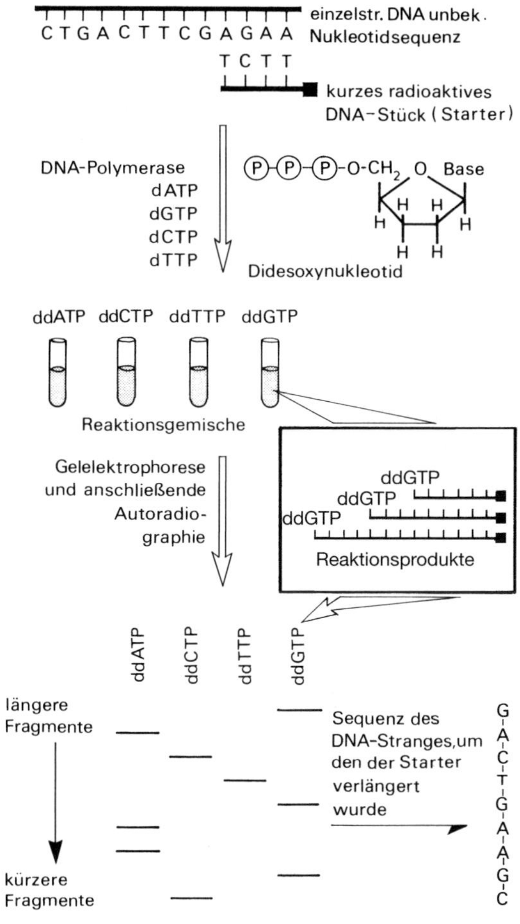

Abb. 69.1: Das von SANGER et al. (1980) entwickelte Verfahren zur Sequenzierung von DNA-Stücken (s. Text; nach *Congress of the United States* 1988, verändert).

d) Polymerase-Kettenreaktion (PCR)

Zur Analyse von DNA-Bereichen benötigt man davon stets größere Mengen. Mit Hilfe der Polymerase-Kettenreaktion ist es heute relativ einfach, von einem Stück DNA, z.B. einem Gen, Millionen von Kopien herzustellen. Kary B. MULLIS (1990) beschreibt, wie ihm die Idee dafür zufiel.

„Es war ein Geistesblitz – bei Nacht, unterwegs auf einer mondbeschienenen Bergstraße, an einem Freitag im April 1983. Ich fuhr gemächlich mit meinem Wagen zu den Mammutbaumwäldern im Norden Kaliforniens, als aus einem unglaublichen Zusammentreffen von Zufällen, Naivität und glücklichen Irrtümern plötzlich die Eingebung kam: zu jenem Genkopierverfahren, das heute als Polymerase-Kettenreaktion (engl. polymerase chain reaction oder kurz PCR) bekannt ist.

Ausgehend von einem einzigen Molekül der Erbsubstanz DNA kann man damit an einen Nachmittag 100 Milliarden Kopien des gewünschten Abschnitts erzeugen – und alles ohne großen Aufwand: Man braucht nur ein Reagenzglas, ein paar Zutaten und eine Wärmequelle. Die zu kopierende DNA muß nicht einmal in gereinigter Form vorliegen; ein Quentchen davon in einem hochkomplizierten Gemisch biologischer Substanzen genügt. Sie kann aus der Gewebeprobe eines Kranken stammen, aber auch aus einem einzigen menschlichen Haar, einem eingetrockneten Blutstropfen am Ort einer Gewalttat, einem mumifizierten Gehirn oder einem 40000 Jahre alten Mam-

mut, das im Dauerfrostboden leidlich konserviert worden ist.

In den sieben Jahren seit jener Nacht hat die Polymerase-Kettenreaktion alle biowissenschaftlichen Bereiche erobert: Mehr als 1000 Veröffentlichungen fußen auf ihrer Anwendung. Angesichts solcher Schlagkraft und des einfachen Konzepts dieser Reaktion scheint es schier unglaublich, daß nicht schon früher jemand darauf gekommen war; alle nötigen Voraussetzungen dafür waren immerhin seit mehr als 15 Jahren gegeben."

Zur Durchführung der Polymerase-Kettenreaktion benötigt man Starter (engl. primer), die an die Flanken des zu vermehrenden DNA-Bereiches binden. Dabei handelt es sich um DNA-Stücke aus 15-30 Nukleotiden (5'-Enden der Einzelstränge). Dazu wird eine kleine Menge (ca. 1 ng bis 1 µg) der doppelsträngigen DNA-Probe isoliert und mit Startern im Überschuß in Reaktionspuffer (50-100 µl) gemischt. Außerdem werden die vier DNA-Bausteine in gleichen Mengen zugegeben (Monodesoxyribonukleosid-5'-triphosphat; dCTP, dATP, dGTP, dTTP). Schließlich benötigt man noch eine hitzestabile Form des Enzyms Polymerase, die man ursprünglich aus dem in heißen Quellen vorkommenden Bakterium *Thermus aquaticus* isolierte und heute mit Hilfe gentechnisch veränderter Bakterien herstellt.

Durch Erhitzen auf 94 °C werden die Wasserstoffbrücken, über die die beiden Stränge der DNA-Probe verbunden sind, aufgebrochen, es liegen dann zwei Einzelstränge vor. Nach dem Abkühlen auf 60-40 °C binden die Starter an die komplementären 5'-Enden des interessierenden DNA-Bereiches. Erneutes Erhitzen, diesmal auf 72 °C, dem Optimum der Polymerase, bewirkt die Synthese je eines neuen DNA-Stranges entlang der beiden Vorlagen, so daß am Ende zwei Doppelstränge vorliegen. Nach erneuter Erwärmung auf 94 °C beginnt die Verdoppelung dieser zwei Doppelstränge auf 4, im dritten Zyklus entstehen 8, dann 16. Im Laufe von 20 Zyklen, d.h. innerhalb weniger Stunden, kann man durch die Polymerase-Kettenreaktion aus einem DNA-Molekül mehr als eine Million Kopien herstellen. Das Verfahren bildet die Grundlage für den genetischen Fingerabdruck.

e) Wissenschaftlicher Ertrag und mögliche soziale Probleme

Von den Ergebnissen der Genomprojekte dürften vor allem die biologische Grundlagenforschung und die Humanmedizin profitieren. Die neuen diagnostischen oder auch therapeutischen Möglichkeiten dürften allerdings nachhaltige Wirkungen in der Gesellschaft haben.

Von der Grundlagenforschung werden neue Gene entdeckt werden, auch wird die Funktion der Gene weiter untersucht werden. Als interessantes Problem gilt weiterhin die Organisation des Genoms. Dazu gehört beispielsweise die Frage, ob die Anordnung der Gene auf einem Chromosom von Bedeutung für deren Funktion ist. Vergleichende Untersuchungen des Genoms des Menschen und anderer Genome werden zeigen, welche Gene allen mehrzelligen Organismen, allen eukaryotischen Zellen oder überhaupt lebenden Zellen gemeinsam sind.

Driesel (1990) nennt als wichtige Nutzungsgebiete der Genomforschung die *Neurobiologie*, die Erforschung der *Seneszens* und *alterskorrelierter Erkrankungen* (Immunschwächen, Abnahme der Homöostase, Verschleißerscheinungen), die *Embryologie* (Steuerung der Entwicklung, Entwicklungsstörungen, erbliche Tumorerkrankungen), die Erforschung *degenerativer Erkrankungen* (in diesem Zusammenhang u. a. die Organtransplantation nach entsprechender Beeinflussung des Immunsystems des Empfängers) und die *Tumorforschung*.

Fortschritte bei der Kartierung und Sequenzierung des menschlichen Genoms werden vor allem zur Entdeckung neuer Erbkrankheiten und deren Diagnose führen, aber auch zu Erkenntnissen über die Rolle, die das Erbgut bei derartigen Krankheiten des Menschen spielt. Außerdem werden Grundlagen für die Therapie von Erbkrankheiten gelegt, mit der in naher Zukunft allerdings nicht zu rechnen ist (s. 1.7.2 a). Bei den Erbkrankheiten unterscheidet

Abb. 71.1 (s. rechte Seite): Polymerase-Kettenreaktion (siehe Text, linke Spalte)

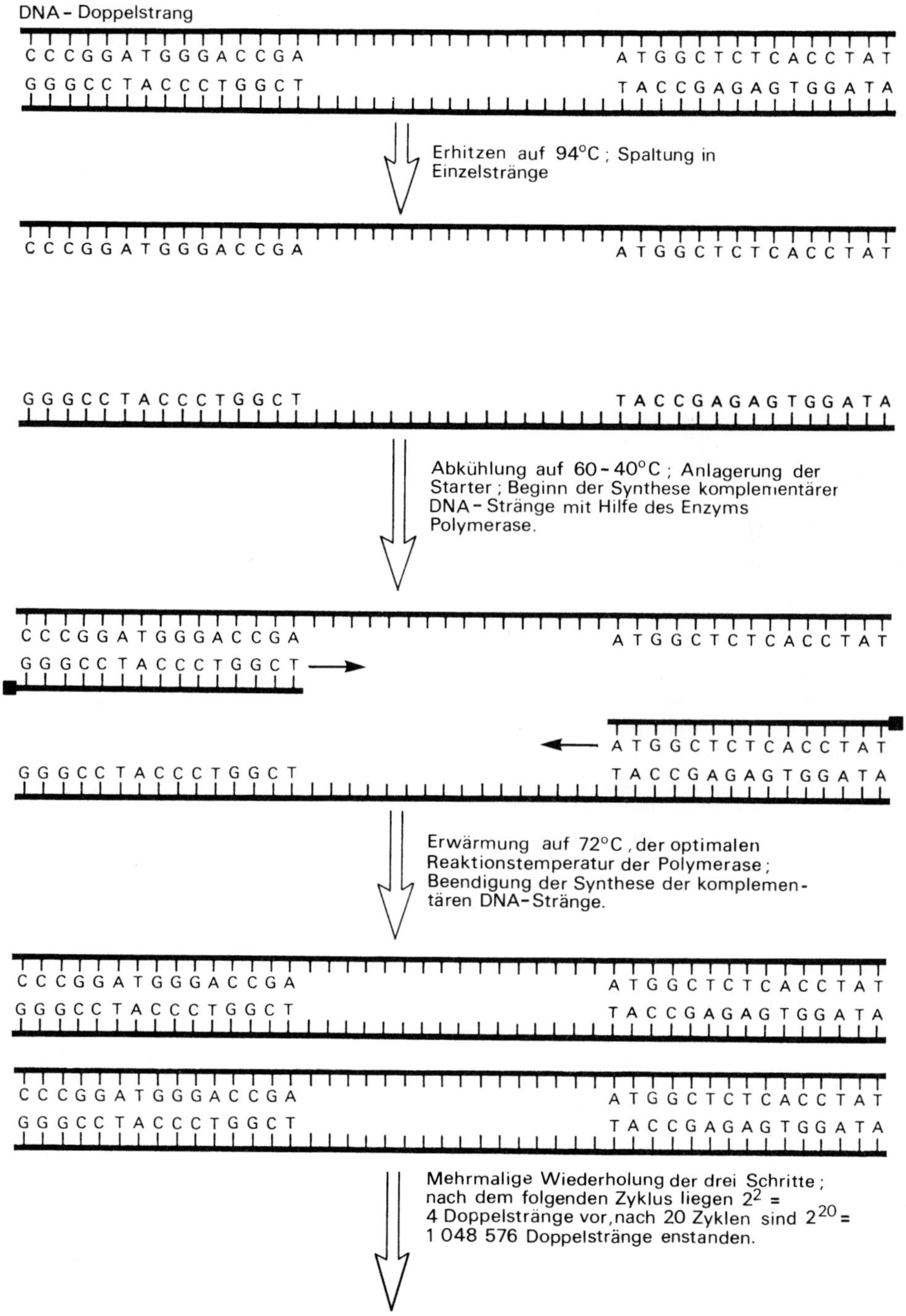
DNA - Doppelstrang
C C C G G A T G G G A C C G A
A T G G C T C T C A C C T A T
G G G C C T A C C C T G G C T
T A C C G A G A G T G G A T A
Erhitzen auf 94°C ; Spaltung in Einzelstränge
Abkühlung auf 60 - 40°C ; Anlagerung der Starter ; Beginn der Synthese komplementärer DNA - Stränge mit Hilfe des Enzyms Polymerase.
Erwärmung auf 72°C , der optimalen Reaktionstemperatur der Polymerase ; Beendigung der Synthese der komplementären DNA-Stränge.
Mehrmalige Wiederholung der drei Schritte ; nach dem folgenden Zyklus liegen 2² = 4 Doppelstränge vor, nach 20 Zyklen sind 2²⁰ = 1 048 576 Doppelstränge enstanden.

man *monogene*, d. h. durch ein einziges Gen herbeigeführte, von *polygenen, multifaktoriellen*.

Monogene Krankheiten gehen auf die Mutation eines einzigen Gens zurück, sie sind zwar überaus selten, aber die Wahrscheinlichkeit, daß ein Träger eines solchen Gens erkrankt, ist sehr hoch. Zu ihnen gehört beispielsweise die Sichelzellanämie (Abb. 72.1): Die DNA der Kranken unterscheidet sich von derjenigen der Gesunden nur in einem einzigen Nukleotid. Dieser winzige Unterschied hat zur Folge, daß bei der Synthese der Aminosäurekette des β-Hämoglobins an der sechsten Stelle Glutaminsäure anstelle von Valin eingebaut wird (Tab. 72.1). Homozygote Träger haben eine schwere Anämie und nur eine geringe Lebenserwartung. Bei Heterozygoten macht sich die Krankheit nur bei Sauerstoffmangel bemerkbar (Näheres s. *Linder* S. 370 u. 399, BAYRHUBER/KULL 1989). Monogene Krankheiten dürften künftig noch am ehesten einer Therapie zugänglich sein.

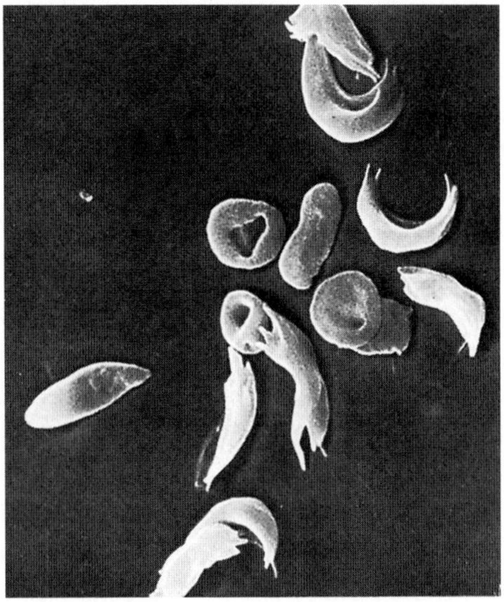

Abb. 72.1: Rasterelektronenmikroskopische Aufnahme der deformierten Roten Blutkörperchen bei Sichelzellanämie.

Besonders große Probleme wären bei der Therapie *polygener, multifaktorieller* Krankheiten zu überwinden. Hierbei handelt es sich um die meisten Krankheiten des Menschen. Bei ihrer Entstehung wirken mehrere genetische Mutationen mit exogenen Faktoren (z.B. Ernährung, Pharmaka, Fremdstoffe) zusammen. Beispiele sind

- die meisten Formen des Bluthochdrucks,
- koronare Herzerkrankungen,
- Altersdiabetes mellitus und
- Magengeschwüre.

Gerade der Ausbruch polygener, multifaktorieller Krankheiten ist nicht starr vom Erbgut determiniert. Dies liegt u. a. auch an der beträchtlichen Variabilität der *Expression* (An- und Abschalten) und des Baus der Gene *(Polymorphismus)*.

Durch Gendiagnostik wird immer nur ein *einziger Risikofaktor* polygener, multifaktorieller Krankheiten erfaßt, nämlich die *genetische Disposition*. Es stellt sich die Frage, ob solche Diagno-

Reihenfolge der Aminosäuren	1	2	3	4	5	6	7	8	...
Normales Hb	Val	His	Leu	Thr	Pro	(Glu)	Glu	Lys	...
Basensequenz	GTG	CAC	CtG	ACT	CCT	(GAG)	GAG	AAG	...
Sichelzell-Hb	Val	His	Leu	Thr	Pro	(Val)	Glu	Lys	...
Basensequenz	GTG	CAC	CTG	ACT	CCT	(GTG)	GAG	AAG	...

Tab. 72.1 Aminosäuresequenz der β-Polypeptidkette von normalem und Sichelzell-Hämoglobin sowie Basensequenz der entsprechenden Teile eines normalen und eines mutierten β-Globin-Gens (nach *Linder* S. 370, BAYRHUBER, KULL 1989).

sen durchgeführt werden sollen, solange keine Therapie in Sicht ist. Dies gilt umso mehr für das „Screening" ganzer Bevölkerungsgruppen. Dabei könnte ein Großteil der Betroffenen in Angst und Schrecken versetzt werden, je nach der Schwere der betreffenden Krankheit. Auch würden die Menschen, bei denen eine Disposition für eine schlimme Krankheit festgestellt wird, weitgehend mit ihren Problemen allein gelassen. Besonderen psychischen Belastungen wären diejenigen ausgesetzt, die erfahren, daß sie im Laufe ihres Lebens unweigerlich eine der unheilbaren und mit Sicherheit zum Tod führenden Krankheiten bekommen werden (näheres s. *Bundesminister für Forschung und Technologie* 1991).

Es ist also in naher Zukunft möglich, die diagnostischen Verfahren und die genetische Beratung (auf freiwilliger Basis) zu verbessern, mit Fortschritten im Bereich der Therapie ist in absehbarer Zeit nicht zu rechnen. Außer auf klassische Erbkrankheiten werden sich die neuen Diagnoseverfahren auch auf Störungen anwenden lassen, die von somatischen Mutationen verursacht werden, wie z.B. viele Krebsarten.

Auch ein Mißbrauch der Ergebnisse der Genomprojekte kann nicht ausgeschlossen werden. So kann das Aufspüren von Personen, die aufgrund ihres genetischen Erbes an bestimmten Arbeitsplätzen besonders gefährdet sind, zum Nachteil für die Betroffenen werden: Arbeitgeber könnten sich von ihnen trennen, Versicherungen die Aufnahme verweigern. Entsprechende Erfahrungen machte man in den Vereinigten Staaten im Zusammenhang mit Screening-Verfahren zur Sichelzellanämie (FRIEDMANN 1990). Das Screening kann im Prinzip an einer kleinen Menge Blut erfolgen, das für eine beliebige medizinische Untersuchung abgezapft wurde, so daß die Betroffenen über die Analyse ihres Genoms auch im Unklaren gelassen werden können.

Die mögliche Ausdehnung der vorgeburtlichen Diagnose auf andere Erbkrankheiten wird aufgrund medizinischer Indikation zu mehr Schwangerschaftsabbrüchen führen und die öffentliche Diskussion über die Abtreibung intensivieren. In diesem Zusammenhang hat der Europarat im Juni 1990 vorgeschlagen, pränatale Diagnosen und Reihenuntersuchungen nur zum Nachweis schwerer Erbkrankheiten zuzulassen.

1.4.2 Gentechnisch hergestellte Therapeutika für die Humanmedizin

Zu diesen Substanzen gehören Eiweißstoffe, die im Körper Kranker in zu geringer Menge gebildet werden (a), oder heilend wirken, wenn sie in höherer Konzentration gegeben werden, als sie im Körper normalerweise vorliegen (b). Außerdem zählen dazu Impfstoffe (c).

Zur Gruppe a) zählen z.B. das *Insulin* der Bauchspeicheldrüse, der *Faktor VIII* und der *Faktor IX* aus dem System Blutgerinnung, das *Wachstumshormon (GH = growth hormon)* des Hypophysenvorderlappens und das *Erythropoetin (EPO)*, ein Hormon, das vorwiegend in der Niere gebildet wird und die Bildung der Roten Blutkörperchen im Knochenmark stimuliert. EPO wird u. a. Nierenkranken verabreicht, die sich der Blutwäsche (Dialyse) unterziehen müssen. Es kann nur auf gentechnischem Wege in ausreichenden Mengen hergestellt werden. Dabei wird es in einer Kultur von Tierzellen erzeugt, auf die das Fremdgen mit Hilfe von Papilloma-Viren (Warzen-Viren) des Rindes übertragen worden ist. Dieses Herstellungsverfahren wird kritisiert, weil die Viren möglicherweise Krebs auslösen und die DNA auch auf bestimmte *Pseudomonas*-Bakterienstämme übertragen könnten, die praktisch allgegenwärtig sind, so daß die DNA auf diese Weise ungezügelt verbreitet werden könnte. Der Hersteller (Behringwerke) ist der Auffassung, die Produktion sei sicher.

Ein Beispiel für Gruppe b) ist der Plasminogen-Aktivator tPA (**t**issue **p**lasminogen **a**ctivator). Er wird bei akutem Herzinfarkt eingesetzt, weil er die *Fibrinolyse* im Blut fördert. Darunter versteht man den enzymatischen Abbau des Fibrins, eines wasserunlöslichen Proteins, das bei der Blutgerinnung entsteht. Die Spaltung des Fibrins erfolgt unter der Wirkung des Enzyms *Plasmin*, das aus der Vorstufe *Plasminogen* entsteht (s. z.B. SCHMIDT 1979, S. 67). Dazu sind

Produkt	Erst- Hersteller	Jahr der Erstzulassung	Indikation	Weltweiter Verkauf in Mio $ 1995
Humulin (Humaninsulin)	Eli Lilly	1982	Diabetes	895
Humantrope (Humanes Wachstumshormon)	Eli Lilly	1987	Wachstumshormondefizienz bei Kindern	635
Protropin (Humanes Wachstumshormon)	Genentech	1985	Wachstumshormondefizienz bei Kindern	635
Roferon-A (α 2a- Interferon)	Hoffmann-La Roche	1986	Leukämie (Haarzell-Leukämie)	750
Intron A (α 2b-Interferon)	Schering Plough	1985	Leukämie (Haarzell-Leukämie)	750
γ-Interferon (Polyferon)	Biogen/Bioferon	1989	Rheumatische Arthritis	50
Recombivax HB (Hepatitis B-Impfstoff)	Merck, USA	1986	Hepatitis B (Prophylaxe)	300
Orthoklone OKT3 (Monoklonale Antikörper)	Ortho	1986	Abstoßungsprophylaxe bei Nierentransplantationen	200
Activase (Gewebeplasminogenaktivator tPA)	Genentech	1987	Herzinfarkt	300
Eprex (Erythropoetin)	Johnson & Johnson	1988	Anämie	1.000
Proleukin (Interleukin 2)	Cetus	1989	Nierenkrebs	50

Tab. 74.1: Beispiele zugelassener Arzneimittel, die mit Hilfe der Gentechnik hergestellt worden sind und Umsatz der mit diesen im Jahre 1995 gemacht worden ist. Bei der Haarzell-Leukämie handelt es sich um eine seltene Krankheit. Sie ist in morphologischer Hinsicht durch Lymphozyten gekennzeichnet, deren Zellmembran ausgefranst („haarig") erscheint (aus *Bundesminister für Forschung und Technologie* 1991 sowie WERNER 1995)

andere Enzyme, sogenannte Aktivatoren, erforderlich. Auch die Substanz tPA hat eine solche aktivierende Wirkung (vgl. ZINK 1986). Auf gentechnischem Wege wird humanhomologes TPA hergestellt. Es stimmt also im chemischen Bau genau mit natürlichem tPA überein und hat deshalb ebenso den Nachteil einer sehr kurzen Halbwertszeit von 2 min. Inzwischen konnte man ein „second generation tPA" herstellen, das im Körper weniger schnell abgebaut wird und überdies eine höhere enzymatische Aktivität aufweist; es ist nicht humanhomolog.

Vielversprechend für die Krebstherapie sind monoklonale Antikörper, die zwei „Arme" besitzen. Sie binden mit dem einen „Arm" spezifisch an Krebszellen, an dem anderen befindet sich ein Enzym. Dieses spaltet ein Toxin, das die Krebszelle angreift, auf der sich der Antikörper befindet (vgl. MOISL 1985). Die weitere Aufklärung des genetischen Abwehrsystems wird von den Genomprojekten (s. 1.4.1) erwartet. Schon heute kennt man vier Stoffgruppen, die an der körpereigenen Bekämpfung von Krebszellen beteiligt sind und bereits auf gentechnischem Wege hergestellt werden können. Es handelt sich um die Interferone, die Interleukine, die **T**umor-**N**ekrose-**F**aktoren (TNF) sowie die koloniestimulierenden Faktoren. Letztere beeinflussen weiße Blutzellen wie Granulocyten oder Makrophagen.

Bemerkenswert ist auch die Wirkung des monoklonalen Antikörpers OKT 3. Er blockiert Rezeptoren auf den T-Helferzellen des Immunsystems, die fremde Proteine als solche erkennen und beispielsweise die Abstoßreaktion nach einer Organtransplantation auslösen.

Zu den unter c) genannten Stoffen gehören Lebendimpfstoffe, inaktivierte Impfstoffe und Untereinheitenvakzine (s. 1.3.2 b). Besonders leistungsfähig ist die Gentechnik bei der Herstellung von Untereinheitenvakzinen. Dazu gehört ein Impfstoff zur Vorbeugung von Hepatitis B. Im Hinblick auf die Sicherheit gentechnisch erzeugter Impfstoffe für den Menschen gilt das unter 1.3.2 b Gesagte gleichermaßen.

Auch zur Herstellung apathogener Mutanten und zur Inaktivierung von Krankheitserregern kann die Methode der Gentechnik eingesetzt werden. Dies geschah z.B. bei der Erzeugung apathogener Cholerabakterien durch die Entnahme des Gens für die Bildung des Toxins.

1.5 Gentechnik und Lebensmittel

Begleitet von bunten Presse-Berichten kam im Herbst 1995 ein Tomatenmark aus gentechnisch veränderten Tomaten auf den europäischen Lebensmittelmarkt. Der Preis liegt 10 % unter dem des herkömmlichen Produktes. Verkaufs- und Wiederkaufszahlen übersteigen nach Aussagen des britischen Herstellers Zeneca Plant Science derzeit alle Erwartungen. Die Beschwerden liegen unter dem Durchschnitt.

Abb. 75.1: „Made with genetically modified tomatoes – the benefits of using genetically modified tomatoes for this product are less waste and reduced energy in processing"

Scheinbar wird das Tomatenmark von den englischen Verbrauchern angenommen.

Trotz der Tatsache, daß bisher in Deutschland keine gentechnisch veränderten Lebensmittel offiziell im Handel sind, entfachte das Auftreten des Tomatenmarks eine verschärfte öffentliche Debatte um die Zulassung und Kennzeichung gentechnisch hergestellter Lebensmittel.

1.5.1 Ziele und Anwendungen der Gentechnik in der Lebensmittelproduktion

Der Einsatz gentechnischer Methoden in der Lebensmittelproduktion hat drei Hauptziele:

a) die Erhöhung der Lebensmittelqualität (z.B. die Nährwert- und Geschmacksverbesserung),

b) die Optimierung der Lebensmittelverarbeitung (z.B. die Kostensenkung durch eine Verringerung des Energie- und Rohstoffverbrauchs, die Entlastung der Umwelt durch die Reduzierung von Abwässern),

c) die Verbesserung der landwirtschaftlichen Produktionsverfahren (z.B. durch herbizid- oder virusresistente Pflanzen).

Zu den wichtigsten Anwendungsgebieten der Gentechnik in der Lebensmittelindustrie gehören die Nutzung gentechnisch veränderter Mikroorganismen als Produktionsstämme bei der Fermentation (z.B. von Aminosäuren, Vitaminen oder Enzymen) bzw. als Starterkulturen innerhalb des Produktionsprozesses (z.B. in der Back- und Brauindustrie). Die Anwendung gentechnischer Methoden bei der Züchtung von Nutzpflanzen und -tieren entwickelt sich gegenwärtig stark (vgl. Kap. 1.2 und 1.3). Führende Industriezweige beim praktischen Einsatz der Gentechnik sind die milch- und fleischverarbeitende Industrie sowie auch die Hersteller von Backwaren, Zucker, Fruchtsäften und alkoholischen Getränken.

Die Anwendung der Gentechnik zur ***Produktion von Enzymen*** ist am weitesten fortgeschritten. Die Ursachen dafür liegen in der guten Zugänglichkeit der Enzyme als direkte Genprodukte sowie im hohen Bedarf in vielen Bereichen der Lebensmittelindustrie. Wesentliche Vorteile der fermentativen Enzymherstellung mit Hilfe gentechnisch veränderter Mikroorganismen sind die gesteigerte Ausbeute, der höhere Reinheitsgrad sowie die kostengünstigere, energiesparende und umweltschonendere Produktionsweise.

Weltweit wurde im Jahre 1992 in der industriellen Enzymproduktion ein Umsatzvolumen von über 700 Mio. US $, davon 350 Mio. US $ in der Lebensmittelbranche, erwirtschaftet. Der Produktionsumfang der drei wichtigsten Enzymgruppen, der Proteasen, Carbohydrasen und Lipasen, macht weltweit gegenwärtig 87 % des Enzymmarktes aus, die Tendenz ist steigend (nach BEHRENS/MEYER-STUMBORG/SIMONIS 1996).

Das erste gentechnisch hergestellte und in den USA 1990 zugelassene Produkt (CHYMOGEN®) ist die Protease *Chymosin*, das Labferment, welches für die Dicklegung des Milchproteins Casein bei der Käseherstellung benötigt wird (vgl. Band 1, S. 114). Nach dem herkömmlichen Verfahren würden pro Jahr weltweit ca. 50.000 kg reines Chymosin zur Herstellung von 14 Mill. Tonnen Käse gebraucht. Bei einem prozentualen Gehalt an Chymosin von 4–8 % in Kälbermagenpräparaten würde man ca. 70 Mill. Kälbermägen dazu benötigen (nach BLL, BRAIN 1995). Gentechnisch hergestelltes Chymosin hat einen Proteingehalt von 98%. Es ist identisch mit der enzymatisch aktiven Komponente des Labferments aus dem Kälbermagen. Sequenzanalysen haben ergeben, daß die Aminosäuresequenzen beider Enzympräparate zu 100% gleich sind.

Um den Weltbedarf an qualitativ hochwertigem Chymosin zu decken, wurde ein fermentatives Verfahren entwickelt, welches die Stoffwechselleistung gentechnisch veränderter Mikroorganismen ausnutzt. Es gelang in drei verschiedenen Arten (s. Tab. 76.1) das Gen für Prochymosin aus dem Kalb zu übertragen und zur Expression zu bringen. Die folgenden, auf diese Weise hergestellten Chymosinprodukte werden auf dem Weltmarkt derzeit vertrieben:

Produkt:	Produktionsstamm:	Hersteller/Vertrieb durch:
• CHYMOGEN®	*Aspergillus niger var. awamori* (Schimmelpilz)	Firma Genencor (USA) / Vertrieb durch C. Hansen (DK)
• CHY-MAX®	*Escherichia coli* (Darmbakterium)	Firma Pfizer (USA)
• MAXIREN®	*Klyveromyces lactis* (Hefe)	Konzern Grist Brocades (NL)

Tab. 76.1: Gentechnisch hergestellte Chymosinprodukte (nach BEHRENS, MEYER-STUMBORG, SIMONIS 1996)

Vom Bundesgesundheitsamt sind die Produkte MAXIREN® und CHY-MAX® begutachtet und als gesundheitlich unbedenklich eingestuft worden. Die Entscheidung über die Zulassung gentechnisch hergestellten Chymosins in Deutschland kann entsprechend der Käseverordnung letztlich nur durch die einzelnen Bundesländer geregelt werden.

Starterkulturen werden bei Fermentationsprozessen (vgl. Band 1, S. 110 ff) mit dem Ziel eingesetzt, die Produktqualität und die Vielfalt der Erzeugnisse zu erhöhen sowie die hygenischen Risiken der biotechnologischen Verfahren zu minimieren.

Eine *Backhefe* der Firma Grist Brocades (Niederlande) ist der weltweit erste, für den Handel (in Großbritannien seit 1990) zugelassene, vermehrungsfähige gentechnisch veränderte Organismus. Die Hefe bildet auch bei Vorhandensein von Glucose die maltoseabbauenden Enzyme Maltase und Maltosepermease, die für eine rasche CO_2-Entwicklung und damit für eine geringe Gehzeit des Teiges verantwortlich sind. Aufgrund der fehlenden Verbraucherakzeptanz wird diese Hefe vom Hersteller bisher nicht vertrieben.

Eine stetig steigende Zahl von Vorhaben zielen auf eine gentechnische Veränderung von *Brauhefen* ab, um ihr Enzymspektrum sowie das Spektrum verwertbarer Kohlenhydrate zu erweitern. In Großbritannien wurde in eine Brauhefe ein Glucoamylase-/α-Amylasegen eingebaut, welches diesen Hefestamm dazu befähigt, die sonst unvergärbaren 20 % Reststärke in Form von Dextrinen zu verwerten. Dies hat neben der effektiveren Rohstoffnutzung auch den Vorteil, daß höherprozentige Biere mit geringerem Kohlenhydratgehalt produziert werden können.

In der milchverarbeitenden Industrie wird mittels Gentechnik versucht, die oftmals plasmidcodierten Stoffwechselleistungen der Milchsäurebakterien chromosomal zu integrieren, um die gewünschten Eigenschaften in den Mikroorganismen zu stabilisieren und die Produktqualität zu sichern. Ein weiteres Ziel besteht darin, bakteriophagenresistente Stämme zu entwickeln, da die meisten Produktionsstörungen (70–80 %) ursächlich auf Bakteriophageninfektionen der Starterkulturen zurückzuführen sind. Auch die Isolierung, Übertragung und Expression von Genen, die zur Aromabildung befähigen, ist im Bereich der Prozeßoptimierung von großem Interesse. Vitamine, Süß- und Aromastoffe müßten nicht mehr separat dem Verfahren zugesetzt werden, sondern würden von der Starterkultur direkt produziert. Mit ähnlichen Verfahren wird auch an der Entwicklung von Schutzkulturen geforscht, die toxische Substanzen für beispielsweise Clostridien und Salmonellen ausschütten. Dies brächte Vorteile in der Konservierung von Fleisch- und Milchprodukten wie auch bei Frischsalaten.

Neben dem Ziel der Ertragsteigerung wird gegenwärtig bei ***Pflanzen und Tieren*** gentechnisch versucht, die ernährungsphysiologischen, sensorischen und Krankheitsresistenz erzeugenden Eigenschaften von Organismen für die Lebensmittelherstellung zu verbessern. Aus Handelsgründen ist es von Interesse, wichtige Eigenschaften für die Ernte, Verarbeitung, Lagerung und den Transport zu optimieren (s. auch Kap. 1.2.5, 1.2.6 und 1.3.3).

Ein Beispiel dafür ist die Flavr-Savr®-Tomate. Ihre hohe Haltbarkeit resultiert daraus, daß mit Hilfe der Antisense-Strategie die Aktivität des Polygalacturonidasegens bis auf 1% reduziert wird. Dies verzögert erheblich die Auflösung der Zellwandpektine durch das Reifungsenzym Polygalacturonidase (PG) und erhält die Festigkeit der Tomate. Weiterhin wurde an den Pflanzen die Produktion des Reifungsgases Ethylen so reduziert, daß sich der Reifeprozeß um ca. 2 Wochen verzögert bzw. künstlich durch Ethylenbegasung eingeleitet werden kann. Die gentechnisch veränderten Tomaten können so länger am Stock reifen und ihr volles Aroma entfalten ohne die für die Lagerung und den Transport notwendige Festigkeit zu verlieren. Ähnliche Versuche werden auch bei anderen Obst- und Gemüsearten (z.B. bei Broccoli, Bananen und Himbeeren) durchgeführt.

Ein Beispiel für die Verbesserung sensorischer Eigenschaften von Lebensmitteln ist das Auslösen der Synthese bestimmter Aroma-, Farb- und Süßstoffe in Nutzpflanzenarten, in denen diese Stoffe normalerweise nicht vorkommen. Beispielsweise wurden transgene Pflanzen (Salat, Kartoffel, Tomate, Kakao) entwickelt, welche die Süßstoffe Thaumatin bzw. Monellin produzieren. Dies sind Süßstoffe aus afrikanischen Pflanzen, die ca. 10^6-fach süßer sind als Rohrzucker aber einen geringeren Brennwert aufweisen. Solche Lebensmittel sind für kalorienarme bzw. diätische Nahrung von Interesse.

Die gentechnische Veränderung von Tieren als Lebensmittellieferant befindet sich derzeit noch im experimentellen Forschungsstadium. Bei Schweinen, Kühen, Schafen, Ziegen und Geflügel ist zwar die Zucht deutlich größerer Tiere gelungen, jedoch sind die Verfahren unausgereift und nicht effizient.

1.5.2 Gesundheitliche Risiken gentechnisch veränderter Lebensmittel

Bei der Bewertung der Gefahren eines gentechnisch veränderten Lebensmittels für die menschliche Gesundheit sind verschiedene Komponenten biotechnischer Sicherheit in die Risikoabschätzung einzubeziehen (vgl. Kap. 1.8.3, S. 101). Die Übertragung von Toxin bzw. Antibiotika codierenden Genen oder auch der Gentransfer aus Organismen mit allergenem Potential wird öffentlich stark diskutiert.

Die Flavr-Savr® -Tomate wurde von der amerikanischen FDA (Food and Drug Administration) langjährig geprüft. Im Mittelpunkt der Risikodiskussion stand hier die Übertragung des eingebrachten Antibiotika-Resistenzgens. Dieses Gen codiert das Antibiotikum Kanamycin, welches heute in der Medizin kaum noch verwendet wird. Im Falle der Aufnahme dieses Gens in das Erbmaterial eines Bakteriums im menschlichen Darm hätte Kanamycin bei einer Infektion durch diese Bakterienart keine Wirksamkeit mehr. Das Übertragungsrisiko wird aus wissenschaftlicher Sicht als extrem gering angesehen. Eine Möglichkeit der Risikominimierung wäre die Rückkreuzung, um die Antibiotika-Resistenzgene aus Organismen wieder zu entfernen (nach BLL, BRAIN 1995).

Das Endotoxin-Gen von *Bacillus thuringiensis* ist ein Beispiel für ein Toxin codierendes Gen. Ziel des Gentransfers ist die Insektenresistenz von Nutzpflanzen. Die schädigende Wirkung des Endotoxins kann nur durch Proteasen des Insektendarmes ausgelöst werden. Das aktivierte Fragment ist in der Lage, mit den Darmzellen von Insektenlarven eine spezifische Rezeptorbindung einzugehen. Dies führt dann zum Tod des Insektes durch eine massive Zellschädigung. Der Nachweis einer gesundheitsschädigenden Wirkung für den Menschen durch die Aufnahme des Protoxins über die Nahrung konnte bisher nicht nachgewiesen werden. Jedoch ist noch ungeklärt, ob die Expression des wirksamen Toxins in der Pflanze bei einer Aufnahme mit der Nahrung nicht zu Schäden führen kann (BOSCH et al. 1994).

Ein ähnlicher Unsicherheitsfaktor geht auch von Genen aus, die Bakteriozide codieren. Ihre Nutzbarkeit wird beispielsweise für die Joghurtherstellung untersucht. Zu klären wäre hier die Wirkung auf verwandte Lactobazillen-Arten, wie sie auch im Darm des Menschen vorkommen. Unter normalen Bedingungen werden solche Proteine im Verdauungstrakt des gesunden Menschen durch Proteasen abgebaut. Bis ins Detail sind diese komplexen Zusammenhänge jedoch noch nicht geklärt.

Proteine in Lebensmitteln können generell Allergien bei einigen Menschen auslösen, wobei bestimmte Lebensmittel wie z.B. Fisch, Reis oder Erdnüsse diesbezüglich ein erhöhtes Risiko aufweisen. Werden Gene aus Organismen mit erhöhtem allergenen Potential in andere Lebewesen übertragen, kann nicht ausgeschlossen werden, daß auch die allergieinduzierende Wirkung transferiert wird. Ist die Ursache der Allergie und ihr Wirkungsmechanismus bekannt, so ist es möglich, dieses Risiko durch allergologische Untersuchungen weitgehend einzuschränken.

Eine unvorhersehbare, längerfristige Gefährdung kann durch die Induktion sekundärer Stoffwechselwege in einem Organismus in Folge gentechnischer Veränderungen ausgelöst werden. Die Bewertung solcher Sekundärfolgen erfordert spezifische Langzeitstudien und ist daher schwierig, jedoch im Sinne des Verbraucherschutzes notwendig.

1.5.3 Rechtliche Rahmenbedingungen für das Inverkehrbringen gentechnisch veränderter Lebensmittel

In Deutschland gilt generell für alle Lebensmittel das Lebensmittel- und Bedarfsgegenstände-Gesetz (LMBG), welches den Verbraucher vor gesundheitlichen Gefahren beim Verzehr von Lebensmitteln sowie vor Irreführung und Täuschung schützt. Entsprechend diesem Gesetz werden alle die Stoffe als Lebensmittel bezeichnet, die in unverändertem, zubereitetem oder verarbeitetem Zustand gegessen, gekaut oder getrunken werden können. Lebensmittelzusatzstoffe, wie Konservierungsstoffe, Aroma-, Süß- und Farbstoffe, fallen unter die Zusatzstoffzulassungsverordnung und sind gesondert zu genehmigen. Die Lebensmittelkennzeichnungsvorschrift legt die notwendigen Angaben auf dem Etikett des Produktes fest (Markenname, Zutatenverzeichnis, Füllmenge, Angaben zum Nährwert, Haltbarkeitsdatum). Für bestimmte Produkte bestehen zusätzliche Regelungen, wie z.B. für Käse die Käseverordnung.

Die Herstellung und das Inverkehrbringen gentechnisch veränderter bzw. aus gentechnisch veränderten Organismen hergestellter Lebensmittel unterliegt gleichfalls dem Gentechnikgesetz (GenTG). Im Hinblick auf den europäischen Markt wird zukünftig die Novel-Food-Verordnung des Europäischen Parlamentes (*Europäische Gemeinschaft* 1997) u.a. auch den Umgang mit Lebensmittel regeln, die aus gentechnisch veränderten Organismen bestehen oder solche enthalten. Diese Verordnung soll dafür Sorge tragen, daß neuartige Lebensmittel und neuartige Lebensmittelzutaten (Novel Food) einer einheitlichen Sicherheitsprüfung in einem Gemeinschaftsverfahren unterliegen, bevor sie innerhalb Europas gehandelt werden dürfen.

Die Gentechnik betreffen dabei die folgenden zwei Novel-Food-Gruppen:

1. Lebensmittel und Lebensmittelzutaten, die genetisch veränderten Organismen enthalten oder aus solchen bestehen;
   Beispiele: *Flavr-Savr® Tomate, gentechnisch veränderte Starterkulturen*
2. Lebensmittel und Lebensmittelzutaten, die aus genetisch veränderten Organismen hergestellt wurden, solche jedoch nicht enthalten.
   Beispiele: *Zucker aus gentechnisch veränderten Zuckerrüben, Chymosin und Amylase aus gentechnisch veränderten Mikroorganismen*

Die Verordnung schreibt für das Inverkehrbringen eines Novel Foods zwei mögliche Vorgehensweisen vor, die unterschiedliche Auswirkungen auf die Genehmigungs- und Kennzeichnungspflichtigkeit haben.

1. **Notifizierungsverfahren:** Dies gilt für Lebensmittel, die hinsichtlich ihrer Zusammensetzung, ihres Nährwertes und ihres Verwendungszweckes herkömmlichen Stoffen gleichwertig sind (substantiell äquivalent). Diese Lebensmittel bedürfen nicht der Genehmigung aber einer Notifizierung. Das heißt, daß die EG lediglich über das Inverkehrbringen unterrichtet werden muß. Eine Kennzeichnung ist nicht verpflichtend. (*Beispiele: Zucker aus gentechnisch veränderten Zuckerrüben, Öl aus herbizidresistenten Sojabohnen, Käse aus gentechnisch hergestelltem Chymosin)*
2. **Erstprüfungsverfahren:** Dieses Verfahren muß durchlaufen werden, wenn ein Novel Food mit neuen Eigenschaften zugelassen werden soll. (*Beispiele: Reis, bei dem ein allergieauslösendes Protein entfernt wurde, ein Produkt, bei dem durch veränderte Starterkulturen der Vitamingehalt erhöht wurde)* Das Inverkehrbringen ist hier genehmigungspflichtig und die Kennzeichung bindend. Ist ein gentechnisch veränderter Organismus bereits einmal zugelassen für das Inverkehrbringen, so müssen die daraus hergestellten Lebensmittel nicht mehr zugelassen werden. (*Beispiel: die Wurst, die mit einer zugelassenen, gentechnisch veränderten Starterkultur produziert wird).*

Zusätzlich zu den allgemeinen **Etikettierungsvorschriften** für ein Lebensmittel sind bei Novel Food´s die Zusammensetzung, der Nährwert und der Verwendungszweck des Lebensmittels anzugeben, wenn sich dieses Produkt signifikant von bestehenden gleichwertigen Lebensmitteln unterscheidet. In der Etikettierung müssen dann die veränderten Merkmale sowie das eingesetzte Verfahren angeben werden. Weiterhin müssen Stoffe angegeben werden, die in dem gleichwertigen Lebensmittel nicht vorkommen und für die Gesundheit bestimmter Bevölkerungsgruppen schädigend sein können bzw. Stoffe, gegen die ethische Vorbehalte bestehen. Lebensmittel, die gentechnisch veränderte Organismen enthalten, sind immer kennzeichnungspflichtig.

Die Antragstellung erfolgt bei der Erstprüfungsbehörde des EU-Staates, in dem das Produkt zuerst vermarktet werden soll. Der Antrag muß notwendige Angaben zur Beurteilung sowie einen Vorschlag für die Aufmachung und Etikettierung enthalten. Im Rahmen des Verfahrens ist eine Umweltverträglichkeitsprüfung sowie eine Kontrolle der Auswirkungen auf die öffentliche Gesundheit gefordert. Eine Kommission entscheidet innerhalb von 3 Monaten über das Inverkehrbringen bzw. über die Notwendigkeit einer ergänzenden Prüfung. Im Ergebnis der ergänzenden Prüfung können Vorgaben über Verwendungsbedingungen, Bezeichnung oder Kennzeichnungen gemacht werden. Der Ständige Lebensmittelausschuß der EG veröffentlicht die Entscheidungen im Amtsblatt.

Dieser gemeinsame Standpunkt der EG, festgelegt am 23. Oktober 1995, wurde mehrheitlich gegen Deutschland, Österreich, Schweden und Dänemark angenommen. Schärfster Kritikpunkt der Gegnerländer ist dabei die Nicht-Kennzeichnung von Produkten, die mit Hilfe gentechnisch veränderter Organismen hergestellt wurden, aber sonst mit den herkömmlichen Lebensmitteln vergleichbar sind (Käseherstellung mit gentechnisch produziertem Labferment).

Die Frage nach der Kennzeichnung von Produkten, die aus gentechnisch veränderten Organismen hergestellt sind oder diese enthalten wirft die Frage nach Möglichkeiten ihres Nachweises auf. Dieser ist generell möglich bei transgenen Organismen, bei Produkten die gentechnisch veränderte Organismen in lebender oder abgetöteter Form bzw. Teile davon enthalten und auch bei Produkten, welche nur Spuren rekombinanter DNA beinhalten. Der Nachweis der gentechnischen Veränderung ist generell unmöglich bei Produkten, die keine rekombinante DNA besitzen.

1.5.4 Akzeptanzschwierigkeiten bei den Verbrauchern

Das Bild der Gentechnik in den öffentlichen Medien ist geprägt von Negativ-Schlagzeilen wie „Gen-Fraß", „Salat mit Rattengenen" oder „Essen aus dem Genlabor". Die Information der Verbraucher und eine offensive Auseinandersetzung mit ihren Argumenten kommt nur schleppend in Gang, da die Verunsicherung in breiten Teilen der Bevölkerung weit vorangeschritten ist. In einer Untersuchung von HENNEN und STÖCKLE 1992 lehnen 45% der Befragten die Gentechnik in der Lebensmittelindustrie aufgrund der Annahme hoher Risiken ab. Dies wird auch in den Ergebnissen der Befragung von 654 Schülern der 10. bis 12. Klasse deutlich (TODT/GÖTZ 1995). Mit dem Einsatz der Gentechnik auf dem Gebiet der Lebensmittelproduktion werden fast doppelt so starke Befürchtungen wie Hoffnungen verbunden (s. Abb. 80.1).

Neben des unbefriedigten Informationsbedarfs der Öffentlichkeit ist eine wesentliche Ursache für die geringe Akzeptanz der Gentechnik in der Lebensmittelproduktion darin zu sehen, daß aus Verbrauchersicht bisher keine überzeugenden Vorteile gentechnisch veränderter gegenüber konventionell hergestellten Produkten erkennbar sind. Die Unkenntnis über das

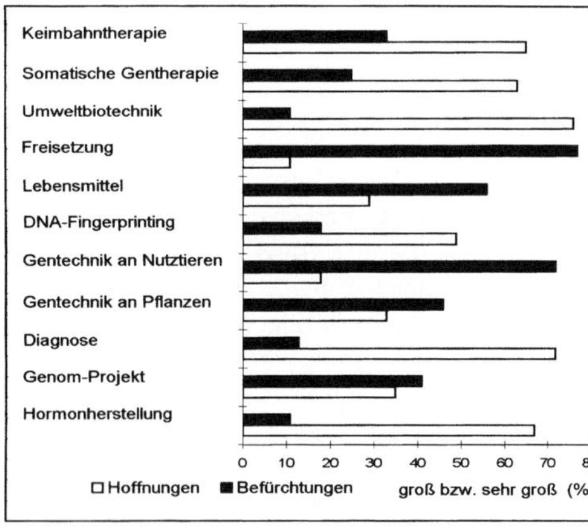

Abb. 80.1: Hoffnungen und Befürchtungen Jugendlicher gegenüber der Gentechnik (nach TODT/GÖTZ 1995)

tatsächliche Ausmaß des individuell übernommenen Risikos beim Verzehr gentechnisch veränderten Lebensmitteln für die menschliche Gesundheit verstärkt die Unsicherheit bei den Verbrauchern. Fehlende wissenschaftliche Langzeitstudien lassen zu viele Fragen offen als das sich die Mehrheit der Bevölkerung derzeit zuversichtlich der Gentechnik in der Lebensmittelproduktion gegenüberstellen könnte. Die fehlende Verbraucherakzeptanz führte bisher dazu, daß viele gentechnisch hergestellte Produkte nicht von den Herstellern vertrieben werden. Um die Kontroverse über die Chancen und Risiken der Gentechnik objektiv führen zu können, muß eine umfassende Aufklärung und offene Auseinandersetzung mit den Bedenken der Verbraucher stattfinden.

1.6 Zur Patentierung gentechnisch veränderter Lebewesen

Ein Patent ist ein amtliches, öffentlich zugängliches Dokument, das seinem Besitzer das Recht auf ein geistiges Eigentum sichert. Das Patentrecht ist allerdings von Staat zu Staat verschieden. Zur Zeit wird jedoch die Angleichung der Länderpatentrechte sowohl auf europäischer Ebene, darüber hinausgehend aber auch mit den USA und Japan vorangetrieben. So gilt der Patentschutz zum Beispiel in den Ländern der Europäischen Union, in den USA und in Japan seit 1995 einheitlich für zwanzig Jahre.

Das Ziel der Patentgesetzgebung ist, „dem Erfinder oder seinem Rechtsnachfolger das Ausschließlichkeitsrecht [für die gewerbliche Ausnutzung der Erfindung] als eine Gegenleistung für die Bereicherung des Standes der Technik durch die Erfindung zu gewähren" (zitiert nach VOGEL 1994). Ein Patent muß eine genaue Beschreibung der Erfindung beinhalten und über seine Eigenschaften und Grenzen informieren, damit Dritte sich für ihre weitere Forschungstätigkeit hieran orientieren können. Während der Patentinhaber berechtigt ist, auf der Grundlage seiner Patentansprüche weitere Produkte zu entwickeln, müssen Dritte das Recht hierzu zuvor käuflich erwerben.

Zwar ist die Anmeldung eines Patentes recht kostenaufwendig, andererseits aber kann der Besitz eines Patentes zu außerordentlichen wirtschaftlichen Vorteilen führen. Nicht zuletzt deshalb unterliegt die Genehmigung eines Patentantrags strengen Kriterien. Das zu patentierende Produkt muß absolut neu sein. Es ist nur dann patentwürdig, wenn die Idee, die ihm zu Grunde liegt, für Fachleute nicht naheliegend war und es gewerblich genutzt werden kann. In diesem Zusammenhang ist es gleichgültig, ob es sich bei dem zu Patentierenden um ein Verfahren, ein Gerät, eine Verbindung, einen Mikroorganismus oder gar um einen vielzelligen Organismus handelt.

Ein allgemeiner Grundsatz des Patentrechts besagt, daß „Werke der Natur" nicht patentiert werden können. Dieses war die Begründung für die Ablehnung des ersten Patentantrags für einen gentechnisch veränderten Organismus durch das US-Patentamt. Der Wissenschaftler A. CHAKRABARTY, zu der Zeit Mitarbeiter der General Electric Corporation in den USA, hatte ein Bakterium mit mehreren Plasmiden derart transformiert, daß es verschiedene Kohlenwasserstoffverbindungen abbauen konnte. Diese gentechnisch erzielte Fähigkeit des Bakteriums machte es zu einem potentiellen Werkzeug bei der Bekämpfung von Ölverschmutzungen. Die Berufung gegen die Ablehnung des Patentantrags hatte Erfolg. Im Jahr 1980 hob der US Supreme Court das Urteil mit der Begründung auf, ein vom Menschen hergestellter Organismus könne Gegenstand eines Patentes sein wie ein Fabrikat oder eine Stoffzusammensetzung. Dieses Urteil war für die Patentierbarkeit gentechnisch veränderter Organismen richtungsweisend. Als Kriterien für die „Patentwürdigkeit" von Lebewesen galten von diesem Zeitpunkt an Neuheit, Nichtnaheliegen und gewerbliche Anwendbarkeit. Das Verfahren, mit dem der jeweilige Organismus produziert wurde, wurde irrelevant. In der Zwischenzeit haben sich weitere Länder, darunter auch Deutschland, diesen Auswahlkriterien angeschlossen (GLICK et al. 1995).

Ein Beispiel aus England zeigt die international sehr unterschiedlichen Verfahrensweisen im

Umgang mit Patentanträgen, die gentechnisch veränderte Organismen betreffen. 1989 meldete die Firma Genentech die genetische Herstellung von menschlichem Gewebeplasminogenaktivator (tissue plasminogen activator, tPA) zum Patent an (s. Tab. 74.1). Genentech war es gelungen, *E. coli*-Bakterien mit der cDNA des tPA zu transformieren, die daraufhin reines tPA exprimierten (GLICK et al. 1995). Der von Genentech gestellte Patentantrag umfaßte insgesamt zwanzig Patentansprüche, wie zum Beispiel den Anspruch auf das menschliche tPA als Erzeugnis, auf das Vektorsystem, auf die transformierten Bakterien usw. In England wurde der Patentantrag der Firma insgesamt abgelehnt. Dagegen wurde er in den USA vollständig positiv beschieden, und in Japan konnte ein Teil der Patentansprüche durchgesetzt werden (GLICK et al. 1995).

Sind die Entscheidungskriterien für die Akzeptanz eines Patentantrags für Mikroorganismen bereits von Staat zu Staat unterschiedlich, so wird die kontroverse Diskussion über die Patentierbarkeit gentechnisch veränderter Organismen noch stärker, wenn es um vielzellige Organismen geht, da hier mögliche, mit der Patentierung verbundene ethische, soziale und wirtschaftliche Aspekte deutlicher werden.

Gentechnisch veränderte Pflanzen wurden bereits als patentierbar eingestuft. Die Patentierung von Kulturpflanzen hat in den Entwicklungsländern, so zum Beispiel in Indien, bereits zu Bedenken geführt. Man fürchtet hierdurch das Entstehen von Monopolen und wirtschaftlicher Abhängigkeit vor allem im Saatgutbereich; denn das Saatgut aus Pflanzen, die mit einem Patent belegt sind, darf nicht weiterverwendet werden. Das heißt, der Landwirt muß jedes Jahr neues Saatgut erwerben, da er Samen seiner aus dem ursprünglich gekauften Saatgut gezogenen Pflanzen nicht aussäen darf (VOGEL 1994).

Im Jahr 1988 wurde in den USA das erste Patent auf ein Säugetier, die sogenannte Onko- oder Krebsmaus, an die Firma DuPont vergeben. Es handelt sich hierbei um eine Maus, die durch ein eingeschleustes Gen für eine bestimmte Form von Krebs besonders anfällig ist und die in der Krebs-Grundlagenforschung als Tiermodell eingesetzt wird. 1992 wurde dieses Patent auf die Europäische Union ausgedehnt. Das dänische Parlament weigerte sich, das zu akzeptieren und verabschiedete ein Gesetz, nach dem Tiere generell kein geistiges Eigentum sein können und somit auch nicht patentierbar sind. Im Jahr 1992 wurden in den USA weitere Patente für gentechnisch veränderte Mäuse vergeben, die alle als Tiermodelle zur Aufklärung von Krankheitsmechanismen verschiedener Krankheiten dienen (SCHENKEL 1995).

1991 wurde in den USA erstmals ein Patentantrag eingereicht, der ein Stück menschlicher DNA mit unbekannter Funktion betraf (SCHELLEKENS 1994). Nach wie vor sind derartige Patentanträge, die mit dem internationalen Projekt zur Aufklärung des menschlichen Genoms (des Human Genome Project; s. 1.4.1) im Zusammenhang stehen, sehr umstritten. Wenn diese Patente erteilt würden, dann müßten Ärzte oder ihre Patienten Lizenzgebühren zahlen, wenn das Wissen über das menschliche Genom eines Tages medizinisch, zum Beispiel in Form von Gentherapien genutzt werden würde.

Die Möglichkeit, gentechnisch veränderte Lebewesen zu erzeugen, führte zu der Frage, ob es ein Patentrecht auf diese Organismen geben könne. Zur Zeit wird diese Frage weltweit noch kontrovers diskutiert. Die Befürworter eines derartigen Patentrechts argumentieren weitgehend mit Wirtschaftsinteressen. Sie führen an, daß es ohne ein Patentrecht in diesem Bereich keinen Anreiz für die biotechnische Industrie gäbe, neuartige Produkte zu entwickeln und auf den Markt zu bringen. Die Gegner halten die Patentierung gentechnisch veränderter Lebewesen für moralisch unvertretbar. Hinzu kommt nach ihrer Auffassung, daß derartige Patente, die notwendigerweise zum zeitweiligen Zurückhalten von Forschungsergebnissen führen würden, die internationale Forschung behindern und Innovationen entgegenwirken würden. Sie sprechen Lebewesen einen besonderen Wert zu und integrieren sie damit in die moralische Gemeinschaft, zu der in der Vergangenheit jedenfalls seitens der personalistischen Ethik nur der Mensch gezählt wurde (s. Band 1, Einleitung, 2).

1.7 Beurteilung der Gentechnik: Ethische Analyse

Die Diskussion ethischer Probleme, die die moderne Biotechnik aufwirft, führt im Unterricht oftmals nicht zu einem befriedigenden Ende: Es bleibt beim Austausch verschiedener Standpunkte, die Frage aber, wer schließlich recht hatte oder ob überhaupt jemand recht haben kann, bleibt unbeantwortet. Dennoch kann man sich bei moralisch brisanten biotechnischen Themen nicht mit der Vermittlung der Fakten begnügen, sofern man den Anspruch auf Persönlichkeitsbildung der Schüler nicht aufgeben will. Unter zwei Bedingungen dürften Gespräche über ethische Fragen zufriedenstellend verlaufen: Erstens, wenn die Diskussion klar vorstrukturiert wird. Dazu kann die Methode der ethischen Analyse dienen, die im folgenden erläutert und auf das Beispiel der Gentherapie angewendet wird. Zweitens, wenn die Gesprächsteilnehmer mit der ethischen Letztbegründung vertraut sind, so daß sie wissen, daß man dabei auf unterschiedliche höchste Werte Bezug nehmen und deshalb auch in Dilemmata geraten kann und dann keine bündige Antwort auf seine Fragen findet (BAYRHUBER 1990).

Im Jahre 1989 wurde vom BSCS (Biological Science Curriculum Studies) – The Colorado College – ein Vorschlag für eine Ethische Analyse gemacht (BSCS 1989; s. auch BAYRHUBER et al. 1990, S. 216, KELLY 1990, S. 95), der in den USA mit mehr als 200 Schülern im Biologieunterricht erprobt worden war. Diese Analyse verläuft in mehreren aufeinanderfolgenden Schritten. Deskriptive Aussagen und wertende Sätze werden streng auseinandergehalten, Kritik an einer ethischen Argumentation ist erst dann zulässig, wenn diese gänzlich beendet, also Schritt für Schritt durchlaufen ist.

Hier wird nun ein modifiziertes Verfahren beschrieben. Es unterscheidet sich von dem amerikanischen Vorschlag im wesentlichen dadurch, daß beim ethischen Argumentieren *letztlich* auf bestimmte basale Werte Bezug genommen wird, nämlich entweder auf das *Wohlergehen* des Menschen bzw. der Natur oder auf die *Würde* des Menschen.

Die ethische Analyse orientiert sich demnach an den beiden grundlegenden Begründungsarten der abendländischen Moralphilosophie, der naturalistischen, am Wohlergehen orientierten, und der personalistischen, auf die Würde des Menschen bezogenen Begründung. Diese bestimmen heute auch im wesentlichen die öffentliche Diskussion um die Gentechnik. Sie werden im Detail im Band 1 dieses Handbuches Seite 6 ff beschrieben. Hier werden nun die einzelnen Schritte der Ethischen Analyse erläutert, und schließlich wird die Ethische Analyse auf ein konkretes Beispiel angewendet. Dafür wurde die Gentherapie an Keimbahnzellen (engl. *germ-cell therapy*) ausgewählt, die allgemein abgelehnt wird, so daß ein rationaler Diskurs darüber in der Öffentlichkeit praktisch nicht stattfindet.

WALTERS (1986), Direktor des Centre of Bioethics at the Kennedy Institute of Ethics an der *George University, Washington,* ist der Auffassung, dieser Diskurs sei dennoch erforderlich. Er schreibt:

„No aspect of gene therapy is more highly charged than that of germline or germ-cell therapy; it might seem, therefore, politically prudent to avoid the subject. But what is politically prudent may not be ethically responsible".

1.7.1 Die sechs Schritte der Ethischen Analyse

Die Ethische Analyse läßt unterschiedliche Lösungen eines moralischen Problems zu. Mit dieser Methode soll die Stichhaltigkeit der ethischen Argumentation bzw. deren weltanschauliche Basis ergründet werden. Aus diesem Grunde müssen die Schritte drei bis sechs in der Regel mehrmals durchlaufen werden.

Schritt 1: *Welche Handlung steht zur Debatte?*
Die Handlung, um die es geht, wird beschrieben. Bei diesem Schritt wird strikt auf jede Wertung verzichtet. Es sind also nur *deskriptive* Aussagen möglich.

Schritt 2: *Welche Werte werden durch die Handlung berührt?*
Es werden einige moralische Werte genannt, die in Zusammenhang mit der Handlung stehen. Dabei muß Schülerinnen und Schülern gelegentlich überhaupt erst deutlich werden, daß das Arbeiten in einer Naturwissenschaft eine solche Wertdimension hat. Die gefundenen Werte werden auf ihren Zusammenhang mit der *Würde des Menschen* bzw. dem *Wohlergehen von Mensch und Natur* hin untersucht, also auf ihre Beziehung zu den jeweils höchsten Werten der personalistischen bzw. naturalistischen ethischen Begründung.

Schritt 3: *In welcher Weise berührt die Handlung einen bestimmten Wert?*
Ein bestimmter Wert wird nun ausgewählt und argumentativ auf die Handlung bezogen. Erstens werden dabei die Prämissen der ethischen Argumentation deutlich gemacht, und zweitens wird die Frage gestellt, ob die Handlung diesen auch gerecht wird. Bei der Bewertung im Hinblick auf das Wohlergehen geht es in der Regel auch um eine Folgenabschätzung. (Wie sicher treten die erwarteten guten Folgen ein? Wie groß ist das Risiko z.B. für Gesundheit und Umwelt?)

Schritt 4: *Was ergibt sich daraus für die Bewertung der Handlung selbst?*
Die Handlung wird explizit als moralisch gut oder als moralisch schlecht gekennzeichnet, und zwar auf der Grundlage der Bewertung des Schrittes 3.

Schritt 5: *Welche gesellschaftlich-politischen oder persönlichen Konsequenzen sind zu ziehen?*
Es soll überlegt werden, wie Politiker in diesem Fall entscheiden sollten, aber auch, was jeder einzelne in sozialer Verantwortung tun sollte.

Schritt 6: *Diskussion und Kritik*
Die in den vorausgehenden Schritten erarbeiteten Argumente werden erst an dieser Stelle zur Diskussion gestellt und kritisiert. Dabei sollen mögliche Inkonsistenzen des bisherigen Argumentierens aufgezeigt werden.

Hinweis: Wer mit der Wahl des höchsten Wertes (z.B. Wohlergehen) nicht einverstanden ist und an dessen Stelle auf einen anderen höchsten Wert (z.B. Würde des Menschen) Bezug genommen wissen will, der entkräftet nicht die Argumentation, sondern legt allenfalls ein unlösbares Dilemma offen. Soll also eine andere Grundauffassung dargelegt werden, so müssen die Schritte 3 bis 6 erneut durchlaufen werden.

1.7.2 Ethische Analyse der Gentherapie an Keimbahnzellen des Menschen

Im folgenden soll nun die Methode der Ethischen Analyse auf ein umstrittenes Gebiet der Gentechnik, die Gentherapie an Keimbahnzellen, angewendet werden. Zunächst sollen die verschiedenen Therapieformen, bei denen künftig die Gentechnik eingesetzt werden kann, voneinander unterschieden werden. Die Einteilung erfolgt nach KOLLEK (1987).

a) Unterscheidung gentechnischer Therapieformen

Milderung der Symptome durch Produkte der Gentechnik
Mit Hilfe gentechnisch veränderter Mikroorganismen bzw. tierischer oder menschlicher Zellen werden Substanzen hergestellt, die Kranken aufgrund eines Gendefektes ganz fehlen oder von ihnen nicht in ausreichendem Maße synthetisiert werden. Dazu gehören z.B. das Wachstumshormon oder bestimmte Enzyme.

Ein- und Ausschalten der Gene
Viele Gene sind nur im Laufe der Entwicklung aktiv oder werden nur in Abhängigkeit von bestimmten Stoffwechselzuständen aktiviert. Beispielsweise produzieren Feten des Menschen eine andere Art roten Blutfarbstoff als Erwachsene, wodurch die Sauerstoffaufnahme aus dem mütterlichen Blut erleichtert wird: Das Hämoglobin Erwachsener ist aus α- und β-Globineinheiten aufgebaut, fetales Hämoglobin besteht aus α- und γ-Ketten. Bei einer bestimmten Erbkrankheit, der β-Thalassämie, wird kein

β-Globin gebildet. Mit Hilfe der Substanz 5-Azacytidin kann man die Gene für γ-Globin, die einige Wochen nach der Geburt ganz abgeschaltet werden, wieder aktivieren. Allerdings ist bei dieser Therapie nicht ausgeschlossen, sondern sogar wahrscheinlich, daß auch andere stillgelegte Gene angeschaltet werden, z.B. onkogene Gene, die die Bildung von Krebs auslösen können (WATSON et al. 1986, S. 191). Unter der Bedingung, daß mit Hilfe der Gentechnik eine *gezielte* Genaktivierung einmal möglich sein wird, kann die Methode allerdings zweckmäßig sein.

Gentechnische Eingriffe in Körperzellen
Dabei werden intakte Gene auf Zellen bestimmter Gewebe oder Organe eines Kranken übertragen, in denen sich der Erbschaden auswirkt. Da ein Gentransfer in Soma- oder Körperzellen stattfindet, wird diese Methode auch als *somatische Gentherapie* bezeichnet (von griech. *soma:* Körper). Die Methode wird bisher fast ausschließlich zu Forschungszwecken eingesetzt, klinische Anwendungen sind allerdings in Sicht. FRIEDMANN (1989) nennt drei mögliche Vorgehensweisen der somatischen Gentherapie:

- Eine krankmachende DNA-Sequenz wird entfernt und durch ein normal funktionierendes Gen ersetzt.
  Dies wäre nötig, um z.B. die Sichelzellanämie zu therapieren. Denn die Deformation der roten Blutkörperchen wird durch das unnormale *β*-Globin der Kranken hervorgerufen, das schwer löslich ist. Ein zusätzliches Vorhandensein normalen *β*-Globins würde nicht zu einer anderen Gestalt dieser Blutzellen führen.
- Eine krankmachende Gensequenz wird korrigiert, ohne daß Fremd-DNA übertragen wird.
- Ein normal funktionierendes Gen wird ungezielt ins Genom eingebaut, ohne das krankmachende Gen zu entfernen oder auch nur zu korrigieren.

Die zuletzt beschriebene Methode wird in der Forschung bereits angewandt. Die unspezifische Integration der Fremd-DNA führt dabei vor allem zu den beiden folgenden Problemen: Es kann zum Einbau mitten in ein anderes Gen hinein kommen *(Insertion)*, das dadurch seine Funktion verliert, außerdem ergeben sich Schwierigkeiten bei der Genregulation und in Hinblick auf eine dauerhafte, stabile Gentätigkeit. Dennoch brachte diese Methode „some of the most impressive progress in studies of gene therapy models" (FRIEDMANN 1989).

Die Einschleusung der Fremd-DNA in Körperzellen kann mit Hilfe physikalischer oder chemischer Methoden erfolgen. Dazu gehören die *Elektroporation* und die *Mikroinjektion.* Als wirksamste Methode gilt allerdings die Verwendung von Retroviren oder anderen Viren als Genfähren. Hat man von ihnen eine ausreichend große Zahl zur Verfügung, so kann man praktisch alle Zellen „infizieren", die man verändern möchte. Im Blick der Forschung sind bisher vor allem Erbkrankheiten des Knochenmarks, der Leber, des Zentralnervensystems und bösartige Tumore. Dabei werden entweder Zellen aus diesen Organen oder andere geeignete Zellen in vitro gentechnisch verändert und anschließend in den Körper zurückgebracht.

Zur Therapie der Mukoviscidose (lat. *mucus* Schleim; *viscidus* klebrig) oder Cystischer Fibrose (CF) werden mit Hilfe eines Sprays gentechnisch veränderte DNA-Viren inhaliert. Bei der Mukoviscidose handelt es sich um eine Erbkrankheit, bei der vor allem in der Bauchspeicheldrüse und in den Bronchien ein zäher Schleim gebildet wird. Das zuständige Gen (CF-Gen) konnte identifiziert und lokalisiert werden. Es besteht aus 230.000 Basenpaaren und codiert für ein Protein, das aus 1.480 Animosäuren aufgebaut ist und in der Zellmembran als Ionenkanal wirkt. Bei den meisten Mukoviscidose-Patienten finden sich im CF-Gen 3 Nukleotide deletiert. Dies hat zur Folge, daß das Protein nicht mehr in die Membran aufgenommen wird. Das nicht mutierte CF-Gen wurde in modifizierte Adenoviren eingebaut, das sind DNA-Viren, deren Wildformen beim Menschen u.a. Infektionen der Atemwege hervorrufen. Die gentechnisch veränderten Viren werden mittels eines Sprays von dem Kranken inhaliert, dringen in die Zellen der Bronchien ein und veranlassen diese – ohne zu einer Infektion zu führen – das Protein des nicht mutierten CF-Gens zu produzieren. Die Behandlung führt allerdings nicht zu einer dauerhaften Besserung, sie muß alle paar Monate wiederholt werden.

Beispiele weiterer Methoden der Genübertragung in Körperzellen sind die Injektion von DNA in kranke Zellen sowie die Übertragung ganzer Zellkerne oder einzelner Chromosomen. Der Transfer von DNA kann bisher nicht so gezielt erfolgen, daß sie an der gleichen Stelle ins Genom eingebaut wird, an der sie normalerweise vorkommt.

Gentechnische Eingriffe in Zellen der Keimbahn

Zellen der Keimbahn dienen der Produktion von Geschlechtszellen, nehmen also nicht am Aufbau des Körpers teil. Sie sondern sich bereits in einem frühen Embryonalstadium ab. Als *Keimbahn* bezeichnet man die Abfolge derjenigen Zellen, die, von der befruchteten Eizelle ausgehend, wieder zur befruchteten Eizelle hinführen.

Änderungen am Erbgut der Keimbahnzellen, z.B. an der befruchteten Eizelle selbst, werden an nachfolgende Generationen weitergegeben, solange das betroffene Gen in der Generationenfolge erhalten bleibt und nicht etwa bei der Reduktionsteilung (Meiose!) verlorengeht. Bisher ist allerdings noch nicht klar, ob Gene, die auf diese Weise neu eingeführt werden, in den Folgegenerationen stabil im Erbgut eingebaut bleiben. Es stellt sich außerdem die Frage, ob sie nicht auch andere Effekte als die erwarteten Wirkungen zeigen.

Werden gentechnische Eingriffe in Keimbahnzellen erst einmal sicher beherrscht, können mit solchen Zellen alle möglichen Manipulationen vorgenommen werden, auch solche, die nichts mit der Therapie der Erbkrankheiten zu tun haben. So ist es möglich, Menschen mit besonderen Fähigkeiten hervorzubringen *(Menschenzüchtung)*.

Befruchtete Eizellen oder Zellen eines frühen Embryonalstadiums, aus deren Teilung die Zellen der Keimbahn hervorgehen, stehen immer nur kurze Zeit für Eingriffe zur Verfügung. Außerdem ist der Nachweis eines Erbschadens in einem so frühen Entwicklungsstadium besonders schwierig. Sofern man aus diesen Gründen nicht auf Eingriffe in Eizellen und Spermazellen

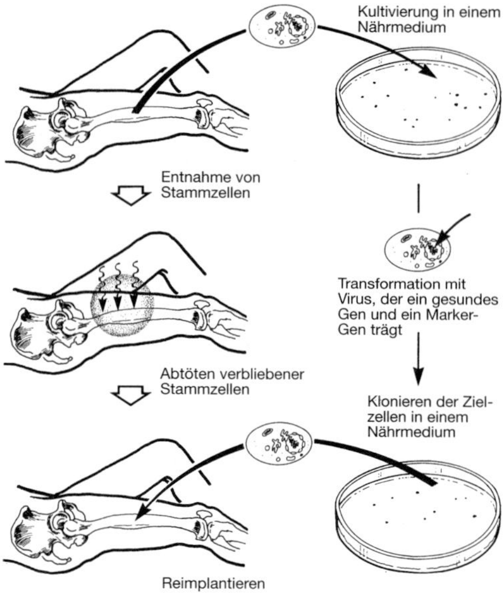

Abb. 86.1: Somatische Gentherapie (schematisch nach GASSEN et al. 1986, s. 1.7.2 a „Gentechnische Eingriffe in Körperzellen")

ausweicht, müssen einer Therapie Experimente mit befruchteten Eizellen oder mit Embryonen des Menschen vorausgehen, wobei der Tod dieser Lebewesen in Kauf genommen wird. Derartige Versuche dürfen nicht in allen Ländern durchgeführt werden. Sie sind beispielsweise in Großbritannien möglich, aber in Deutschland verboten.

Die Realisierung eines risikolosen und stabilen Gentransfers in Keimbahnzellen liegt vermutlich weit in der Zukunft. Es ist heute überdies unklar, ob die Therapie derartiger Zellen jemals eine wichtige Rolle in der Medizin spielen wird. Und dies schon aufgrund der besonderen technischen Schwierigkeiten, von ethischen Bedenken einmal ganz abgesehen. Es muß sich auch erst noch zeigen, ob die Therapie von Keimbahnzellen gegenüber der somatischen Gentherapie besondere Vorteile haben wird. Allerdings ist nicht ausgeschlossen, daß bestimmte Erbkrankheiten nur in einem frühen Entwicklungsstadium erfolgreich geheilt werden können oder daß gewisse Körperzellen einer Gentherapie nicht zugänglich sind. In solchen Fällen könnte die Therapie von Keimbahnzellen durchaus in Angriff genommen werden (FRIEDMANN 1989). Aus diesem Grunde ist es sinnvoll, die Ethische Analyse der Gentherapie an Keimbahnzellen durchzuführen, wenn sich heute auch alle Welt einig zu sein scheint – Wissenschaftler, die auf anderen Gebieten arbeiten, eingeschlossen –, daß diese Therapieform abzulehnen sei.

b) Durchführung der Ethischen Analyse

Schritt 1: *Welche Handlung steht zur Debatte?*
Gentherapie an Keimbahnzellen ist eine von mehreren möglichen Therapieformen gentechnischer Art. Sie wurde oben *rein deskriptiv* erläutert. Um eine solche *nicht wertende* Beschreibung geht es bei diesem Schritt.

Schritt 2: *Welche Werte werden durch die Handlung berührt?*
Wie bereits oben angeführt, beziehen sich die personalistische (P) und die naturalistische Ethik (N) auf unterschiedliche höchste Werte. So argumentiert die personalistische Richtung folgendermaßen:

P: Durch eine Gentherapie an Keimbahnzellen wird die *Würde des Menschen* berührt; denn die befruchtete Eizelle des Menschen läßt sich nicht allein mit cytologischen Begriffen beschreiben. In ihr ist vielmehr bereits eine Person angelegt, also ein Vernunftwesen mit Freiheit und Verantwortung, das Träger von Sittlichkeit ist. Daher ist die befruchtete Eizelle des Menschen unvergleichlich wertvoller als eine pflanzliche oder tierische Zygote. Sie besitzt schon den absoluten Wert einer Person, also die Würde des Menschen.
Von seiten der naturalistischen Ethik gilt folgendes:

N: Berührt ist der Wert der Gesundheit oder, allgemein, das *Wohlergehen* der Betroffenen. Denn durch Gentherapie soll der Ausbruch einer Erbkrankheit verhindert werden.

Bei den folgenden Schritten der Ethischen Analyse soll zunächst die personalistische Ethik zu Wort kommen, anschließend die naturalistische. Dabei werden die Schritte 3 bis 6 zweimal hintereinander durchlaufen.

Schritt 3: *In welcher Weise berührt die Handlung einen bestimmten Wert?*
P: In der Literatur findet man häufig Auffassungen der folgenden Art (vgl. hierzu z.B. HOBOM 1988, LÖW 1989): Die gentechnisch veränderte, befruchtete Eizelle des Menschen kann sich nicht nach dem eigenen ursprünglichen Plan entwickeln. Der daraus hervorgehende Mensch ist nicht identisch mit dem, zu dem er sich ohne den Eingriff ins Erbgut entwickelt hätte. Die Gentherapie an Keimbahnzellen kann sich im übrigen über Generationen hin auswirken, so oft und so lange nämlich das veränderte Gen vererbt wird. Die *Würde des Menschen* wird insofern beeinträchtigt, als eine sich entwickelnde Person (und ihre Nachkommen) der im Erbgut festgelegten, natürlichen Identität beraubt werden, ohne daß sie mitbestimmen können. Diese Betroffenen werden also der Fremdbestimmung unterworfen und wie Objekte behandelt. Im übrigen ist die Entwicklung der Methode der Gentherapie nicht denkbar, ohne daß vorher mit befruchteten menschlichen Eizellen experimentiert wird, die dabei zugrundegehen. Durch diese Mißachtung des menschlichen Lebens wird die Würde des Menschen ebenfalls angetastet: „Die Verwendung von Embryonen zu Forschungszwecken tut der menschlichen Würde Gewalt an. Das muß gerade auch in Hinblick auf die in vielen Ländern bereits stattfindende Experimentierpraxis unterstrichen werden. Maßstab ist auch hier die Integrität menschlicher Existenz im Sinne seiner unverwechselbaren Personenwürde“ (ALTNER 1988, S. 175).

Schritt 4: *Was ergibt sich daraus für die Bewertung der Handlung selbst?*
P: Ein gentherapeutischer Eingriff in eine befruchtete menschliche Eizelle ist moralisch schlecht und abzulehnen. Das gleiche gilt für wissenschaftliche Experimente mit solchen Zellen. Dieser Auffassung sind heute viele Autoren, z.B. HOBOM (1988) und LÖW (1989).

Schritt 5: *Welche gesellschaftlich-politischen oder persönlichen Konsequenzen sind zu ziehen?*
P: Der Gesetzgeber sollte die Gentherapie verbieten.

Schritt 6: *Diskussion und Kritik*
P: Es stellt sich die Frage, ob man bei einem gentherapeutischen Eingriff tatsächlich von einer Beeinträchtigung der Selbstbestimmung sprechen kann. Auch für alle unmündigen Kinder treffen deren Erziehungsberechtigte Entscheidungen. Dabei kann es auch um schwerwiegende therapeutische Eingriffe gehen. Solange die Fähigkeit zur freien Selbstbestimmung bei einem Menschen noch nicht entwickelt ist, kann sie diesem auch nicht vorenthalten werden. Etwas anderes wäre es, wenn durch den gentechnischen Eingriff der Betroffene *als Person* verändert, ihm also z.B. die Fähigkeit zur freien Entscheidung genommen würde. Dann wäre seine Würde in der Tat angetastet. Im übrigen muß die Gentherapie der befruchteten Eizelle des Menschen nicht zwangsläufig einen Eingriff in den Grundbauplan bedeuten, demgemäß sie sich entwickelt. Dies soll am Beispiel der in der Zukunft wohl möglichen Gentherapie der Sichelzellanämie deutlich gemacht werden. In diesem Fall muß nur ein einziges Nukleotid der DNA ausgetauscht werden, so daß bei der Synthese von β-Hämoglobin an sechster Stelle der Aminosäurekette dieses Proteins Glutaminsäure statt Valin eingebaut wird (s. Tab. 76.1). Das Argument, durch Gentherapie schlechthin würde dem Menschen Selbstbestimmung vorenthalten, kann demnach nicht akzeptiert werden.

Gegen die Ablehnung von Experimenten mit menschlichen Zygoten läßt sich dagegen nichts einwenden, *falls* man sich dem personalistischen Menschenbild anschließt. Zwar kann man eine andere Auffassung vom Beginn des menschlichen Lebens haben oder auch die Befruchtung nicht als den Zeitpunkt des Entstehens einer Person ansehen (vgl. KUHSE/SINGER 1985). Dies ändert jedoch nichts an der Folgerichtigkeit der hier beschriebenen ethischen Argumentation, entkräftet sie also nicht. Der Gegensatz ist nicht auflösbar *(Dilemma-Situation)*.

Selbst wenn das Experimentieren mit menschlichen Zygoten zum Zwecke der Entwicklung gentherapeutischer Methoden abgelehnt wird, ist noch nicht entschieden, ob eine tatsächlich entwickelte Methode nicht doch eingesetzt werden darf. Solche Experimente werden – wie bereits erwähnt – in verschiedenen Ländern durchgeführt. Wer mit den obengenannten Gründen gegen Versuche mit befruchteten Eizellen des Menschen ist, könnte dennoch die Gentherapie für sich akzeptieren, weil er die Würde *seiner* Nachkommen durch sie nicht verletzt sieht und sich bei seiner Entscheidung überdies vom Wohl der Kinder leiten läßt.

Um die naturalistische Position darzulegen, wird nun, wie oben erwähnt, nochmals auf Schritt 3 zurückgegangen.

Wiederholung von Schritt 3: *In welcher Weise berührt die Handlung einen bestimmten Wert?*
N: Die Vertreter dieser Auffassung – eine Minderheit in der gegenwärtigen Diskussion – betonen, die Behebung eines Erbschadens diene dem *Wohl aller Betroffenen*, und zwar sowohl des Menschen, der sich aus der genetisch veränderten Zygote entwickelt, und seiner Eltern als auch aller seiner Nachkommen, denen das veränderte Gen vererbt wird. Dies gelte *nur* unter der Voraussetzung, daß die Gentherapie einmal sicher beherrscht werde und möglichst *risikofrei* durchgeführt werden könne. Dann würde man das Nützlichkeitsprinzip befolgen, nach dem Handlungen bzw. Handlungsregeln moralisch richtig sind, die optimale Folgen für das Wohlergehen aller Betroffenen haben. Heute kann davon allerdings noch nicht die Rede sein.

Zwar ergibt sich das, was unter Wohlergehen verstanden wird, nicht aus dem Nützlichkeitsprinzip selbst, sondern kann nur mit Rückgriff auf eine Werttheorie bestimmt werden (HÖFFE 1975, HOESTER 1977). Es besteht aber ein allgemeiner Konsens darüber, daß Gesundheit ein hohes Gut ist und zum Wohlergehen beiträgt. Die Weltgesundheitsorganisation (WHO) definiert den Begriff ‚Gesundheit' sogar als Zustand vollkommenen körperlichen, seelischen und sozialen Wohlbefindens. (Zur Diskussion des Gesundheitsbegriffes s. JÜDES et al. 1987). Eine erfolgreiche Gentherapie an Keimbahnzellen hätte in erster Linie positive Folgen für das physische Wohlergehen, sie verhinderte zugleich die negativen seelischen und sozialen Folgen einer Erbkrankheit möglicherweise über Generationen hinweg.

Wiederholung von Schritt 4: *Was ergibt sich daraus für die Bewertung der Handlung selbst?*
N: Ein gentechnischer Eingriff in eine befruchtete menschliche Eizelle, der ohne besondere Risiken durchgeführt werden kann, ist moralisch gut und zu befürworten. (Diese Auffassung wird bisher allerdings kaum vertreten.)

Wiederholung von Schritt 5: *Welche gesellschaftlich-politischen oder persönlichen Konsequenzen sind zu ziehen?*
N: Der Gesetzgeber sollte die Gentherapie ermöglichen.

Folgende Fragen müssen im Einzelfall entschieden werden (nach WALTERS 1986). Sie wurden von WALTERS ursprünglich zwar im Zusammenhang mit der somatischen Gentherapie formuliert, sind aber auch für die Gentherapie an Keimbahnzellen relevant.

Wer soll für die Therapie ausgewählt werden?
Es ist anzunehmen, daß sich bei Einführung dieser neuen Technik mehr Bewerber melden werden, als behandelt werden können (s. die Wartelisten für Herztransplantationen nach dem ersten Erfolg auf diesem Gebiet). Dabei muß nach dem Kriterium der *Gerechtigkeit* entschieden werden.
Hinweis: Auch an dieser Stelle zeigt sich, daß das Nützlichkeitsprinzip ergänzungsbedürftig ist. Beim naturalistischen Ansatz stellt sich nämlich allgemein das Problem der Verteilungsgerechtigkeit. Es ist zu fragen, ob dem Nützlichkeitsprinzip allein schon dadurch Genüge getan wird, daß das allgemeine Wohl durch eine bestimmte Handlung *im Durchschnitt* gefördert wird, oder nur unter der Bedingung, daß Güter und Lasten *gleichmäßig* verteilt werden (s. FRANKENA 1963, RAWLS 1975).

Erfolgt die Einwilligung der Betroffenen auf einer ausreichenden Informationsbasis?

Alle Beteiligten (Ärzte, Patienten, Angehörige) müssen über Chancen und Risiken des Eingriffes genau *aufgeklärt* sein, so daß sie ihre Zustimmung nicht auf der Basis einer Illusion geben. Die genaue Aufklärung ist gerade bei Einführung einer neuen Therapieform von besonderer Bedeutung.

Wie können der Wunsch der Betroffenen nach Vertraulichkeit und das Interesse der Öffentlichkeit in Einklang gebracht werden?
Die Betroffenen müssen sich über das besondere *Interesse der Öffentlichkeit* an ihrem Fall klar sein. Ihr eigenes Bedürfnis nach *Vertraulichkeit* muß dagegen abgewogen werden, allerdings sind sie auch vor Zudringlichkeit (Presse, audiovisuelle Medien) zu schützen.
Hinweis: Auch dies zeigt die Ergänzungsbedürftigkeit des Nützlichkeitsprinzips (Notwendigkeit der Festlegung einer Wertehierarchie; s. oben).

Wiederholung von Schritt 6: *Diskussion und Kritik*
Gegen die obige Argumentation kann man den folgenden Einwand hören. Eine Gentherapie hat zwar die beschriebene Wirkung auf das Wohlergehen bestimmter Menschen, dennoch muß sie als völlig unnötig bezeichnet werden: Durch den Abbruch der Schwangerschaft „beim Vorliegen eines schwerwiegenden Erbdefekts" oder „durch das Vermeiden von Schwangerschaften in entsprechenden Fällen überhaupt erzielt man genau die gleiche Wirkung wie bei der risikoreichen Gentherapie an einem menschlichen Embryo, die sich damit als überflüssig erweist" (HOBOM 1988). Bei den erheblichen Forschungsmitteln, die zur Entwicklung der Gentherapie eingesetzt werden, handelt es sich demnach um *verschleudertes Geld*.

Dazu ist folgendes zu sagen: In dem Einwand wird darauf hingewiesen, daß es nicht nur Nutznießer der Gentherapie gibt, sondern auch Menschen, die davon benachteiligt werden. Zu der letzten Gruppe gehören sowohl alle diejenigen Wissenschaftler, die wegen der finanziellen Förderung der Gentherapie weniger aus dem Topf der (stets knappen) Forschungsmittel erhalten, als auch alle Kranken, zu deren Heilung die Gentechnik nicht beitragen kann und deren Leiden noch zu wenig erforscht ist, als daß es geheilt werden könnte. In diesem Zusammenhang wird z.B. moniert, daß zu wenig für die Entwicklung von Impfstoffen gegen Krankheiten aufgewendet wird, die hauptsächlich in der Dritten Welt vorkommen (s. BADE 1990). Dies zeigt die Notwendigkeit einer *Werttheorie;* denn offensichtlich gehen Befürworter und Gegner nicht von der gleichen *Wertehierarchie* aus. Während die einen bestimmten Leiden, die die Gentherapie zu heilen verspricht, höchste Priorität zuweisen, halten die anderen die Lösung sonstiger wissenschaftlicher bzw. medizinischer Probleme für dringlicher. Der Einwand kann vor einer entsprechenden Wertediskussion weder abgelehnt noch akzeptiert werden.

Der Hinweis darauf, daß doch beim Vorliegen eines schweren Erbschadens die Schwangerschaft abgebrochen werden könnte, setzt voraus, daß sich eine ethische Begründung letztlich am Wohlergehen des Menschen zu orientieren hat, jedoch nicht am absoluten Wert menschlichen Lebens. Der Abbruch einer Schwangerschaft gilt aber aus naturalistischer Sicht dann als gut, wenn diese das Gegenteil vom Wohlergehen für alle Betroffenen bewirkt. Um Klarheit zu schaffen, ist die eben genannte Wertediskussion unverzichtbar. Die Forderung, einen schwer erbgeschädigten Fetus besser abzutreiben als ihn mit Hilfe der Gentechnik zu therapieren, kann sich dabei als gerechtfertigt oder nicht gerechtfertigt erweisen. Sie gilt aus naturalistischer Sicht nicht von vornherein als moralisch verfehlt. Wer in diesem Zusammenhang auf die Verletzung der Menschenwürde beim Schwangerschaftsabbruch hinweist, entkräftet nicht das Argument, er macht nur deutlich, daß er sich für einen anderen Bezugspunkt der Letztbegründung entschieden hat. Das Für und Wider den Schwangerschaftsabbruch führt letztlich in ein *Dilemma,* also einen unauflösbaren Gegensatz zwischen der naturalistischen und der personalistischen Grundauffassung (s. BAYRHUBER 1988).

Die Forderung, auf Elternschaft zugunsten bestimmter Forschungsziele ganz zu verzichten, wenn bei den Nachkommen mit einem schwerwiegenden Erbschaden zu rechnen ist, führt ebenfalls in die Problematik der *Wertehierarchie.* Erst nach einer Einigung auf eine Rangfolge konkurrierender Forschungsziele kann der Einwand so oder anders beschieden werden.

Auch der Hinweis auf das hohe Risiko einer Gentherapie ist letztlich vom Wohlergehen als Bezugspunkt ethischer Argumentation bestimmt. Von naturalistischer Seite wird einer Gentherapie nur unter der Voraussetzung zugestimmt, daß diese *risikolos* ist bzw. daß das *Risiko tragbar* erscheint.

Es ist allerdings zu bedenken, daß die Forschung an Embryonen Möglichkeiten für einen *Mißbrauch* schafft, indem die Ergebnisse nicht nur der Therapie dienen, sondern auch für Manipulationen des Menschen, etwa zur „Optimierung" bestimmter Fähigkeiten, genutzt werden. Dieser wichtige Einwand wird von personalistischer Seite vorgebracht, er ergibt sich aber auch aus dem naturalistischen Ansatz: Es wird Schlimmes für den einzelnen und das allgemeine Wohl befürchtet. Im Rahmen der Ethischen Analyse kann er – durch ein erneutes Zurückgehen zu Schritt 3 – näher untersucht werden.

c) Abschließende Anmerkung zur Ethischen Analyse der Gentherapie an Keimbahnzellen

Es sollte deutlich gemacht werden, daß es eine klare und eindeutige Antwort auf die Frage, ob dieses Verfahren moralisch gut oder schlecht ist, nicht gibt. Auch wenn man – wie der Autor (BAYRHUBER) – beispielsweise Experimente mit Embryonen persönlich ablehnt, kann man Menschen, die eine gegenteilige Auffassung vertreten, die moralische Integrität nicht begründet streitig machen. Das Verfahren der Ethischen Analyse hilft, die verschiedenen Argumente systematisch zu ordnen und im einzelnen zu diskutieren. Es beugt der Indoktrination vor und dient der Entscheidungshilfe. Möglicherweise fördert es ein tolerantes Verhalten gegenüber Andersdenkenden.

Wer sich im Hinblick auf einen Schwangerschaftsabbruch nicht vom absoluten Wert menschlichen Lebens von der Zygote an leiten läßt und demgemäß auch den Beginn menschlichen Lebens auf einen Zeitpunkt nach der Verschmelzung von Ei und Spermazelle festlegt (z.B. Einnistung der Blastozyste 6 Tage nach der Befruchtung), der kann konsequenterweise auch nicht gegen Experimente mit Zygoten eintreten, es sei denn, er sieht das Risiko des Mißbrauchs als nicht tragbar an. Gilt der letztgenannte Einwand nicht, so kann auch die Entwicklung der Methode der Gentherapie, für die entsprechende Versuche erforderlich sind, nicht als moralisch schlecht erachtet werden. Dementsprechend sind derartige Versuche in manchen Ländern möglich.

1.8 Risiken der Gentechnik

„Wer sich gegenüber dem moralischen Appell, seine Gefährdung zu erkennen und deshalb verantwortlich zu handeln, verschließt, der findet sich in einer ähnlich unbequemen Lage wie einer, der in der vormodernen Gesellschaft kein Sündenbewußtsein hatte. Ihm wurde vorgehalten, das Böse und die Schlechtigkeit der Welt zu leugnen. Wer heute der Risiko-Diskussion nur halbherzig beitritt oder sich verweigert, muß sich sagen lassen, daß er die realen Gefahren nicht sehen will. ... Wie einst Bußpredigen begleiten die Risiko-Beschwörungen unseren Alltag. Und wie die Bußpredigt ihre Intensität durch die Apokalypse gewinnt, findet die Risiko-Analyse ihr moralisches Gewicht durch den drohenden Untergang der Risikogesellschaft. Das Risiko ist die kleingerechnete Apokalypse, der Untergang in kleinen Dosen“ (RITTER 1991).

Weil biologische Risiken im folgenden weitgehend deskriptiv behandelt werden, soll am Anfang nicht der Hinweis fehlen, daß die Risikodebatte auch eine moralische Seite und eine sozialisierende Funktion hat. Unausgesprochen wird in dieser Debatte an die Verantwortung des einzelnen sowie von Gruppen und Institutionen appelliert, einmal erkannte Risiken zu minimieren und vor allem die moderne Apokalypse der globalen ökologischen Katastrophe zu vermeiden – so gut sie eben können. Auch durch die Charakterisierung unserer Gesellschaft als „Risikogesellschaft“ (BECK 1986) werden deren andauerende Gefährdung und drohender Untergang beschworen und ein jeder wird in den moralischen Appell einbezogen – mit dem Risiko des Abstumpfens und der Verdrängung.

Bei der Behandlung unseres Themas werden im folgenden Schwerpunkte gesetzt. Wer sich über die vielen Facetten der Risikoproblematik umfassender informieren will, sei auf das Heft „Biologische Risiken“ der Zeitschrift Unterricht Biologie (BAYRHUBER/LUCIUS 1993) hingewiesen. Dem Basisartikel des Heftes von APPELHANS/BAYRHUBER/LUCIUS (1993) sind die folgenden Abschnitte entnommen. Weiterhin ist auf die beiden Bände „Risiko und Wagnis – Die Herausforderung der industriellen Welt“, die M. SCHÜZ (1990) herausgegeben hat, hinzuweisen.

1.8.1 Der Begriff Risiko

Die Bedeutung des Begriffs Risiko schließt die Merkmale Unsicherheit und Schaden ein. Man definiert ihn deshalb gemeinhin als die Möglichkeit, Schaden zu nehmen. Üblicherweise wird der Risikobegriff (R) mathematisch als Produkt aus Eintrittswahrscheinlichkeit (w) und Schadensausmaß A beschrieben:

$$R = w \cdot A$$

Gemäß dieser Gleichung vermindert sich R, wenn man w verringert oder auch A kleiner macht. In unserer Gesellschaft spielt allerdings die Verringerung der Eintrittswahrscheinlichkeit von Schäden eine viel größere Rolle als die Verkleinerung von Schadensausmaßen. So geht es selbst im Falle von Großrisiken, wie sie z.B. Kernkraftwerke darstellen, vor allem um die Verkleinerung der Eintrittswahrscheinlichkeit eines schweren Unfalls (GAU) mit Hilfe bestimmter Sicherheitsmaßnahmen wie etwa bauliche Veränderungen oder Verhaltensvorschriften. Eine Verminderung des Risikopotentials selbst (Verkleinerung von A) ist nur viel schwerer zu erreichen. BINSWANGER (1990) fordert, das Hauptaugenmerk auf das Schadensausmaß zu richten. Er schließt in diesem Zusammenhang nicht aus, das auf gewisse Risikopotentiale überhaupt verzichtet werden muß: „Auf jeden Fall gilt die Devise: In erster Linie muß das Schadensausmaß A – und nicht nur die Eintrittswahrscheinlichkeit w – vermindert werden.(...) Den Möglichkeiten zur Minderung der Eintrittswahrscheinlichkeit ist eine Grenze gegeben durch die Komplexität der modernen Technik, die keine Übersicht gestattet über *alle* möglichen Fehlerquellen und insbesondere ihre Koinzidenz. Die Behauptung, man habe durch diese oder jene Vorrichtung die Unfallwahrscheinlichkeit von 0,0001 auf 0,00001 heruntergedrückt, bleibt daher immer mit einem Fragezeichen behaftet".

Die beiden Aspekte von Risiko, die Unsicherheit und der Schaden, sind für Schüler nicht immer einfach zu verstehen. Das Verständnis von *Unsicherheit* setzt ein Denken in Wahrscheinlichkeiten voraus. Dabei verliert der Einzelfall oder das Individuum an Bedeutung, und es wird die relative Häufigkeit von Ereignissen bestimmt. Diese wird in Prozent oder als Zahlenwert zwischen 0 und 1 angegeben:

Das Risiko, durch den Einschlag eines Meteoriten zu Tode zu kommen, beträgt pro Jahr und Person 0,000 000 000 06. Das heißt, bezogen auf 100 Milliarden Menschen werden jährlich etwa 6 von einem Meteoriten erschlagen. Von den tatsächlich existierenden 6 Milliarden trifft es theoretisch 0,36 Menschen, d.h. etwa alle 3 Jahre einen. Sehr viel höher ist das Risiko, an Grippe zu sterben, nämlich 0,0002 pro Person und Jahr (Zahlenangaben nach KLETZ 1980). Dies bedeutet, von 10 000 Menschen sterben jährlich 2 an dieser Krankheit, pro 80 Millionen Deutsche also 16 000. Dennoch wird von vielen Menschen das Risiko, an Grippe zu sterben, kaum viel höher eingeschätzt, als die Wahrscheinlichkeit, von einem Meteoriten erschlagen zu werden. Zwischen dem tatsächlichen Risiko und der Risikowahrnehmung besteht also ein großer Unterschied.

Demgemäß fürchten sich auch viele Leute vor dem Fliegen, die ohne Bedenken in ein Auto steigen und sich einem dichten Straßenverkehr aussetzen, obwohl das Risiko, bei einem Autounfall zu sterben viel höher ist, als durch einen Flugzeugabsturz zu Tode zu kommen.

Die zweite Dimension des Risikobegriffs, der Aspekt des *Schadens*, hat vielerlei Facetten. Unter quantitavem Aspekt betrachtet kann er ein Individium treffen, eine Gruppe von Menschen oder die gesamte Menschheit. Er kann zunächst nur in der Natur auftreten, schließlich aber auf den einzelnen oder z.B. auch auf die Landwirtschaft und die Industrie zurückwirken. So wird sich aufgrund des „Ozonlochs" über kurz oder lang die Häufigkeit von Hautkrebs erhöhen, und die chemische Industrie wird gezwungen sein, gänzlich auf die Produktion schädlicher Treibgase zu verzichten. Weiterhin gibt es qualitative Unterschiede: es kann die Gesundheit betroffen sein, die Umwelt, die Wirtschaft und viele andere Bereiche. Schließlich spielen Wertschätzungen eine Rolle, wenn ein Ereignis als schädlich angesehen wird. So hält heutzutage eine große Gruppe von Menschen den beruflichen Mißerfolg, im Vergleich mit einem Gesundheitsschaden, für das kleinere Übel, und viele andere sind gegenteiliger Auffassung. Auch werden Umweltschäden allgemein geringer geachtet als eine Beeinträchtigung des Lebensstandards. Der Schadensbegriff bedarf daher der näheren Bestimmung durch eine Güterabwägung (vgl. hierzu BAYRHUBER 1990).

1.8.2 Risikobewußtsein

In der Risikoabschätzung geht es um eine möglichst exakte Bestimmung der Eintrittswahrscheinlichkeit eines denkbaren Schadens sowie die Beschreibung des möglichen Schadensumfangs. Allerdings erlauben statistische Erhebungen und wissenschaftliche Analysen keine Aussagen über den Zeitpunkt, zu dem ein Schaden eintreten könnte. Es gibt auch Kettenraucher, die – allen Statistiken zum Trotz – 100 Jahre alt werden. Vielfach ist nur das persönliche Erleben eines Risikos bestimmend für das Handeln des einzelnen. Nicht zuletzt deshalb haben in den letzten Jahren Sozialwissenschaftler begonnen, das Risikobewußtsein zum Gegenstand ihrer Untersuchung zu machen. Eine gute Übersicht über die ersten Forschungsansätze und Ergebnisse findet man bei RUFF (1990, S. 53ff.).

Auch in der Vorstellung von Laien nimmt sich ein Risiko als Schaden aus, der in der Zukunft eintreten oder ausbleiben kann. Darin unterscheiden sie sich also nicht von Experten. Allerdings bewerten Laien ein Risiko nicht immer anhand der Eintretenswahrscheinlichkeit, wie das Experten tun. Wichtiger sind den Laien dafür aber die folgenden Aspekte (RUFF a.a.O.):

- Grad der Schrecklichkeit,
  d.h. vor allem Unkontrollierbarkeit, Tödlichkeit, hohes Katastrophenpotential;

- Grad der Unbekanntkeit,
  d.h. vor allem Neuartigkeit, Seltenheit, Wirkung mit starker Verzögerung;

- Grad der Risikoübernahme,
  d.h. entweder durch nahezu alle (Pestizideinsatz) oder nur wenige (Fallschirmspringen).

Die Höhe des Risikos hängt in der Bewertung von Laien vor allem von folgenden Faktoren ab (nach RUFF 1990):

1. Je höher die persönliche Kontrolle über eine Gefahrenquelle ist, desto weniger risikoreich erscheint sie. So werden beispielsweise Impfungen und das Fahrradfahren als relativ wenig riskant eingeschätzt. Man hat damit Erfahrung und kann sich freiwillig dafür oder dagegen entscheiden, das Fahrrad hat man unter seiner persönlichen Kontrolle. Anders ist es um die Risikobewertung etwa einer Strahlentherapie oder des Fliegens bestellt. Dem Therapeuten und dem Piloten liefert man sich auf Gedeih und Verderb aus.
2. Je stärker man sich persönlich betroffen fühlt, desto höher wird das Risiko bewertet (BOCHERDING et al. 1986). Dies gilt z.B. für das Wohnen in einem Gebiet mit starker Umweltbelastung.

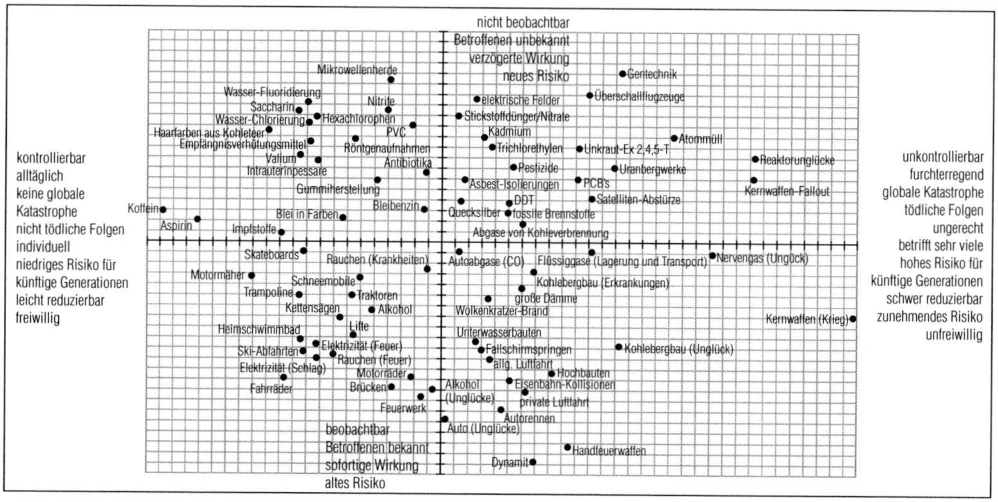

Abb. 93.1: Risikoangst und Risikolust. Nach der amerikanischen Studie, die dieser Grafik zugrundeliegt, achten Bürger und Medien um so wachsamer auf entsprechende Unglücke und fordern sie um so stärker gesetzliche Reglementierungen, je weiter ein Risiko in dem Diagramm rechts oder oben steht, wie z.B. die Gentechnik (aus *Science* 1987, Bd. 236, S. 282 zit. nach *DIE ZEIT* Nr. 15 vom 8.4.1988, S. 82)

3. Werthaltungen wirken sich in der Weise aus, daß „ökologisch orientierte" Menschen das Risiko, das von technischen Gefahrenquellen ausgeht (in der Nähe eines Großflughafens, eines Kernkraftwerks, bzw. eines petrochemischen Werkes wohnen) sehr viel höher einschätzen als „technikfreundliche" Personen. Die wiederum bewerten die Risiken von Naturkatastrophen (Wohnen in einem Erdbebengebiet) bzw. sportlicher Betätigung (Skiabfahrtslauf) höher (BOCHERDING et al. 1986).

Nicht immer folgt menschliches Verhalten dem Grundatz „Je sicherer desto besser". LUTZ VON ROSENSTIEL (1990) weist darauf hin, „daß – wenn auch mit erheblichen individuellen Differenzen – auch so etwas wie ‚Angstlust' unser Verhalten bestimmt". Viele Menschen gehen freiwillig wesentlich größere Risiken ein als unfreiwillig (vgl. Abb. 93.1).

1.8.3 Risiken, Schutzziele und Sicherheitsstufen der Biotechnik

Im Zentrum der öffentlichen Debatte zu Risiken der Biotechnik steht die Gentechnik. Es waren amerikanische Wissenschaftler, die in den Jahren 1974 und 1975 die „recombinant DNA debate" durch Veröffentlichungen in den Zeitschriften „Nature" und „Science" auslösten. Dieser Personenkreis schätzte damals das Risiko einer gentechnischen Veränderung des Darmbakteriums *Escherichia coli* so hoch ein, daß er einen Abbruch und ein zeitweiliges Aussetzen entsprechender Forschungsvorhaben forderte. Das Projekt hatte das Ziel, solche Gene in das Bakteriengenom einzuschleusen, deren Produkte beim Menschen Krankheiten auslösen. Es gab damals noch keine allgemein anerkannten rechtlichen Regelungen für den Umgang mit künstlich neukombinierten Nukleinsäuren.

Derartige Empfehlungen wurden im Jahre 1975 auf der berühmten Konferenz von Asilomar entwickelt. Sie wurden 1976 vom amerikanischen National Institute of Health in Richtlinien umgesetzt, die zwei Jahre später auch vom deutschen Bundesminister für Forschung und Technologie übernommen und veröffentlicht wurden. Seit dem Jahr 1990 wird das Arbeiten auf gentechnischem Gebiet durch das Gesetz zur Regelung von Fragen der Gentechnik (*Gentechnikgesetz*) sowie eine Reihe ergänzender und konkretisierender Rechtsverordnungen geregelt. Ziel dieser Regelwerke, die in den Jahren 1993 -1996 novelliert wurden, ist es, die Risiken gentechnischen Arbeitens niedrig zu halten bzw. ganz auszuschließen.

a) Risiken der Biotechnik

Die Risiken der Biotechnik gehen von den verwendeten biologischen Agenzien aus, von denen einige den Menschen bzw. seine Umwelt – bei unkontrollierten Freisetzungen – schädigen können. Dabei ist vor allem an die folgenden Möglichkeiten zu denken:
- Infektionen oder Vergiftungen von Menschen,
- Infektionen oder Vergiftungen von Nutztieren bzw. Nutzpflanzen,
- nachhaltige Schädigung ganzer Ökosysteme.

b) Schutzziele der Biotechnik

Daraus lassen sich die wichtigsten Schutzziele einer sicheren Biotechnik ableiten (vgl. LEINHOS-SCHÜTZ et al. 1991):
- den Personenschutz (vor allem aufgrund von Arbeitssicherheit im Betrieb),
- den Umweltschutz (vor allem aufgrund der Umweltsicherheit der biotechnischen Verfahren),
- den Produktschutz, also die Vermeidung einer Verunreinigung der Erzeugnisse der Biotechnik.

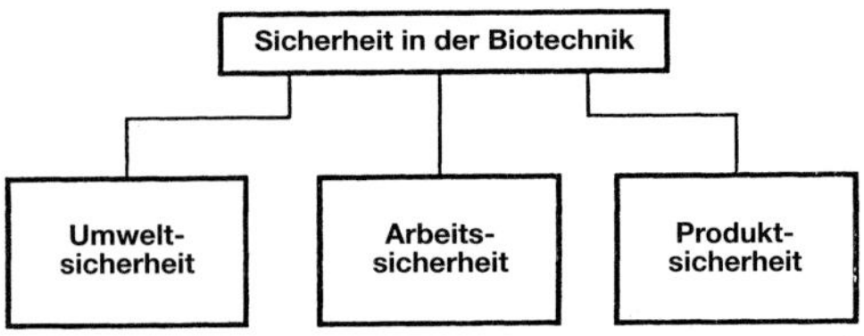

Abb. 94.1: Schutzziele einer sicheren Biotechnik aufgrund möglicher Risiken für Mensch und Umwelt (nach LEINHOS-SCHÜTZ et al. 1991).

Allerdings lassen sich die drei Schutzziele nicht klar voneinander trennen. So können sich z.B. Verunreinigungen von Produkten (Medikamente) schädigend auf Menschen außerhalb des Betriebes auswirken oder ebenfalls die Umwelt beeinträchtigen.

Verschiedenartige Maßnahmen dienen heute dazu, Risiken der Biotechnik, d.h. die Eintrittwahrscheinlichkeit w eines Schadens, möglichst klein zu halten. Dazu gehören biologische und physikalisch-technische Vorkehrungen, bestimmte Gesetze und Verordnungen sowie die Aus- und Weiterbildung von Menschen, die im Bereich der Biotechnik tätig sind. Entsprechende Maßnahmen im Umgang mit jeglichen veränderten Mikroorganismen sind durch die Unfallverhütungsvorschrift (UVV) mit ihren Merkblättern verbindlich vorgeschrieben. Das Gentechnikgesetz und die danach erlassenen Verordnungen beziehen sich auf den Umgang mit gentechnisch veränderten Lebewesen.

LEINHOS-SCHÜTZ u.a. (1991) unterscheiden mehrere Komponenten der Sicherheit in der Biotechnik (Abb. 95.1).

1. Die *biologische* Komponente umfaßt Sicherheitsmaßnahmen, die für die Verwendung von Empfängerorganismen und Vektoren (Passagiere für die Fremd-DNA) verbindlich im Gentechnikgesetz vorgeschrieben sind: Empfängerorganismen dürfen keine Krankheiten hervorrufen oder die Umwelt gefährden. Darüber hinaus dürfen sie nur eingeschränkt überlebensfähig sein. Auch Vektoren müssen so gestaltet werden, daß die Verbreitungsgefahr des neukombinierten genetischen Materials außerhalb des Labors minimal ist. Bei Vektoren handelt es sich z.B. um künstlich konstruierte Plasmide oder defekte Viren, die fremde DNA aus Spenderorganismen auf Empfängerorganismen übertragen und sich dort vermehren.
2. Die *physikalisch-technische* Komponente besteht in Einschlußverfahren (Physical Containments) von risikoreichen biologischen Agenzien. Spezielle Produktionsanlagen und Labortechniken sollen eine Freisetzung solcher Agenzien in die Umwelt und insbesondere auch einen Kontakt der Beschäftigten mit ihnen unterbinden oder auf ein vertretbares Ausmaß einschränken.
3. Zur *normativen* Komponente gehören alle juristischen und moralischen Regeln, die den sicheren Umgang mit biologischen Agenzien in der Biotechnik steuern, die also auch den Einsatz biologischer und physikalisch-technischer Einschlußmaßnahmen regeln. Dies erfolgt u.a. durch Gesetze und Verordnungen.
4. Die *personelle* Komponente umfaßt sicherheitsrelevante Kenntnisse, Fähigkeiten, Einstellungen und Werthaltungen von Menschen, die im Bereich Biotechnik tätig sind. Diese Persönlichkeitseigenschaften werden vor allem durch Aus- und Weiterbildung erworben, bestimmte Grundlagen dafür werden auch im Biologieunterricht gelegt.

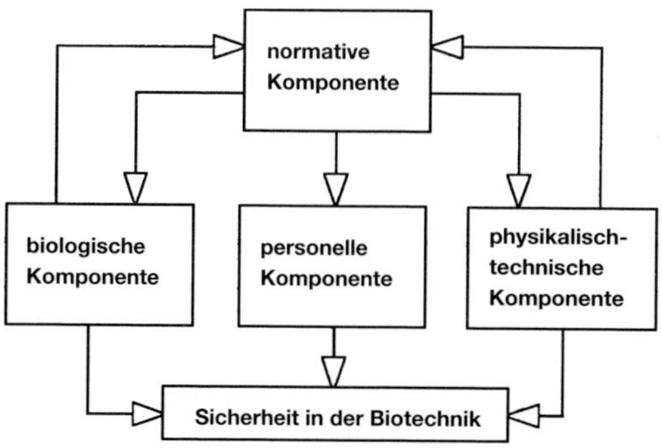

Abb. 95.1: Komponenten der Sicherheit in der Biotechnik (nach LEINHOS-SCHÜTZ u.a. 1991)

c) Risikogruppen und Sicherheitsstufen

Mikroorganismen und Viren werden in vier Risikogruppen eingeteilt. Bei Arbeiten mit natürlichen Mikroorganismen entspricht die Risikogruppe der Sicherheitsstufe. Bei gentechnischen Verfahren wird neben der Risikogruppe des Empfängerorganismus und des Vektors auch die der Fremd-DNA bei der Sicherheitseinstufung berücksichtigt. Den Risikogruppen und Sicherheitsstufen entsprechen vier physikalisch-technische Sicherheitmaßnahmen (vgl. Tab. 96.1; APPELHANS 1991). Durch die zusätzliche Anwendung von biologischen Sicherheitsmaßnahmen kann eine Herabstufung von z. B. Sicherheitsstufe 3 auf 2 erfolgen. Damit ist eine enorme Abnahme an physikalisch-technischen Maßnahmen verbunden. Von Organismen der Gruppe 1 geht kein Risiko aus, von der Risikogruppe 2 ein geringes, von der Risikogruppe 3 ein mäßiges und von der Risikogruppe 4 ein hohes (vgl. Tab. 96.1). In diesem Zusammenhang ist erwähnenswert, daß kein Bakterium oder Pilz derzeit in der Risikogruppe 4 eingestuft ist. Selbst der Erreger der Pest, *Yersinia pestis*, zählt zur Risikogruppe 3. Allerdings gehören zwölf Typen von Viren zur Risikogruppe 4, unter anderem Pockenviren, das Virus der Maul- und Klauenseuche sowie die Lassaviren; letztere sind die Erreger des Lassafiebers, das erstmals in Lassa (Nigeria) beschrieben wurde, sich in einer Lungenentzündung und hohem Fieber äußert und unbehandelt zum Tode führt. Die hohe Letalität ist gemeinsames Kennzeichen aller Viren der Gruppe 4. Das HIV-Virus zählt dagegen „nur" zur Risikogruppe 3.

In der Schule darf ausschließlich mit Organismen der Stufe 1 experimentiert werden (s. LUCIUS/BAYRHUBER 1997). Sie können unter normalen Umständen keine Krankheiten auslösen.

1.8.4 Gentechnik und biologische Sicherheit

Als biologisch sicher gelten solche gentechnisch veränderten Organismen, die in der Umwelt nicht oder nur eingeschränkt überlebensfähig sind und die nicht (mehr) in der Lage sind, DNA an andere Lebewesen weiterzugeben. Bei dieser Sicherheitsbetrachtung setzt man also voraus,

Risikogruppe/ Sicherheitsstufe	Höhe des Risikos in direktem Umgang	Laborpraxis/ Laborkleidung	Einrichtung
1	normalerweise kein Risiko	GMT [1] Schutzkleidung	Grundausstattung
2	gering bis mäßig	GMT [1] Warnzeichen kontrollierter Zutritt Schutzkleidung	Grundausstattung, zusätzlich Autoklav, Sicherheitswerkbank
3	mäßig bis hoch	wie Stufe 2, jedoch Spezialkleidung	wie Stufe 2, zusätzlich Schleuse
4	HOCH	Wie Stufe 2, jedoch Vollschutzanzug	wie Stufe 2, jedoch geschlossene und gasdichte Sicherheitswerkbank und *dreikammerige* Schleuse

[1] GMT = gute mikrobiologische Technik. Dazu gehören: 1. Zutrittsregeln zum Labor, 2. persönliche und allgemeine Schutzmaßnahmen, 3. Hygieneregeln und 4. Laborsauberkeit sowie die Überwachung unerfahrener Mitarbeiter sowie deren Aufklärung über mögliche Gefahren. Bei Stufe 4 handelt es sich um ein Hochsicherheitslabor, das hermetisch gegen die Umwelt abgeschlossen ist. In Deutschland besteht kein derartiges Gentechnik-Labor.

Tab. 96.1: Einteilung von Organismen in Risikogruppen und Laborsicherheitsmaßnahmen (nach APPELHANS 1991; verändert).

daß derartige Lebewesen in die Umwelt gelangen können, sei es aufgrund willentlicher Freisetzung oder versehentlich, z.B. aufgrund einer undichten Stelle während des Fermentationsprozesses.

Sollen biologisch unsichere, mit Risiken für die Gesundheit des Menschen oder für Lebewesen in der Umwelt behaftete Organismen unschädlich gemacht werden, so sind die zelluläre Ebene und die DNA-Ebene gesondert zu berücksichtigen. Nach einer Hitzebehandlung bei 71–74 °C entwickeln z.B. Milchsäurebakterien auf einer Agarplatte keine Kolonien mehr. Dennoch sind ihre Nukleinsäuren immer noch intakt. Das gilt z.B. für die Plasmide, kleine ringförmige DNA-Moleküle, die außerhalb des Chromosoms liegen, sich eigenständig vermehren und Resistenzgene gegen Antibiotika tragen können (vgl. hierzu Band 3, S. 7). Plasmide abgetöteter Bakterien können von intakten Bakterien aufgenommen werden. Dieser Vorgang könnte in der Natur beispielsweise zur Verbreitung von Antibiotikaresistenzen führen.

Bei gentechnischen Arbeiten könnten bei einer unbeabsichtigten Freisetzung z.B. Plasmide verbreitet werden, die eine Fremd-DNA mit toxischen Eigenschaften enthalten. Um dem vorzubeugen, muß solche DNA inaktiviert werden. Dies geschieht normalerweise durch Autoklavieren, also durch eine Hitzebehandlung bei Überdruck (121 °C, 20 min).

a) Genetische Instabilität und natürliche Barrieren gegen den Gentransfer

Einen natürlichen Gentransfer kennt man vor allem von Prokaryonten. Dagegen ist ein Genaustausch zwischen Bakterien und Eukaryonten bzw. zwischen Eukaryonten nur in Einzelfällen beschrieben worden. Bekannt ist insbesondere der Gentransfer von *Agrobacterium tumefaciens* auf Pflanzen (vgl. Gentechnik 1.2.3).

Zwischen Bakterien kann der natürliche Genaustausch auf drei Weisen erfolgen:

1. durch Transformation,
   d.h. durch Aufnahme freier DNA in das Bakterium;
2. durch Transduktion,
   d.h. durch Übertragung von DNA von einer Zelle auf eine andere, und zwar über Bakteriophagen als „Genfähren" (Vektoren);
3. durch Konjugation,
   d.h. durch DNA-Übertragung von einem Bakterium auf ein anderes über eine Plasmabrücke.

Näheres zur Transformation s. 2.6.3, zur Transduktion s. 2.6.2 und zur Konjugation s. 2.6.1.

Bei der Konjugation liegen die beiden Zellen eng aneinander. Um eine Konjugation einleiten zu können, benötigt ein Bakterium ein „Fertilitätsplasmid" („F-Plasmid", „F-Faktor" oder auch „konjugatives Plasmid"), das ein eigenes Transfersystem besitzt. Diese ringförmige, doppelsträngige DNA wird an einer Stelle mit Hilfe eines Enzyms geöffnet und die beiden DNA-Stränge weichen auseinander. Einer von ihnen gelangt über die Plasmabrücke in die Empfängerzelle, wo schließlich ein komplementärer Strang synthetisiert wird. Dies geschieht ebenfalls in der Donorzelle, so daß am Ende in beiden Zellen zwei vollständige Plasmide vorliegen. Durch Konjugation können auch Teile des bakteriellen Chromosoms übertragen werden. Das gleiche gilt sogar für nicht konjugative Plasmide. Dazu benötigt die Donorzelle allerdings ein (konjugatives) Helferplasmid. Man sagt, die nichtkonjugativen Plasmide werden durch die Helferplasmide mobilisiert und bezeichnet diese Art Konjugation als Mobilisierung. Die Häufigkeit, mit der ein nicht konjugatives Plasmid zusammen mit einem Helferplasmid übertragen wird, wird allgemein durch die Cotransfer-Rate beschrieben.

Gentransfermechanismen bewirken eine genetische Instabilität und können auch bei gentechnisch veränderten Mikroorganismen zu einer unerwünschten Neukombination von genetischem Material führen. Im Laufe der Evolution haben sich natürliche Barrieren gegen den Gentransfer entwickelt. Zu den natürlichen Transfer-Barrieren gehören die Restriktionsenzyme. Sie dienen in der Natur der Abwehr von Fremd-DNA, die in eine Bakterienzelle eingedrungen ist (s. Bakteriophagen). Diese wird durch solche Enzyme hydrolytisch gespalten.

Die DNA einer speziellen Bakterienart ist durch Bindung von Methylgruppen in besonderer Weise modifiziert und dadurch vor arteigenen Restriktionsenzymen geschützt.

Eine weitere natürliche Barriere gegen Gentransfer ist die Plasmidinkompatibilität. Sie bezeichnet das natürliche Unvermögen von bestimmten verschiedenartigen Plasmiden, gemeinsam in einer Bakterienzelle vorzukommen. Bei Inkompatibilität zweier Plasmide verliert die Zelle eines von beiden.

b) Biologische Sicherheitsmaßnahmen

Unter einer biologischen Sicherheitsmaßnahme im Sinne des Gentechnikgesetzes (§ 3, Pkt. 14.) ist „die Verwendung von Empfängerorganismen und Vektoren mit bestimmten gefahrenmindernden Eigenschaften" zu verstehen. Ein Vektor wird definiert als „ein biologischer Träger, der Nukleinsäure-Segmente in eine neue Zelle einführt". Dazu gehören z.B. Plasmide und Viren. Sichere Organismus-Vektor-Systeme sind in der Umwelt nicht oder nur eingeschränkt überlebensfähig und ebensowenig in der Lage, DNA an andere Organismen weiterzugeben (§ 6 GenTSV).

c) Sichere Empfängerorganismen

Bei einem Sicherheitsstamm handelt es sich um einen künstlich veränderten Wildstamm, der bei Menschen wie bei Tieren und Pflanzen keine Krankheiten hervorruft und die Umwelt nicht gefährdet. In essentiellen Stoffwechselgenen weist er Mutationen auf, so daß er nur bei Zugabe bestimmter chemischer Substanzen überleben kann, die der Wildstamm aus der natürlichen Nahrung mittels seines Stoffwechsel erzeugt. Stämme, die auf essentielle Substanzen angewiesen sind, nennt man auch auxotroph. Sie sind außerhalb des Labors nur eingeschränkt überlebensfähig oder gänzlich unfähig zu überleben (vgl. Gentechnik-Sicherheitsverordnung – GenTSV § 6, Abs. 4). Auch folgende Eigenschaften können Sicherheitsstämme aufweisen, die in der Gentechnik verwendet werden:

- Empfindlichkeit gegenüber der Temperatur von 37 °C,
- Empfindlichkeit gegenüber bestimmten Antibiotika,
- Empfindlichkeit gegenüber bestimmten Bakteriophagen.

Escherichia coli K-12 ist das Beispiel eines apathogenen, sicheren Bakteriums. Es wurde 1922 isoliert. Ihm fehlt die genetische Ausstattung für verschiedene krankmachende Eigenschaften. So kann sich *E. coli* K-12 aufgrund fehlender *Fimbrien* nicht am Darmepithelzellen anheften und daher den Darm des Menschen nicht besiedeln. Bei Fimbrien handelt es sich um fädige Zellanhänge, die hauptsächlich aus Eiweißstoffen bestehen und so dünn sind, daß sie nur im Elektronenmikroskop sichtbar sind (Durchmesser etwa 10 nm). *Escherichia coli* K-12 wird gegenwärtig in den meisten Genlaboren als Empfängerorganismus verwendet. Von ihm sind über 1000 Sicherheitsstämme erhältlich.

d) Sichere Vektoren

Das Genom eines sicheren Vektors ist ausreichend charakterisiert. Der Vektor weist eine begrenzte Wirtsspezifität auf, er besitzt speziell bei Bakterien (und Pilzen) kein eigenes Transfersystem für die Konjugation, eine geringe Cotransfer-Rate und eine geringe Mobilisierbarkeit. Ein sicherer viraler Vektor für eukaryonte Zellen besitzt keine eigenständige Infektiosität und zeigt einen geringen Transfer, der durch endogene Helferviren verursacht wird (nach Gentechnik-Sicherheitsverordnung – GenTSV § 6, Abs. 5). In der Gentechnik werden nicht konjugative und gering mobilisierbare Sicherheitsplasmide sowie nicht transduzierbare Bakteriophagen als Vektoren verwendet. Dabei handelt es sich bei den Sicherheitsplasmiden um gentechnische Neukonstruktionen von natürlich vorkommenden Plasmiden.

e) Risikoabschätzung gentechnisch veränderter Bakterien

Das Risiko eines gentechnisch veränderten Bakteriums ist abhängig von den Eigenschaften

- des Empfängerorganismus' selbst (d.h. des Wirtes),

- des verwendeten Vektors (z.B. eines Plasmids) und
- der Fremd-DNA des Spenderorganismus' (des Inserts).

Wird als Empfängerorganismus ein Sicherheitsstamm und als Vektor ein Sicherheitsplasmid verwendet, kann sich die Risikoabschätzung auf die Analyse der Fremd-DNA beschränken. Von ihren Eigenschaften hängt nach dem Gentechnikgesetz dann die Sicherheitsstufe ab, die für das gentechnische Arbeiten gilt (vgl. Tab. 99.1).

Außer dieser qualitativen Abschätzung eines Risikos, das von gentechnisch veränderten Organismen ausgehen kann, läßt sich die relative Häufigkeit, mit der sie bei bestimmten gentechnischen Experimenten auftreten und vermehrt werden, auch mathematisch bestimmen (vgl. WINKLER 1988):

Der Wildstamm von *E. coli* zählt zu den fakultativ pathogenen Erregern. Diese lösen nur unter bestimmten Bedingungen Infektionen aus. Normalerweise ist das im Darm des Menschen und von Tieren vorkommende *E. coli*-Bakterium ungefährlich. Der fakultativ pathogene Wildstamm von *E. coli* weist mindestens fünf verschiedene Pathogenitätsgene auf, die nur gemeinsam ein pathogenes Potential bilden. Durch diese werden u.a. die Bildung der Fimbrien für die Anheftung an Epithelzellen des Darmes sowie für die Produktion bestimmter giftiger Substanzen codiert. Die Pathogenitätsgene, die *E. coli* K-12 fehlen, sind unregelmäßig zwischen ca. 2000 anderen Genen auf dem Chromosom des Wildstammes verteilt. Würde man das Chromosom mit einem Restriktionsenzym in 1000 Fragmente schneiden und diese Fragmente mit Hilfe von *E. coli* K-12 klonieren, würde eine Kolonie von *E. coli* K-12, deren Zellen eines der fünf Pathogenitätsgene tragen, mit einer Häufigkeit von eins zu tausend ($1:10^3$) auftreten. Für fünf Pathogenitätsgene ist die statistische Wahrscheinlichkeit $1:10^{15}$. Würden 1000 Forscher täglich ein solches Experiment machen, so würde statistisch betrachtet einmal in 300 Millionen Jahren eine Kolonie eines *E. coli* K-12 Bakteriums entstehen, das möglicherweise pathogen wäre. (Dies gilt natürlich nur unter der Bedingung, daß die Pathogenitätsgene beim Schneiden des Chromosoms intakt bleiben). Zum Nachweis von Pathogenitätsgenen im Labor stehen unterschiedliche Methoden zur Verfügung. Beispielsweise lassen sich Fimbrien im Elektronenmikroskop gut erkennen. So läßt sich das entsprechende Gen indirekt nachweisen. Bei einem negativen Befund muß bedacht werden, daß Pathogenitätsgene unter Laborbedingungen nicht notwendigerweise exprimiert werden. Kennt man die Nukleotidabfolge eines Pathogenitätsgens, so kann man es mit spezifischen DNA-Sonden auch direkt aufspüren. Ein Modellversuch zur Freisetzung gentechnisch veränderter Bakterien wird unter 2.8 (S. 130 ff.) beschrieben.

Fremd-DNA (Insert) aus Spenderorganismus	Sicherheitsplasmid (Vektor)	Empfängerorganismus (Wirt)	Sicherheitsstufe
DNA für das Hüllprotein von HIV-Viren	pBR 322	*E.coli* K-12	1
nicht identifizierte DNA (z.B. Patientenmaterial)	pBR 322	*E.coli* K-12	2
Gene für hochwirksame pathogene Substanzen (Diphterie- oder Botulinustoxin)	pBR 322	*E.coli* K-12	3

Tab. 99.1: Sicherheitseinstufung bei gentechnischen Arbeiten in Abhängigkeit von den Eigenschaften der Fremd-DNA.

2 Versuche zur Molekulargenetik

Im folgenden werden außer verhältnismäßig einfachen Versuchen wie die Isolation von DNA auch bakteriengenetische Experimente beschrieben. Die letzteren dienen als *Modellversuche* gentechnischer Experimente. Bei der Mutagenese, der Konjugation, der Transduktion und der Transformation, die dazu gehören, handelt es sich um natürliche Prozesse der Genübertragung, die auch vom Gentechnikgesetz (§ 3) ausdrücklich nicht zu den gentechnischen Verfahren gezählt werden, sofern sie nicht zur Übertragung rekombinierter DNA eingesetzt werden (s. *Bundesgesetzblatt* 1993). Fragen der Sicherheit derartiger Experimente werden in Band 3, S. 7 ff behandelt.

2.1 Isolierung von DNA aus *Escherichia coli* K-12

Die chromosomale DNA einer typischen Bakterienzelle besteht aus einem ringförmigen DNA-Molekül mit ca. 4.000 **Kilo**basen**p**aaren (1 kbp = 1.000 Basenpaare). Dieses Molekül zerfällt bei der Isolierung aufgrund von Scherkräften in lineare Bruchstücke von ca. 40 bis 100 kbp. Die Isolierung nativer DNA aus einer lebenden Zelle verläuft im wesentlichen in zwei Arbeitsschritten: (1) Zellaufschluß und (2) Abtrennung der DNA von Proteinen und anderen Makromolekülen.

Bakterienzellen können vom Aufwuchs auf einer Agarplatte abgenommen oder einer Flüssigkultur entnommen werden. Durch Zugabe des Enzyms *Lysozym* wird das Murein der bakteriellen Zellwand gespalten und diese dadurch aufgebrochen. Mit Hilfe eines Detergens (Pril oder Natriumdodecylsulfat = SDS) wird schließlich die Cytoplasmamembran lysiert.

Durch Zugabe *kalten* Ethanols kann die DNA nun ausgefällt werden. Das Ethanol entzieht Wasser aus der Hydrathülle der DNA. Dadurch ändert die DNA ihre räumliche Struktur und wird unlöslich. Die DNA-Fäden lassen sich mit einem Stab aufwickeln und dann, zur weiteren Verarbeitung, in Puffer wieder in Lösung bringen.

Die hier verwendete Methode basiert auf Arbeiten von HERTEL et al. (o. J.) und SÜSSMUTH et al. (1987) zur Isolierung von DNA aus *Bacillus subtilis*. Herrn Prof. LENGELER aus Osnabrück verdanken wir den Hinweis, als Detergens anstelle von SDS einfach Pril zu verwenden.

Geräte

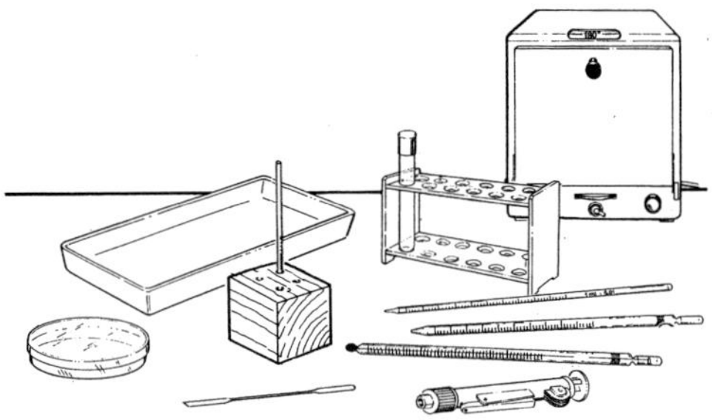

Vorbereitung:
1 Brutschrank, evtl. Selbstbaugerät (s. Bd. 1, S. 30 f)
1 Reagenzglas mit Alukappe für die Vorkultur
1 Reagenzglasständer

Durchführung:
1 Chemikalienspatel
1 Glasstab oder 1 Holzstab
1 Meßpipette (5 ml)
1 Meßpipette (10 ml)
1 Pipettierhilfe
1 Petrischale, steril, fakultativ
1 Thermometer
2 Wasserbäder (37 °C, 60 °C)

Verbrauchsmaterial, Chemikalien, Lebewesen

Pril (*Henkel*)
Ethanol (95 %ig, vergällt)

Lysozym (*Sigma* L 6876)
Nährbouillon (s. *Anhang* 2.14)
Escherichia coli K-12 (*DSM* 498)

Zeitbedarf

Vorbereitung:
Vorkultur: 2–4 d

Durchführung:
DNA-Isolierung: 30 min

Vorbereitung

1. *Escherichia coli* K-12 (*DSM* 498) wird bei der DSMZ – Deutschen Sammlung von Mikroorganismen und Zellkulturen GmbH bestellt und eine Kultur des Stammes wird angelegt (s. Band 3, S. 19 ff.).
2. 5 ml Nährbouillon (NB) für die Übernachtkultur von *Escherichia coli* werden in einem Reagenzglas angesetzt, das mit einer Alukappe oder einem Wattestopfen verschlossen und sterilisiert wird.
3. Die 5 ml Nährbouillon (NB) in dem Reagenzglas mit *Escherichia coli* K-12 (*DSM* 498) beimpfen (schwache Färbung) und 96 h bei 37 °C bebrüten. Anstatt einer 96 h alten Flüssigkultur von *Escherichia coli* K-12 (*DSM* 498) kann man auch die Zellen eines 4 Tage alten Bakterienrasens auf einer Agarplatte (Nähragar) verwenden. Dazu werden die Bakterienzellen einer bewachsenen Agarplatte mit einem sterilen Chemikalienspatel (Abflammen in 95 %igem Ethanol) abgekratzt und in 3 ml Aqua dest. suspendiert.
4. Die beiden Wasserbäder werden rechtzeitig auf 37 °C bzw. 60 °C eingestellt.

Durchführung

1. Eine Spatelspitze Lysozym wird zu der zwei bis vier Tage alten Kultur gegeben und 30 min bei 37 °C inkubiert.
2. 0,5 ml Pril wird zugegeben, dann wird 2 min bei 60 °C inkubiert.
3. Die *abgekühlte* Lösung wird langsam mit dem doppelten Volumen kalten Ethanols überschichtet.
4. Mit dem Holzstab oder einem Glasstab werden die an der Grenzfläche ausfallenden DNA-Fäden aufgewickelt, und zwar unter Beibehaltung der gleichen Drehrichtung.

Erläuterungen und Hinweise

zu 3.:
Die gut sichtbaren weißlichen Fäden, die sich nach der Ethanolüberschichtung langsam aus der wäßrigen Phase abscheiden, bestehen aus Bakterien-DNA. Für eine Demonstration im Diaprojektor kann man die Lösung in eine größere Glasküvette mit planparallelen Wänden übertragen. Diese wird dann in einen Dia-Projektor eingeführt. Es wird auf die Oberfläche der Flüssigkeit fokussiert. Überschichtet man nun vor-

Abb. 101.1: DNA-Isolation aus *E. coli* K-12 in einer Küvette

sichtig mit Ethanol, kann man die aufsteigenden DNA-Fäden unter Verwendung eines Umkehrprismas an eine Wand projizieren (s. Abb. 101.1).

zu 4.:
Die aufgewickelten Fäden lassen sich mit fuchsinschwefliger Säure (FEULGHEN'scher Nuklearreagenz) rot anfärben und als DNA nachweisen.

2.2 Isolierung eukaryontischer DNA

Chromosomale DNA eukaryontischer Zellen läßt sich in prinzipiell ähnlicher Weise gewinnen wie bakterielle DNA. Die Cytoplasmamembran kann durch die Einwirkung eines Detergens (z.B. Pril) zerstört werden. Dadurch platzt die Zelle. Durch Überschichten mit Ethanol wird die DNA gefällt. Für diesen Versuch eignet sich besonders gut Kalbs-Bries. Beim Bries handelt es sich um die Thymus-Drüse des Kalbes. Die Zellen dieser Drüsen besitzen relativ große Zellkerne, aus denen man relativ viel DNA gewinnen kann. Die Verwendung von Kalbsbries zur DNA-Isolierung im Schulbereich wurde erstmals von DAUMER (1978) vorgeschlagen. Weiterhin eignen sich Gehirn oder Heringsmilch (Spermazellen) sowie Zwiebeln (GLICK et al. 1995).

Geräte

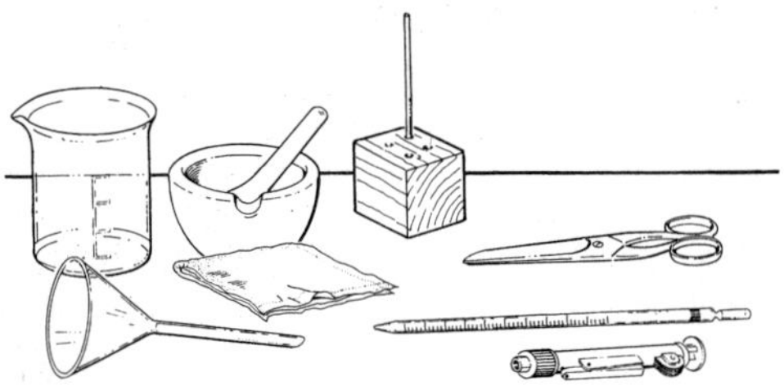

Durchführung:
1 Becherglas (50 ml)
1 Glasstab
1 Meßpipette (10 ml), fakultativ
1 Mörser mit Reibschale
1 Pipettierhilfe, steril, fakultativ
1 Schere
1 Trichter aus Glas
2 Lagen Verbandsgaze

Verbrauchsmaterial, Chemikalien, Lebewesen

10 g Kalbs-Bries
Pril (*Henkel*)
Reibsand
Ethanol, 70 %

Zeitbedarf

DNA-Isolierung: 30 min

Durchführung

1. 10 g Bries werden mit einer Schere in feine Stücke zerschnitten und im Mörser zusammen mit dem Reibsand und 20 ml Leitungswasser mit Hilfe des Stößels so lange gerieben, bis das Wasser von den dabei abgeschabten Thymuszellen kräftig getrübt erscheint.
2. Die Suspension aus Zellen und Zelltrümmern wird durch 2 Lagen Verbandsgaze in einem Glasfilter in das Becherglas filtriert, um den Sand und die Gewebsreste abzutrennen.
3. In das Filtrat werden einige Tropfen Pril gegeben, und es wird umgeschüttelt. Die Viskosität erhöht sich. Dies zeigt sich deutlich, wenn man das Filtrat in einer 10 ml Pipette aufnimmt und wieder ausfließen läßt. Es kommt dann ein zäher, bis zu 1 m langer Faden langsam aus der Pipette.
4. Die Flüssigkeit im Becherglas wird mit dem doppelten Volumen kalten Ethanols überschichtet. An der Grenzschicht beginnt die DNA, in Form gallertiger weißer Fäden auszufallen. Mit dem Glasstab wird die ausfallende DNA aufgewickelt. Dazu wird der Glasstab gedreht und ab und zu hochgezogen, um die beiden Schichten vorsichtig miteinander zu vermischen. Ein und dieselbe Drehrichtung wird beibehalten.

Abb. 103.1: DNA-Isolation aus Kalbsbries (Thymusdrüse). Die gefällte DNA ist auf einem Glasstab aufgewickelt. Suspension und Alkohol haben sich bereits vermischt, so daß keine getrennten Phasen mehr zu sehen sind.

Erläuterungen und Hinweise

Kalbsbries muß beim Schlachter normalerweise vorbestellt werden. Es kann in tiefgefrorenem Zustand lange gelagert werden, ohne daß die Versuchsergebnisse dadurch negativ beeinflußt würden.

2.3 Schneiden der DNA des Phagen Lambda mit Restriktionsenzymen und elektrophoretische Auftrennung der DNA-Fragmente

Im Jahre 1962 entdeckte Werner ARBER an der Universität Genf, daß bestimmte Stämme des Bakteriums *Escherichia coli* ein Enzymsystem besitzen, mit dessen Hilfe sie sich vor verschiedenartigen Bakteriophagen schützen. Die Enzyme erkennen spezifisch die DNA dieser Viren und zerstören sie. Weil die weitere Vermehrung der Bakteriophagen verhindert wird (engl. *restrict*), bekamen die Enzyme die Bezeichnung *Retriktions-Endonucleasen* bzw. *Restriktionsenzyme*. Im Jahre 1970 isolierten Hamilton SMITH und sein Schüler Kent WILCOX eine Restriktions-Endonuclease, die an alle jene Bereiche der DNA bindet, wo eine besondere Basensequenz („Erkennungssequenz") auftritt (GTCAAC) und den DNA-Strang aus diesen Stellen spaltet (vgl. 1.4.1 a; s. auch MICKLOS/FREYER 1990, S. 41 ff). Diese Entdeckung legte den Grundstein zur modernen Molekularbiologie und Gentechnik.

Entsprechend ihrer spezifischen Bindungs- und Spaltungsreaktion werden drei Typen Restriktionsenzyme unterschieden:

Typ I: Diese Enzyme spalten die DNA weit entfernt von ihrer Erkennungssequenz. Sie binden an ihre Erkennungsstelle, gleiten dann an der DNA entlang und schneiden diese ungenau etwa 100 bis 1.000 Basenpaare weit davon entfernt. Sie sind also nicht spezifisch. Gemeinsam mit einer Methyltransferase bilden sie einen Enzymkomplex. Die letztere modifiziert die bakterieneigene DNA, in dem sie auf ein Nukleotid innerhalb der Erkennungssequenz eine Methylgruppe überträgt und schützt sie dadurch vor Zerstörung durch die eigenen Restriktionsenzyme.

Typ II: Diese Enzyme spalten spezifisch ihre Erkennungssequenz (s. Abb. 63.2). Die Endonuklease und die Methyltransferase treten als Enzympaar auf und binden an die gleiche Erkennungssequenz. Sie wirken aber unabhängig voneinander und sind nicht in einem Enzymkomplex vereinigt. Bakterieneigene DNA wird von der Transferase methyliert. Das schützt sie vor dem Zugriff der Endonuclease (wirtsspezifische Modifikation). Das spezifische Schneiden der DNA an definierten Stellen sowie die Trennung von Spaltungs- und Modifikationsaktivität machen diesen Typ Restriktionsenzyme geeignet für die Nutzung in der Gentechnik. Bis zum Jahre 1988 sind mehr als 600 Enzyme dieser Art mit verschiedenen biochemischen Eigenschaften aus sehr unterschiedlichen Bakterien isoliert worden.

Typ III: Nach der enzymspezifischen Bindung der Typ III-Restriktions-Endonukleasen an die DNA schneiden sie unspezifisch nahe der Erkennungssequenz, nur 25–27 Basenpaare von dieser entfernt. Wie beim Typ I vereinigen auch sie eine Endonuclease- und eine Methyltransferaseaktivität.

Die Methylierung in den Erkennungssequenzen verhindert also den Abbau der zelleigenen DNA durch die Restriktions-Endonukleasen, während Fremd-DNA, die nicht methyliert ist, gespalten wird. Bei einer Phageninfektion werden einige der DNA-Moleküle dieser Viren von den Methylasen modifiziert, diese entgehen dann dem Angriff der Restriktionenzyme. So kann die normale Phagenentwicklung ablaufen.

DNA-Fragmente, die durch Schneiden der DNA mit Restriktionsendonukleasen entstanden sind, können in einem Agarose-Gel elektrophoretisch aufgetrennt werden. Die negativ geladenen DNA-Fragmente wandern zum positiven Pol hin. Dabei zeigen kleinere Fragmente eine größere Geschwindigkeit. Trägt man auf das Gel parallel zu den Fragmenten der DNA des Phagen Lambda käufliche DNA-Längenstandards auf, so kann man nach der Elektrophorese die Länge dieser Fragmente bestimmen. Die DNA wird im Unterricht mit dem im Vergleich zum Ethidiumbromid harmloseren Methylenblau angefärbt.

Hinweis: Für das Schneiden der DNA des Phagen Lambda und die elektrophoretische Auftrennung der DNA-Fragmente steht auch ein Versuchskasten zur Verfügung, der die Vorbereitung und Durchführung der Arbeiten stark vereinfacht. Der Lambda Kit wurde gemeinsam vom Institut für die Pädagogik der Naturwissenschaften an der Universität Kiel (IPN) und dem National Centre for Biotechnology Education (NCBE) der Universität Reading/UK entwickelt. Er enthält alle erforderlichen Materialien, Elektrophoreseapparaturen und Geräte für insgesamt 5 Schülergruppen. Der Versuchskasten kann direkt vom NCBE (University of Reading, Whiteknights, Reading, RG 6 2 AJ, Fax: 0044-1734-750140) bestellt werden. Die erforderliche DNA und die nötigen Enzyme können nach Verbrauch nachbestellt werden. (Preise auf Nachfrage beim IPN.)

Abb. 104.1: Der LambdaKit enthält auch 5 farbige Versuchsanleitungen sowie kopierfähige Lehrerhilfen

Geräte

Vorbereitung:

- Alufolie
- 1 Eisbad
- 4 Eppendorf-Reaktionsgefäße, steril
- 1 Glasflasche (100 ml) , mit Schraubverschluß für die Methylenblau-Lösung
- 1 Laborwaage
- Mikropipetten (1-2-3-4-5 µl, 20 µl), einweg, (*Brand* 708707, 708718)
- 1 Mikropipettierhilfe (*Brand* 25900)

Durchführung:

- 1 Becherglas (100 ml)
- 1 Bunsenbrenner
- 1 Chemikalienspatel
- 1 Drahtnetz
- 1 Dreifuß
- 1 Elektrophoresekammer (z.B. Selbstbaugerät, Band 1, S. 43 ff.)

6 Eppendorf-Reaktionsgefäße, steril
1 Färbewanne (flache Plastikschale)
1 Impföse, im Holzblock
1 Kamm für die Gelelektrophorese (z.B. Strähnenkamm, Band 1, S. 43 ff.)
1 Kochtopf, klein
1 Leuchttisch (falls vorhanden)
1 Meßzylinder (25 ml)
Mikropipetten (1-2-3-4-5 µl, 10 µl), einweg, (*Brand* 708707, 708709)
1 Mikropipettierhilfe (*Brand* 25900)
1 Spannungsquelle, z.B. zwei 9-Volt-Batterien
1 Thermometer
1 Wasserbad, evtl. Selbstbau (s. Band 1, S. 32 ff.)
1 Wasserbadständer für Eppendorf-Reaktionsgefäße

Verbrauchsmaterial, Chemikalien, Lebewesen

Aqua dest.
Eis
Agarose (*Serva* 11404)
Bromphenolblaulösung (*s. Anhang* 1.3)
DNA vom Phagen Lambda (cl 857 Sam 7; 25 µg/µl), bei –20 °C lagern, beim Versuch auf Eis aufbewahrt (*Boehringer* 208 396)
DNA-Längenstandard I (= Lambda-DNA, bei –20 °C lagern, *Boehringer* 236 233)
DNA-Längenstandard II (= Lambda DNA, bei –20 °C lagern, (*Boehringer* 236 250)
Inkubationspuffer-Set für Restriktionsenzyme (*Boehringer* 1082 035)
(wird mit den Restriktionsenzymen kostenlos mitgeliefert)
Methylenblaulösung (*s. Anhang* 1.16)
Restriktionsenzyme (auf Eis aufbewahrt):
Eco RI (5.000 E/500 µl = 8–12 E/µl)
(*Boehringer* 703 737)
Hind III (5.000 E/500 µl = 8–12 E/µl)
(*Boehringer* 656 313)
TBE-Puffer (*s. Anhang* 1.27)

Zeitbedarf

Ansetzen der Lösungen:	45 min
Herstellung des Agarosegels:	30 min
Schneiden mit Restriktionsenzymen:	30 min
Beladen des Agarosegels und	10 min
Elektrophorese:	3–5 h
Färben und Entfärben:	30 min

Vorbereitung

1. 10 Eppendorf-Reaktionsgefäße werden sterilisiert (s. Band 1, S. 21 f und S. 53 ff).
2. 100 ml einer 0,025 %igen Methylenblau-Lösung werden angesetzt (s. Anhang 1.16).
3. 1 l TBE-Puffer (Tris-Borat-EDTA-Puffer) wird angesetzt und autoklaviert (s. Anhang 1.27).
4. 1 ml Bromphenolblau-Lösung wird angesetzt (s. Anhang 1.3).
5. Die folgenden Mengen verschiedener Lösungen werden auf Eis aufbewahrt:
   40 µl Lambda-DNA (Konzentration: 0,25 µg/µl)
   8 µl Längenstandard I
   8 µl Längenstandard II
   2 µl Restriktionsenzym *Eco* RI
   2 µl Restriktionsenzym *Hind* III
   4 µl Inkubationspuffer B für Restriktionsenzyme
   2 µl Inkubationspuffer H für Restriktionsenzyme
6. Das Wasserbad wird auf 37 °C vorgewärmt.

Durchführung

Schneiden der DNA mit Restriktionsenzymen:

1. Drei sterile Eppendorf-Reaktionsgefäße werden in folgender Weise beschriftet: E für *Eco* RI, H für *Hind* III und KE für kein Enzym.
2. Dem abgebildeten Schema entsprechend (Tab. 106.1) werden die Reagenzien mit graduierten (1-2-3-4-5 µl)-Einweg-Mikropipetten in folgender Reihenfolge zugegeben: (1) DNA, (2) Inkubationspuffer (B oder H) und (3) Restriktionsenzym bzw. Aqua dest. Nur bei der Zugabe der gleichen Reagenzien muß die Kapillare in der Mikropipettierhilfe nicht gewechselt werden, sonst ist dies unbedingt erforderlich. Die unterschiedlichen Reagenzien werden vorsichtig als Tropfen an die Wand des jeweiligen Eppendorfgefäßes pipettiert. Dann wird ein- bis zweimal kräftig aufgeklopft und umgeschüttelt.
3. Die drei Reaktionsgefäße werden in einem Ständer bei 37 °C im Wasserbad 20 min lang inkubiert. Die Reaktion wird durch Zugabe von 1 µl Bromphenolblau gestoppt. Nach Einwirkung der Enzyme können die Ansätze bei –10 °C bis –20 °C eingefroren und der Versuch kann zu einem späteren Zeitpunkt fortgesetzt werden!
4. Drei sterile Eppendorf-Reaktionsgefäße werden mit LI (für DNA-Längenstandard I), LII (für DNA-Längenstandard II) und F (für den Farbmarker Bromphenolblau) beschriftet. Sie werden entsprechend dem folgenden Schema (Tab. 106.2) beschickt. Diese Mischung kann ohne weitere Inkubation sofort aufgetragen werden.

Herstellung des Agarosegels:

1. Der Deckel einer Aufbewahrungsschachtel für Dias (Länge 7,5 cm), der gemäß der Beschreibung in Band 1, 2.4.7 (S. 43 ff.) vorbereitet wurde, wird mit seiner Öffnung nach oben auf den Tisch gelegt. In die Kerben des Kunststoffdeckels wird ein Strähnenkamm eingesetzt.
2. In einem 100 ml-Becherglas wird eine 0,8 %ige Agaroselösung gem. *Anhang* 1.1 hergestellt.
3. Dann wird die klare, auf 55 °C abgekühlte Agaroselösung in das vorbereitete Diakästchen gegossen (ca. 5 mm dick). Mit einer heißen Impföse werden auftretende Luftblasen entfernt.

Beschriftung des Reaktionsgefäßes	DNA (µl)	Inkubationspuffer: (µl)	Eco RI (µl)	Hind III (µl)	Aqua dest. (µl)
E	8	H: 1	1	–	–
H	8	B: 1	–	1	–
KE	8	B: 1	–	–	1

Tab. 106.1: Schema für die Restriktionsansätze mit Lambda-DNA

Beschriftung des Reaktionsgefäßes	DNA-Längenstandard I (µl)	DNA-Längen standard II (µl)	TBE (µl)	Bromphenolblau (µl)
L I	8	–	6	1
L II	–	8	6	1
F	–	–	–	15

Tab. 106.2: Schema für die Ansätze der Längenstandards

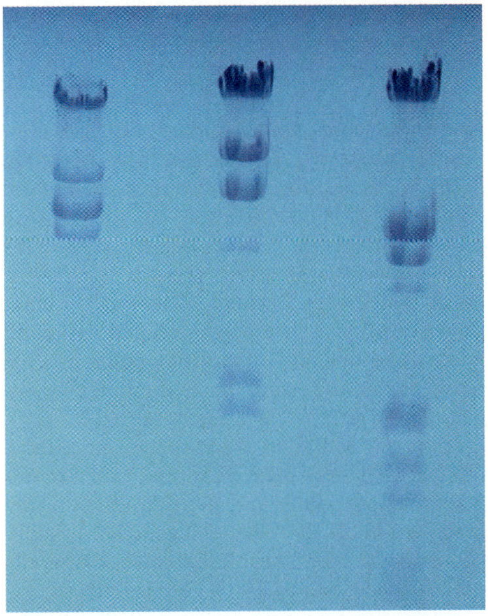

Abb. 107.1: Elektropherogramm von DNA-Fragmenten. Bei dem ersten Bandenmuster von links handelt es sich um Lambda-DNA die zuvor mit *Eco*RI geschnitten worden ist. Das zweite Bandenmuster entstand durch Behandlung von Lambda-DNA mit *Hin*d III. Bei dem dritten Bandenmuster handelt es sich um einen käuflichen DNA-Längenstandard, der einen Größenvergleich der einzelnen Fragmente in Basenpaaren (bp) ermöglicht. *Eco* RI schneidet Lambda-DNA (48502 bp) in sechs Fragmente (21226 bp, 4878 bp, 5643 bp, 7421 bp, 5804 bp, 3530 bp), *Hin*d III in acht (23130 bp, 2027 bp, 2322 bp, 9416 bp, 564 bp, 125 bp, 6557 bp, 4361 bp), die sich im Elektropherogramm der Größe nach anordnen.

4. Beim Erhärten wird die Kammer für 10 bis 15 min auf eine waagerechte Fläche gestellt. In dieser Zeit darf das Gel nicht erschüttert werden. Die klare Agaroselösung wird beim Erhärten leicht trüb.
5. Nach dem Erhärten wird das Gel mit TBE-Puffer (s. *Anhang* 1.27) überschichtet. Erst dann wird der Kamm *vorsichtig* aus dem Gel herausgelöst. Dabei ist darauf zu achten, daß die Taschen im Gel nicht zerreißen.

Beladen des Gels und Gelelektrophorese:

1. Mit je einer 20 µl-Einweg-Mikropipette und einer Mikropipettierhilfe (bzw. einer Eppendorf-Pipette) werden die Reaktionsansätze E, H und KE und die Längenstandards I und II (je 10 bzw. 15 µl) in die Taschen gefüllt. Dabei darf nicht mit der Pipettenspitze in das Gel gestochen werden. Zur Kontrolle wird eine Tasche mit Bromphenolblau (F; 10 µl) gefüllt. Es werden also insgesamt 6 Taschen beschickt.
2. Die Elektrophoresekammer wird an die elektrischen Verbindungen zur Spannungsquelle angeschlossen. Die Seite des Gels mit den Taschen wird mit dem Minus-Pol verbunden.
3. Eine Gleichspannung von maximal 30 V und eine Stromstärke von 50 bis 100 mA wird angelegt. Am besten eignen sich 2 bis 3 in Reihe geschaltete 9-Volt-Batterien (vgl. Band 1, S. 43 f).
4. Der Ablauf der Elektrophorese kann anhand der Bewegung des Farbmarkers (Bromphenolblau) verfolgt werden. Wenn die Bromphenolblau-Bande das untere Ende des Gels erreicht hat, wird die Spannungsquelle abgeschaltet. Anderenfalls wandern die kleinen DNA-Fragmente aus dem Gel.

Färbung des Gels mit Methylenblau:

1. Das Gel wird vorsichtig aus der Elektrophoresekammer herausgenommen (Chemikalienspatel zu Hilfe nehmen, evtl. mit TBE-Puffer unterschichten) und in eine kleine Färbewanne übertragen.
2. Dann wird soviel Methylenblau-Lösung (0,025 %ig) zugegeben, bis das Gel vollständig bedeckt ist. Es wird etwa 15 min gefärbt.
3. Die Methylenblau-Lösung wird abgegossen und das Gel mit Leitungswasser bedeckt. Nach 2 min wird das alte Leitungswasser abgegossen und das Gel erneut mit frischem Wasser überschichtet. Dies wird solange wiederholt (ungefähr fünfmal), bis die kleinsten DNA-Fragmente (das sind diejenigen, die im Gel am weitesten gewandert sind) sichtbar werden. Bei zu starker Entfärbung können die kleinen Fragmente unsichtbar werden (Erwärmung und Bewegung des Gels

beschleunigen die Entfärbung). Die Entfärbung dauert etwa 10 bis 15 min. Auf einem Leuchttisch kann man die Banden gut erkennen.

Erläuterungen und Hinweise

Schneiden der DNA mit Restriktionsenzymen:
zu 1.:
Wenn man nur die elektrophoretische Auftrennung demonstrieren möchte, verzichtet man auf das Schneiden mit Restriktionsenzymen und trägt nur die beiden Längenstandards I und II sowie den Farbmarker auf.
zu 2.:
Die Kapillaren sind steril abgepackt, die Spitzen dürfen nicht berührt werden!
zu 3.:
Man kann die Enzyme auch länger einwirken lassen, nach einigen Stunden erlischt allerdings allmählich ihre Aktivität.

Herstellung des Agarosegels:
zu 5.:
Der Kamm wird erst nach der Überschichtung mit TBE-Puffer gezogen, damit in die Geltaschen keine Luft eindringt. Diese würde beim anschließenden Befüllen der Taschen stören.

Solange das Gel vollständig vom Puffer bedeckt ist, kann es im Kühlschrank mehrere Tage aufbewahrt werden. Um eine Verschmutzung zu vermeiden, muß man es abdecken.

Beladen des Gels und Gelelektrophorese:
zu 1.:
Für die unterschiedlichen Reaktionsansätze muß jeweils eine neue Spitze verwendet werden.

Ein beladenes Gel sollte möglichst ohne Verzögerung an die Spannungsquelle angeschlossen werden, da die Proben sonst in alle Richtungen aus den Geltaschen diffundieren.
zu 4.:
Günstigerweise dauert die Elektrophorese etwa 3 Stunden. Man erhält unter dieser Bedingung besonders klare Banden.

2.4 Mutagenese: Spontane Entstehung streptomycinresistenter Mutanten von *Escherichia coli* K-12

Jede Änderung des Genotyps, also z.B. der Basensequenz der DNA, wird als Mutation bezeichnet. Sie führt oft, aber nicht immer, zu einem sichtbar veränderten Phänotyp. Man unterscheidet verschiedene Mutationstypen: Bei einer Vorwärts-Mutation entsteht ein völlig neuer genetischer Zustand, während bei einer Reversion der ursprüngliche wiederhergestellt wird. Konditionale Mutationen werden im Phänotyp nur unter bestimmten Bedingungen sichtbar, z.B. bei relativ hoher Temperatur.

Spontane Mutation (Mutationen bei Abwesenheit mutagener Agenzien; s.u.) treten in der Natur relativ häufig auf. Bei den meisten von ihnen (mehr als 95 %) handelt es sich um Replikationsfehler und Chromosomen-Mutation, die praktisch alle (mehr als 99 %) wieder rückgängig gemacht werden (vgl. *Linder* S. 360, BAYRHUBER/KULL 1989). Bleibende spontane Mutationen sind dagegen relativ selten. So liegt die mittlere spontane Mutationsrate bei *Escherichia coli* pro Gen und Generation bei etwa 10^{-7}. Das heißt, ein Gen mutiert in einer Population von zehn Millionen Bakterien pro Generation im Mittel einmal.

Durch den Einfluß mutagener Agenzien wird die Mutationsrate erhöht. Beispiele solcher Mutagene sind Röntgenstrahlen, UV-Strahlen, salpetrige Säure (Nitrit [Pökelsalz], s. Band 1, S. 116 ff.) und N-Methyl-N'-Nitro-N-Nitrosoguanidin. Viele dieser Mutagene wirken beim Menschen krebserregend. Dies gilt insbesondere für das in der Bakteriengenetik besonders häufig verwendete N-Methyl-N'-Nitro-N-Nitrosoguanidin, das deshalb im Unterricht nicht benutzt werden sollte.

Bakterielle Mutanten lassen sich sehr leicht durch Bestrahlung mit UV-Licht erzeugen. Dabei entstehen auf der DNA Pyrimidin-Dimere, die stabil im Erbgut verankert werden und zu Ablesefehlern bei der Transkription führen. Bakterienstämme, die auf einfachen Minimalmedien wachsen und keine sichtbaren Mutationen tragen, heißen prototroph. Die meisten Stämme, die aus der Natur isoliert werden („Wildtypen"), gehören dazu (Ausnahmen: z.B. etliche Krankheitserreger). Bakterien, denen bestimmte Stoffe im Medium angeboten werden müssen, weil sie diese aufgrund einer oder mehrerer Mutationen selbst nicht mehr synthetisieren können, heißen auxotroph. Durch die Verwendung unterschiedlicher Medien lassen sich Mutanten isolieren. So lassen sich auch im Unterricht spontan entstandene Mutanten leicht nachweisen.

Der im folgenden Versuch verwendete Stamm von *Escherichia coli* K-12 ist streptomycinsensitiv. Unter 10^9 Zellen sind ca. 3 bis 5 spontan entstandene streptomycinresistente Mutanten zu finden. Die Mutationen können an mehreren verschiedenen Genorten auftreten, da gegenüber Streptomycin verschiedenartige Resistenzmechanismen möglich sind (zum Resistenzbegriff s. Band 1, S. 102 ff und in diesem Band *„Nutzung von Enzymen in der Biotechnik"*, 1.4.2). Unter den hier beschriebenen Bedingungen betreffen die Mutationen praktisch nur ein Protein der Ribosomen (das auf dem Bakterienchromosom codiert ist. Wegen der chromosomalen Lage des Gens ist die Übertragung der Resistenzeigenschaft auf andere Bakterien äußerst unwahrscheinlich, im Gegensatz zu Plasmid-codierten Resistenzen).

Geräte

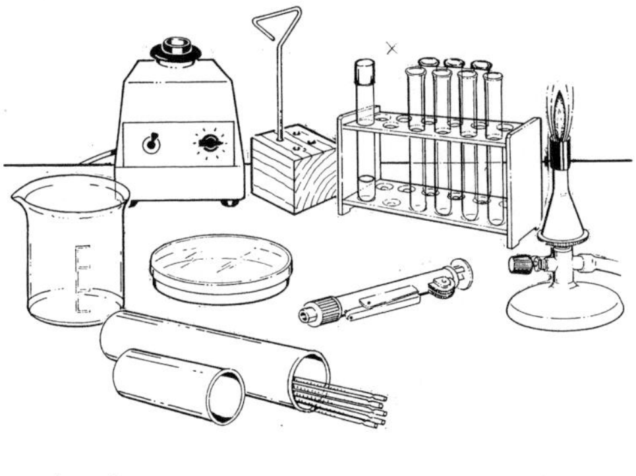

Vorbereitung:

1 Reagenzglas mit Alukappe für die Vorkultur
1 Reagenzglasständer

Durchführung:

1 Becherglas (250 ml) für Ethanol, 96 %, zum Abflammen
1 Uhrglas zum Abdecken des Becherglases
1 Bunsenbrenner
1 Drigalski-Spatel im Holzblock
13 Meßpipetten (je 1 ml)
5 Petrischalen, steril, einweg
1 Pipettierhilfe
7 Reagenzgläser
1 Vortex, fakultativ

Verbrauchsmaterial, Chemikalien, Lebewesen

Ethanol, 96 %, vergällt, zum Abflammen
NaCl zur Herstellung einer physiologischen Kochsalzlösung (*Merck* 106 404)
Nähragar (NA), s. *Anhang* 2.13
Nährbouillon (NB), s. *Anhang* 2.14
Ringerlösung, s. *Anhang* 1.26
Streptomycin(sulfat) (*Sigma* S6501)
5 ml einer Übernachtkultur von *Escherichia coli* K-12 (*DSM* 498)

Zeitbedarf

Vorbereitung:

Lieferung des Stammes:	1 Woche
Vorbereitung der Medien:	45 min
Vorkultur:	1 d

Durchführung:

Verdünnungsreihe:	15 min
Ausplattieren:	10 min
Bebrütung:	2 bis 7 d

Vorbereitung

1. *Escherichia coli* K-12 (*DSM* 498) wird bei der DSMZ – Deutschen Sammlung von Mikroorganismen und Zellkulturen GmbH bestellt und eine Kultur des Stammes wird angelegt (s. Band 3, S. 19 ff.).
2. Folgende Lösungen werden angesetzt und sterilisiert (s. *Anhang*):

a) 5 ml Nährbouillon (NB) (s. *Anhang* 2.14) für die Übernachtkultur von *Escherichia coli* K-12. Die Nährbouillon wird in einem Reagenzglas angesetzt, das mit einer Alukappe oder einem Wattestopfen verschlossen wird.
b) 100 ml Nähragar (NA) (s. *Anhang* 2.13). Nach dem Abkühlen auf 50 bis 55 °C werden davon 3 Platten gegossen (s. Bd. 1, S. 64 ff.).
c) 100 ml NA mit 25 mg Streptomycin/l (s. *Anhang* 1.26). Zu dem auf 50 bis 55 °C abgekühlten flüssigen Agar werden vor dem Gießen 2,5 mg Streptomycin gegeben, es wird gut gemischt, dann werden die Platten gegossen.
d) 40 ml physiologische Kochsalzlösung (s. *Anhang* 1.12). Davon werden je 4,5 ml auf 7 Reagenzgläser verteilt.

3. Die Pipetten werden sterilisiert.
4. Ein steriles Becherglas wird etwa zur Hälfte mit Alkohol befüllt. (96 %ig; vergällt).
5. Die 5 ml Nährbouillon (NB) werden in dem Reagenzglas mit *Escherichia coli* K-12 (*DSM* 498) beimpft und über Nacht bei 37 °C bebrütet.

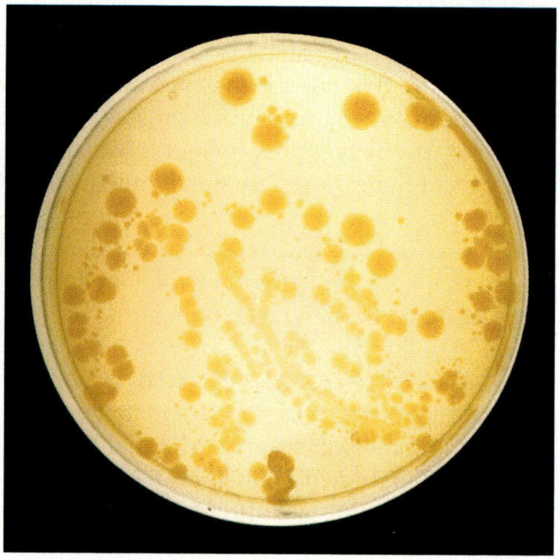

Abb. 110.1: Kolonien streptomycinresistenter *E. coli* K-12-Bakterien auf streptomycinhaltigem Nährboden. Es wurde die Kultur eines streptomycinsensitiven Stammes verwendet. Die Mutanten, die gegen das Antibiotikum resistent sind, sind im Versuch spontan entstanden

Durchführung

1. 0,5 ml der Übernachtkultur werden entnommen, in ein Reagenzglas mit 4,5 ml Ringerlösung pipettiert und kräftig auf dem Vortex gemischt. Es wird eine Verdünnungsreihe bis zur Stufe 10^{-7} hergestellt, für jeden Schritt wird eine eigene Pipette benötigt (vgl. Band 1, S. 87 ff).
2. Zur Bestimmung der Lebendkeimzahl der Übernachtkultur werden je 0,1 ml der Verdünnungstufen 10^{-5}, 10^{-6} und 10^{-7} auf je eine NA-Platte ohne Streptomycin mit dem Drigalski-Spatel ausplattiert. Der Spatel wird zuvor in Alkohol getaucht, abgeflammt und durch Berühren des Agars der Platte abgekühlt (s. Band 1, Abb. 88.1).
3. Zur Bestimmung der spontanen Mutationsrate werden je 0,2 ml der unverdünnten Übernachtkultur auf die beiden NA-Platten, die Streptomycin enthalten, mit dem erneut abgeflammten und abgekühlten Drigalski-Spatel ausplattiert.
4. Alle Platten werden 7 Tage lang bei 37 °C bebrütet. Die erste Kontrolle erfolgt nach 48 h, die zweite am Ende der 7 Tage.
5. Die Lebendkeimzahl der Übernachtkultur wird durch Auszählen der Kolonien und Hochrechnung bestimmt (s. Band 1, S. 90).
6. Schließlich wird die Zahl streptomycinresistenter Mutanten von *Escherichia coli* K-12 in 1 ml der unverdünnten Übernachtkultur bestimmt.
7. Das Verhältnis zwischen Mutanten und Lebendkeimzahl wird berechnet.

2.5 Versuche mit Bakteriophagen

Bakteriophagen sind als Werkzeuge der Gentechnik von eminenter Bedeutung: Für das Einschleusen von DNA in Bakterien zum Zwecke des Klonierens werden neben Plasmiden häufig auch gentechnisch besonders veränderte Bakteriophagen als Vektoren verwendet. Bakteriophagen eignen sich deshalb so gut für den Transport von DNA in Bakterienzellen, weil sie auch in der Natur ihre eigene DNA in Bakterien einschleusen. Sie sind natürlicherweise außerdem in der Lage, *bakterielle* DNA zu übertragen. Dieser virale Gentransfer, bei dem ca. 0,2 % Erbinformation der Spenderzelle auf eine Empfängerzelle übertragen wird, nennt man Transduktion. Nicht alle Bakteriophagen in natürlichen Isolaten sind zur Transduktion befähigt. Aber durch Mutation können Phagen diese Eigenschaft erlangen. Anhand der folgenden Versuche sollen allgemeine biologische Eigenschaften der Bakteriophagen verdeutlicht werden. Auf Transduktion wird unter 2.6.2 eingegangen.

Bakteriophagen (auch kurz Phagen genannt) sind Viren, die ausschließlich bakterielle (Abb. 111.1) Zellen befallen und sich in diesen vermehren. Zellen höherer Organismen wie die von Tieren und Pflanzen können von ihnen nicht infiziert werden. Phagen besitzen ein sehr begrenztes Wirtsspektrum. Innerhalb einer Bakterienart befallen sie in der Regel nur wenige Stämme, die Gattungsgrenze überschreiten sie selten. Phagen bestehen aus einem Molekül Nukleinsäure und aus einer Eiweißhülle, dem sogenannten Capsid. In der Nukleinsäure ist das komplette Vermehrungsprogramm codiert, mit dem Capsid heftet sich der Phage an die Wirtszelle an. Bei der Nukleinsäure handelt es sich entweder um DNA oder RNA. Im Gegensatz zu den zellulär aufgebauten Organismen finden sich in einem Phagen niemals beide Nukleinsäure-Typen gleichzeitig. Demnach unterscheidet man RNA-Phagen und DNA-Phagen. Bisher wurden etwa 2000 verschiedene Phagen beschrieben. Man nimmt an, daß sie schon sehr früh in der Stammesgeschichte aus Plasmiden entstanden sind. (Näheres zur Vermehrung von Bakteriophagen s. *Linder*, S. 353, BAYRHUBER/KULL 1989; zur Abwehr von Phagen durch Bakterien mit Hilfe von Restriktionsenzymen s. 2.3).

Besonders typisch ist die geringe Größe der Phagen. Ihr durchschnittlicher Durchmesser beträgt etwa 100 nm. Im Lichtmikroskop sind Phagen nicht erkennbar, sie können nur elektronenmikroskopisch sichtbar gemacht werden. Anhand ihrer Wirkung lassen sie sich auch indirekt nachweisen: In einem wachsenden Bakterienrasen entsteht an der Stelle, an der ein Phage wirksam wurde und sich vermehrte, ein „Fraßloch", ein sogenannter Plaque. Die Größe von Plaques kann sehr unterschiedlich sein, ihr Durchmesser liegt zwischen 0,5 und 6 mm. In einem Fraßloch findet man zwischen 10^7 und 10^{13} Phagenpartikel. Diese Unterschiede können auf den Phagentyp zurückgehen, aber z.B. auch durch die Zeitdauer der Bebrütung bedingt sein.

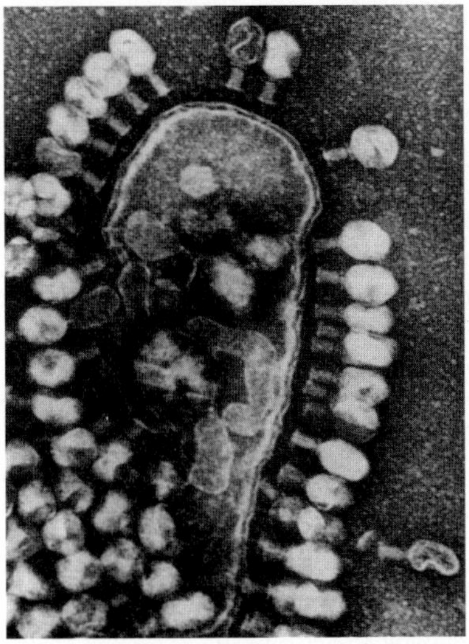

Abb. 111.1: Elektronenmikroskopische Aufnahme von Phagen für *E. coli* Bakterien (Vergrößerung 40.000fach)

2.5.1 Isolierung von Bakteriophagen für *Escherichia coli* K-12

Bakteriophagen kommen überall in der Natur vor. Sie sind besonders häufig im Lebensraum ihrer Wirte zu finden und lassen sich dort sehr leicht isolieren. Dies gilt insbesondere für Bakteriophagen, die *Escherichia coli* befallen. Als Indikator wird in diesem Versuch *E. coli* K-12 (*DSM* 498) verwendet. Die Bakterien einer Wasserprobe werden mit Chloroform abgetötet, das der Zelle lebenswichtige Lipide entzieht. Die

Bakteriophagen überstehen die Chloroformbehandlung, da sie keine Lipide enthalten. Auf einer Platte, auf der *E. coli* K-12 wächst, verursachen sie das Auftreten von Phagenplaques („Fraßlöcher"). Phagen für *E. coli* finden sich vor allem in Fäkalien. Die Zahl der Phagen ist also ein Maß für die fäkale Verunreinigung eines Gewässers. Man kann Proben verschiedener Standorte nehmen und die Phagenkonzentration vergleichen.

So kann man z.B. die Änderung der Verschmutzung in einem Fließgewässer verfolgen. Die Zahl der koliformen Bakterien ist in einer Probe etwa 10 bis 1000 mal höher als die Zahl der Phagen.

Geräte

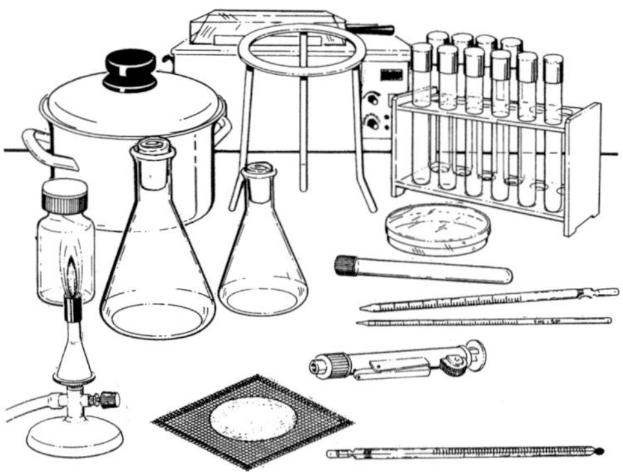

Vorbereitung:

1 Erlenmeyerkolben (500 ml)
1 Erlenmeyerkolben (100 ml)
1 Glasflasche (100 ml), mit Schraubverschluß, steril
10 Reagenzgläser mit Alukappe oder Stopfen
1 Reagenzglasständer

Durchführung:

1 Bunsenbrenner
1 Drahtnetz
1 Dreifuß
1 Kochtopf, klein
1 Meßpipette (10 ml)
3 Meßpipetten (1 ml)
10 Petrischalen, steril, einweg
2 Pipettierhilfen
1 Röhrchen, mit Schraubverschluß, steril
1 Thermometer
1 Wasserbad

Verbrauchsmaterial, Chemikalien, Lebewesen

Teichwasser 50 ml
Chloroform (*Merck* 102 445)
Nähragar, *s. Anhang* 2.13
Nährbouillon, *s. Anhang* 2.14
Nähr-Weichagar, *s. Anhang* 2.13
5 ml einer Übernachtkultur von *Escherichia coli* K-12 (*DSM* 498)

Zeitbedarf

Lieferung des Stammes:	1 Woche
Vorkultur:	1 d
Vorbereitung der Medien:	4 h
Probennahme:	5 min
Chloroformbehandlung:	15 min
Ausplattieren:	15 min
Bebrüten:	1 d

Vorbereitung

1. *Escherichia coli* K-12 (*DSM* 498) wird bei der DSMZ – Deutschen Sammlung von Mikroorganismen und Zellkulturen GmbH bestellt und eine Kultur des Stammes wird angelegt (s. Band 3, S. 19 ff.).
2. Folgende Lösungen werden angesetzt und sterilisiert (s. *Anhang*):
   a) 5 ml Nährbouillon (NB) für die Übernachtkultur von *E. coli* K-12 (s. *Anhang* 2.14). Sie werden in einem Reagenzglas angesetzt, das mit einer Alukappe oder einem Wattestopfen verschlossen wird.
   b) 300 ml Nähragar (NA) (s. *Anhang* 2.13). Sie werden in einem 500 ml-Erlenmeyerkolben angesetzt. Nach dem Abkühlen auf 55 bis 50 °C werden davon 10 Platten gegossen (s. Band 1, 3.3.4, S. 64 ff.).

c) 50 ml Nährbouillon-Weichagar (s. *Anhang* 2.13). Dieser wird auf 10 Reagenzgläser aufgeteilt.
3. Die 5 ml Nährbouillon (NB) werden in dem Reagenzglas mit *Escherichia coli* (*DSM* 498) beimpft und über Nacht bei 37 °C bebrütet.
4. Von einem *stark verschmutzten* Teich (z.B. in öffentlichen Parkanlagen) oder einem anderen Gewässer werden etwa 50 ml Wasser mit einem sterilen Schraubdeckelglas entnommen.
5. Das Wasserbad wird auf die Temperatur von 49 bis 50 °C eingestellt.
6. Kurz vor Versuchsbeginn wird der in den Reagenzgläsern abgekühlte und feste Weichagar im kochenden Wasserbad des Kochtopfes erhitzt, bis er wieder flüssig ist. Dann wird er zur Temperaturanpassung in das weitere Wasserbad von 49 bis 50 °C gestellt, so daß der Weichagar auf diese Temperatur abkühlt (der Weichagar muß flüssig bleiben und darf keine Klumpen bilden).

Durchführung

1. Mit einer Pipette werden der Wasserprobe 10,5 ml entnommen; das Wasser läßt man in ein steriles Schraubdeckelröhrchen ausfließen. 0,5 ml Chloroform werden unter dem Abzug zugegeben, das Röhrchen wird gut verschlossen und kräftig geschüttelt. Danach ist etwa 15 min zu warten, bis eine vollständige Entmischung der beiden Phasen erfolgt ist (unten: Chloroform).
2. Das Reagenzglas mit dem Weichagar wird aus dem Wasserbad genommen und sehr schnell mit 0,2 ml Übernachtkultur von *E. coli* K-12 (*DSM* 498) und 1 ml der Probe (obere, wäßrige Phase!) gut vermischt. Die Mischung wird sofort auf die Nähragarplatte ausgegossen und gleichmässig verteilt.
3. 1 Tag wird bei 37 °C bebrütet. Im Bakterienrasen finden sich entsprechend der Konzentration der Probe einige bis zahlreiche Phagenplaques unterschiedlicher Form.
4. Die Phagenplaques werden ausgezählt (s. Abb. 113.1), die Phagenkonzentration pro ml der Teichwasserprobe wird berechnet (vgl. Band 1, S. 90).

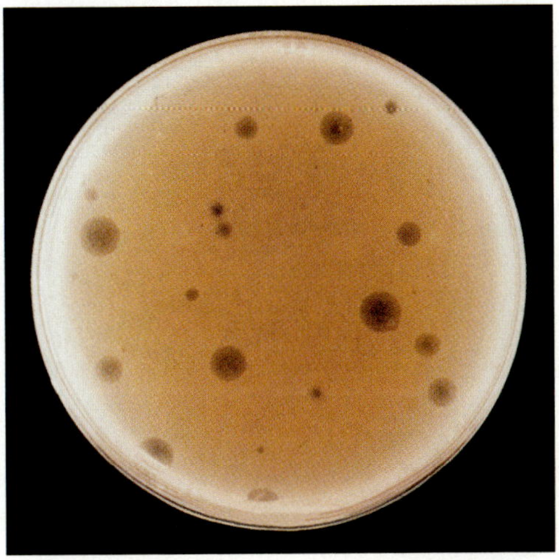

Abb. 113.1: Phagenplaques. Die Fraßlöcher im Bakterienrasen wurden von Phagen für *E. coli* Bakterien erzeugt

2.5.2 Bestimmung der Phagenzahl in einem Plaque eines Bakteriophagen für *Escherichia coli* K-12 und Anlegen einer Stammlösung eines gereinigten Phagen

Die Größe der Plaques („Fraßlöcher") im Bakterienrasen variiert bei verschiedenartigen Bakteriophagen beträchtlich: der Durchmesser kann bei gleichen Wachstumsbedingungen zwischen 0,5 und 6 mm schwanken. In einem Fraßloch findet man zwischen 10^7 und 10^{13} Phagenpartikel. In diesem Versuch soll die Phagenzahl eines Plaques bestimmt werden. Dazu wird ein Phagenplaque aus dem Versuch 2.5.1 durch Ausstechen des Agars isoliert, und die darin befindlichen Phagen werden in Lösung gebracht. Mit Hilfe einer Verdünnungsreihe (s. Band 1, S. 87 ff) und durch Ausplattieren der verschiedenen Verdünnungsstufen wird dann die Phagenzahl bestimmt.

Geräte

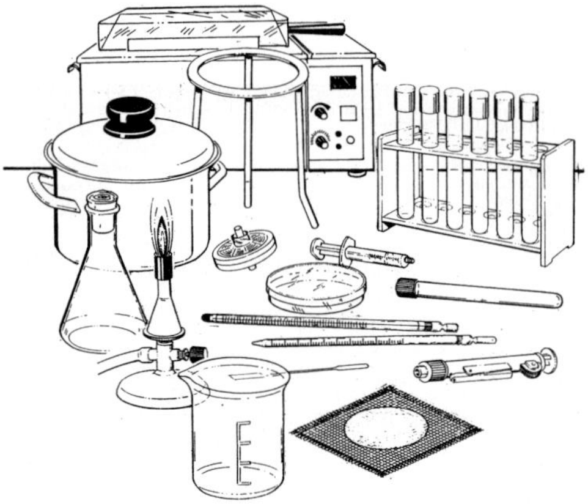

Vorbereitung:
1 Erlenmeyerkolben (500 ml) für den Nähragar
14 Reagenzgläser mit Alukappe oder Stopfen

Durchführung:
1 Becherglas (250 ml) für Ethanol, 96 %, zum Abflammen
1 Uhrglas zum Abdecken des Becherglases
1 Bunsenbrenner
1 Chemikalienspatel
1 Drahtnetz
1 Dreifuß
1 Filtervorsatz, einweg, (Porenweite 0,2 µm) (*Sartorius*, SM 16534 K)

1 Kochtopf, klein
7 Meßpipetten (je 1 ml)
7 Petrischalen, steril, einweg
1 Pipettierhilfe
1 Reagenzglasständer
2 Röhrchen mit Schraubverschluß, steril
1 Spritze, steril, einweg, passend zum Filtervorsatz (evtl. Adapter benutzen)
1 Thermometer

1 Wasserbad

Verbrauchsmaterial, Chemikalien, Lebewesen

Vorbereitung:
Leitungswasser, steril
Ethanol, 96 %, vergällt
Nähragar, *s. Anhang* 2.13
Nährbouillon, *s. Anhang* 2.14
Nähr-Weichagar, *s. Anhang* 2.13
1 Phagenplatte des Versuchs 2.5.1 „Isolierung von Bakteriophagen für *Escherichia coli* K-12"
5 ml einer Übernachtkultur von *Escherichia coli* K-12 (*DSM* 498)

Zeitbedarf

Vorbereitung:

Lieferung des Stammes:	1 Woche
Vorkultur:	1 d
Medien:	90 min

Durchführung:

Plaque-Isolierung:	1 d
Verdünnungsreihe:	20 min
Ausplattieren:	20 min
Bebrüten:	1 d

Vorbereitung

1. *Escherichia coli* K-12 (*DSM* 498) wird bei der DSMZ – Deutschen Sammlung von Mikroorganismen und Zellkulturen GmbH bestellt und eine Kultur des Stammes wird angelegt (s. Band 3, S. 19 ff.).
2. Ansetzen und Sterilisieren von Lösungen (s. *Anhang*).
   a) 5 ml Nährbouillon für die Übernachtkultur von *Escherichia coli* K-12 werden in einem Reagenzglas angesetzt (s. *Anhang* 2.14), das mit einer Alukappe oder einem Wattestopfen verschlossen wird.
   b) 250 ml Nähragar (NA) werden in einem 500 ml-Erlenmeyerkolben angesetzt (s. *Anhang* 2.13); nach dem Abkühlen auf 50 bis 55 °C werden davon 7 Platten gegossen (vgl. Band 1, 3.3.4, S. 64 ff.)

c) Etwa 35 ml Nähr-Weichagar werden angesetzt (s. *Anhang* 2.13), je 4,5 ml davon auf 7 Reagenzgläser verteilt.
3. Ca. 50 ml Leitungswasser werden sterilisiert. Davon kommen
   a) in 7 Reagenzgläser je 4,5 ml,
   b) in 1 Schraubdeckelröhrchen 2 ml,
   c) in 1 Schraubdeckelröhrchen 5 ml.
4. Die 5 ml Nährbouillon (NB) werden in dem Reagenzglas mit *Escherichia coli* K-12 (*DSM* 498) beimpft und über Nacht bei 37 °C bebrütet.
5. Das Wasserbad wird auf die Temperatur von 49 bis 50 °C eingestellt.
6. Kurz vor Versuchsbeginn wird der abgekühlte und feste Weichagar in den Reagenzgläsern im kochenden Wasserbad des Kochtopfes erhitzt, bis er wieder flüssig ist. Dann wird er zur Temperaturanpassung in das weitere Wasserbad von 49 bis 50 °C gestellt, so daß der Weichagar auf diese Temperatur abkühlt (der Weichagar muß flüssig bleiben und darf keine Klumpen bilden).

Durchführung

1. Von einer Phagenplatte des Versuches 2.5.1 wird mit einem sterilen Chemikalienspatel (vorher mit 96 %igem Ethanol abflammen!) ein Phagenplaque ausgestochen. Die Weichagarschicht mit dem Plaque wird mit dem Spatel abgehoben und in ein Schraubdeckelröhrchen mit 2 ml sterilem Wasser übergeführt. Alternativ kann das „Fraßloch" auch mit einer sterilen abgebrochenen Pasteurpipette (Durchmesser 5 mm) ausgestochen und daraus in das Schraubdeckelröhrchen ausgeblasen werden. Dieses wird verschlossen, kräftig geschüttelt und 24 h bei Raumtemperatur zur Lösung der Phagen stehengelassen.
2. Danach wird nochmals kräftig geschüttelt, schließlich werden 0,5 ml der Phagenlösung entnommen und in ein Reagenzglas mit 4,5 ml sterilem Wasser pipettiert. Eine Verdünnungsreihe bis zur Stufe 10^{-7} wird hergestellt (s. Band 1, S. 87 ff).
3. Das Reagenzglas mit dem Weichagar wird aus dem Wasserbad genommen und sehr schnell mit 0,2 ml Übernachtkultur von *E. coli* K-12 (*DSM* 498) und 0,1 ml der jeweiligen Verdünnungsstufe gut vermischt. Jede Mischung wird sofort auf je eine Agarplatte ausgegossen und gleichmäßig verteilt. Die Platten werden genau beschriftet!
4. 1 Tag lang wird bei 37 °C bebrütet. Im Bakterienrasen der letzten Verdünnungsstufen finden sich Einzel-Plaques der Bakteriophagen. Diese können ausgezählt werden. Die Phagenkonzentration der Ausgangslösung wird berechnet. Dabei wird berücksichtigt, daß nur 0,1 ml der Phagenlösung plattiert wurde (vgl. 2.5.1 und Band 1, S. 90).

Anlegen der gereinigten Lösung (Stammlösung) eines Phagen:

5. Mit einem sterilen Chemikalienspatel (vorher in 96 %igem Ethanol abflammen!) wird ein Phagenplaque ausgestochen und in ein Schraubdeckelröhrchen mit 5 ml sterilem Wasser übergeführt. Es wird kräftig geschüttelt und 24 h bei Raumtemperatur stehengelassen.
6. Der Sterilfiltervorsatz wird auf das zweite, sterile Schraubdeckelröhrchen aufgesetzt, dabei dürfen die beiden Öffnungen nicht kontaminiert werden. Aus der Einwegspritze wird der Kolben gezogen, er wird mit dem Griff auf den Tisch gestellt. Die Einwegspritze wird auf den Filtervorsatz aufgesetzt, und die 5 ml Phagenlösung werden eingefüllt. Dann wird der Kolben wieder in die Spritze eingeführt und die Lösung in das Schraubdeckelglas sterilfiltriert. Diese Phagenstammlösung kann man mehrere Jahre im Kühlschrank aufbewahren. Anstelle der Sterilfiltration kann die Phagenlösung auch mit Chloroform behandelt werden (vgl. Versuch 2.5.1, Durchführung, Schritt 1).

2.6 Versuche zur Übertragung von Erbsubstanz auf Bakterien

Bei Prokaryonten gibt es verschiedene Mechanismen der Genübertragung. Der Gentransfer dient vermutlich der raschen Anpassung der Organismen an veränderte Umweltbedingungen. Gene mit hoher Mobilität enthalten bei verschiedenen Bakterienarten oft die Informationen für Resistenz gegenüber schädlichen Umwelteinflüssen, wie zum Beispiel Antibiotika oder Schwermetallen.

Man unterscheidet drei Arten der Genübertragung: *Transformation* ist die Aufnahme freier, gelöster DNA aus der Umgebung der Bakterienzelle. Unter *Transduktion* versteht man die DNA-Übertragung von einer Spenderzelle auf eine Empfängerzelle mit Hilfe von Bakteriophagen. *Konjugation* nennt man die DNA-Übertragung von einem Bakterium in ein anderes mit Hilfe eines konjugativen Plasmids über eine Plasmabrücke, wobei die beiden Bakterien eng aneinander liegen.

Alle diese natürlicherweise ablaufenden Genübertragungsmechanismen werden auch in der Gentechnik genutzt, um gezielt Organismen mit gewünschten Eigenschaften zu konstruieren. Besonders wichtig ist dafür die Transformation. Durch sie wird sehr häufig in gentechnischen Experimenten die rekombinante DNA in den neuen Wirt eingeführt.

2.6.1 Genübertragung durch Konjugation

Bei diesem Versuch wird ein natürliches (nicht gentechnisch konstruiertes) Plasmid von einem Bakterienstamm (Donor) auf einen zweiten Stamm (Rezipient) übertragen. Es handelt sich um einen Abkömmling des sogenannten F-Plasmids (Fertilitätsplasmid; vgl. 1.8.4 a). Seine Übertragung auf den Rezipienten heißt F-Duktion. Ein F-Plasmid trägt Gene, die die Kontaktaufnahme zwischen Donor- und Rezipientenzellen zum Zwecke der Konjugation und die Übertragung einer Kopie des Plasmids auf die Partnerzelle steuern. Das Plasmid des Donorstammes in diesem Versuch besitzt den Namen F'*lac*, weil es zusätzlich zu den üblichen Genen eines F-Plasmids auch Gene des Lactose-Operons (s. 2.7 und *Linder* S. 374 f, Bayrhuber/Kull 1989) trägt. (Ein F-Plasmid wird allgemein dann als F' [=F Strich]-Plasmid bezeichnet, wenn es außer den Genen, die die Konjugation steuern, weitere Gene trägt.)

Durch den Besitz des F'*lac*-Plasmids ist der Donorstamm in diesem Versuch ein *Lac*$^+$-Stamm, d.h., er ist in der Lage, Lactose zu metabolisieren. Dabei wird Milchsäure gebildet. Der Rezipientenstamm dagegen ist ein *Lac*$^-$-Stamm. Auf speziellen Indikatorplatten kann dieser Unterschied sichtbar gemacht werden. So bilden *Lac*$^+$-Stämme auf MacConkey Nähragar rote Kolonien, *Lac*$^-$-Stämme dagegen weißliche. Da Milchzucker ebenso wie der im Nähragar enthaltene Indikator (Neutralrot) durch die Zellmembranen ins Innere der Bakterienzelle gelangen kann, wo er zu Milchsäure abgebaut wird, färbt sich das Cytoplasma der Zellen rot. Deshalb erscheinen die Kolonien selbst rot. Es bildet sich nicht etwa ein Hof um die Kolonien wie beim Amyloseabbau (vgl. hierzu S. 20 ff.; Amylase wird von Bakterien ausgeschieden).

Wenn Donor und Rezipientenstämme gemischt werden, findet eine Übertragung des F'*lac*-Plasmids vom Donorstamm auf den Rezipientenstamm statt. Damit erwirbt der Rezipientenstamm die Fähigkeit, Lactose zu verwerten. Um dies nachzuweisen, muß man Kolonien von Rezipientenzellen nach Kontakt mit dem Donorstamm gesondert untersuchen. Dies gelingt durch einen genetischen „Trick". Man wählt einen Rezipientenstamm aus, der ein chromosomales Gen besitzt, das ihn gegen das Antibiotikum Streptomycin unempfindlich macht. Der Donor wird dagegen durch Streptomycin gehemmt. Um veränderte (Lac$^+$-) Rezipientenzellen nach der Konjugation, sog. Transkonjuganten, gesondert analysieren und von den unveränderten (Lac$^-$-) Rezipientenzellen unterscheiden zu können, wird eine Probe vom Konjugationsansatz verdünnt und auf streptomycinhaltigem MacConkey-Nähragar ausplattiert. Auf solchen Platten wachsen die veränderten und die unveränderten Rezipientenzellen. Die Fähigkeit, Lactose zu verwerten, kann anhand der Farbe der Kolonien nachgewiesen werden (unveränderte Rezipientenzellen: weiße Kolonien, veränderte Rezipientenzellen: rote Kolonien).

Anhand des hier geschilderten Versuchs kann

die biologische Bedeutung von Plasmiden als natürliche Genfähren sowie die Nutzung von Plasmiden als Vektoren für den Gentransfer in der Gentechnik thematisiert werden (s. 1.1 und LUCIUS et al. 1995). Dieses Beispiel ist für eine Gegenüberstellung von natürlichen und synthetischen Rekombinationsvorgängen gut geeignet. Der Vorgang der Konjugation ist auch für die Freisetzungsproblematik relevant, insbesondere für die Frage der Freisetzung von gentechnisch veränderten Mikroorganismen, denn nicht nur die Ausbreitung der Mikroorganismen selbst, sondern auch die Weitergabe ihrer genetischen Information mittels Konjugation stellt ein Risikopotential dar („horizontaler Gentransfer").

Geräte

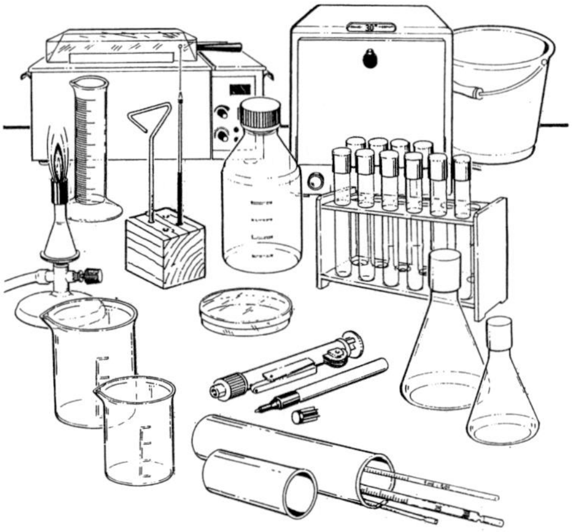

Angaben beziehen sich auf die *Langform* des Versuchs:

1 Becherglas (250 ml) für Ethanol, 96 %, zum Abflammen
1 Becherglas (400 ml)
1 Uhrglas zum Abdecken des Becherglases
1 Brutschrank
1 Bunsenbrenner
1 Drigalski-Spatel, im Holzblock
1 Eimer
3 Erlenmeyerkolben (100 ml), steril
2-3 Erlenmeyerkolben (300 ml)
1 Filzstift, wasserfest
1 Glasflasche (500 ml), mit Schraubverschluß
1 Impföse, im Holzblock
18-24 Meßpipetten (1 ml), steril
11-16 Meßpipetten (5 ml), steril
2 Meßpipetten (10 ml), steril
1 Meßzylinder (200 ml)
10 Petrischalen, steril, einweg
2 Pipettierhilfen (für 1-5 und 10 ml Pipetten)
10-15 Reagenzgläser mit Alukappe oder Stopfen, steril
1 Reagenzglasständer für 10-15 Reagenzgläser
1 Schüttelwasserbad

Verbrauchsmaterial, Chemikalien, Lebewesen

Angaben beziehen sich auf die *Langform* des Versuchs:
Ethanol, 96 %, vergällt, zum Abflammen
MacConkey-Agar mit Streptomycin, s. *Anhang* 2.5
Nährbouillon, s. *Anhang* 2.14
Ringerlösung, s. *Anhang* 1.26

Stämme:		Genotyp	Phänotyp
Donor:	*Escherichia coli* K-12 CSH36 (*DSM* 6253)	F'lac^+,Sm^s	Streptomycin-sensitiv, Lac^+
Rezipient:	*Escherichia coli* K-12 L17 (*DSM* 6254)	$lacI^-Z^-$,Sm^r	Streptomycin-resistent, Lac^-

Hinweis: Das Gen *lac*I steuert die Synthese des Repressors des Lactose-Regulationssystems, das Gen *lac*Z die Synthese der Lactase oder β-Galaktosidase (näheres s. 2.7, S. 127ff.).

Zeitbedarf

Lieferung der Stämme: 1 Woche
Vorkultur: 1 d
Vorbereitung der Medien: 1 h

Langform

Tag 1:	45 min
Tag 2:	15 min
Tag 3:	Auswertung, 20 min

Kurzform

Tag 1:	15 min
Tag 2:	5 min
Tag 3:	Auswertung, 20 min

Vorbereitung

1. *Escherichia coli* K-12 CSH36 (*DSM* 6253) und *Escherichia coli* K-12 L17 (*DSM* 6254) werden bei der DSMZ – Deutsche Sammlung von Mikroorganismen und Zellkulturen GmbH bestellt und je eine Kultur beider Stämme wird angelegt (s. Band 3, S. 19 ff.).
2. Folgende Lösungen werden angesetzt und sterilisiert:
   a) 200 ml MacConkey-Nähragar mit Streptomycin (s. *Anhang* 2.5) in einem 300 ml Erlenmeyerkolben,
   b) 100 ml Nährbouillon (s. *Anhang* 2.14) in einem 300 ml-Erlenmeyerkolben,
   c) 500 ml Ringerlösung (s. *Anhang* 1.26) in einer Glasflasche mit Schraubverschluß (oder 100 ml 10^{-3} M $MgSO_4$ in einem 300 ml-Erlenmeyerkolben)
3. Je 10 ml Nährbouillon (NB) werden in zwei kleinen Erlenmeyerkolben mit dem Donor- bzw. dem Rezipientenstamm beimpft und über Nacht bei 37 °C im Wasserbad geschüttelt.

Durchführung

Langform des Versuchs:

Tag 1

1. Der Boden einer Kontrollplatte wird außen mit dem Filzstift in zwei Hälften unterteilt. In die eine Hälfte werden zwei Kreise von der Größe eines Pfennigstückes gezeichnet, von denen der eine mit „D" für Donorstamm und der andere mit „R" für Rezipientenstamm beschriftet wird. Die andere Hälfte erhält einen Kreis mit der Beschriftung „M" für Gemisch. Donorstamm und Rezipientenstamm werden auf den Agar an den entsprechenden Stellen aufgetragen. (Auf der zweiten Hälfte der Platte wird in Schritt 3 ein Gemisch der beiden Stämme aufgetragen.)
2. 10 bis 15 Reagenzgläser für 2 bis 3 Verdünnungsreihen werden mit je 4,5 ml Ringerlösung (oder 10^{-3} M $MgSO_4$) gefüllt. Zur Herstellung einer Verdünnungsreihe (laborübliches Verfahren) s. Band 1, S. 87 ff.
3. In einem kleinen Erlenmeyerkolben werden 9 ml Nährbouillon (NB) sowie 0,2 ml Übernachtkultur des Rezipienten und 0,8 ml Übernachtkultur des Donors gemischt. Mit der Impföse wird ein Tropfen des Gemisches sofort auf die noch freie Hälfte der Kontrollplatte gebracht. Gleich danach werden 0,5 ml des Gemisches entnommen und zur Verdünnung in das erste Glas einer vorbereiteten Reihe (Schritt 2) gegeben.
4. Das Gemisch wird nach der Probenentnahme in ein Schüttelwasserbad von 37 °C gestellt und bis zum nächsten Tag nur ganz wenig bewegt.
5. Das Reagenzglas, in das 0,5 ml des Gemisches gegeben wurden, wird mit der Ziffer 1 beschriftet. Drei weitere Reagenzgläser mit Verdünnungspuffer werden daneben gestellt und mit den Ziffern 2, 3 und 4 bezeichnet. Mit einer **sauberen** 1,0 ml-Pipette entnimmt man 0,5 ml Suspension aus dem ersten Reagenzglas und überträgt sie auf das zweite Reagenzglas. Zum Mischen wird das Glas kurz quirlartig zwischen zwei Fingern gedreht. Mit jeweils frischen Pipetten wird je 0,5 ml Suspension vom zweiten in das dritte und vom dritten in das vierte Reagenzglas übergeführt, nachdem jeweils gut durchmischt wurde.
6. Drei MacConkey-Nährböden werden auf der Unterseite mit der Uhrzeit sowie mit den Ziffern 2, 3 und 4 beschriftet. Aus dem zweiten Reagenzglas der Verdünnungsreihe entnimmt man 0,1 ml Suspension mit einer 1,0 ml-Pipette und verteilt diese Menge auf dem Nährboden mit der Ziffer 2. Die Vertei-

lung kann entweder mit der Spitze der Pipette oder mit einem Drigalski-Spatel vorgenommen werden. In gleicher Weise verfährt man mit den Suspensionen des 3. und 4. Verdünnungsschrittes, die auf die zwei anderen Platten aufgebracht werden. Die Platten werden bis zum nächsten Tag mit dem Deckel nach unten liegend bei 37 °C inkubiert.

7. Wenn möglich, sollte 2 bis 4 Stunden nach dem Mischen des Konjugationsansatzes eine Zwischenprobe entnommen werden. Diese Probe wird wie bereits beschrieben verdünnt, diesmal jedoch in fünf Schritten statt in vier. Portionen von 0,1 ml aus dem 3., 4. und 5. Verdünnungsschritt werden ausplattiert. Die Zeit der Probenentnahme und der jeweilige Verdünnungsschritt werden auf der Unterseite der Platten notiert. Die Platten werden auch bis zum nächsten Tag mit dem Deckel nach unten liegend bei 37 °C inkubiert.

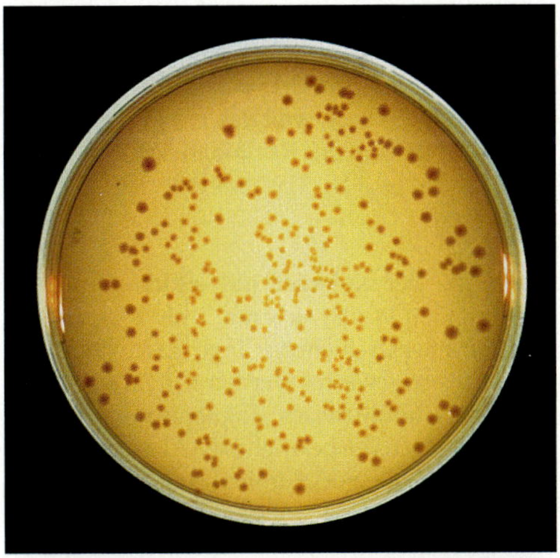

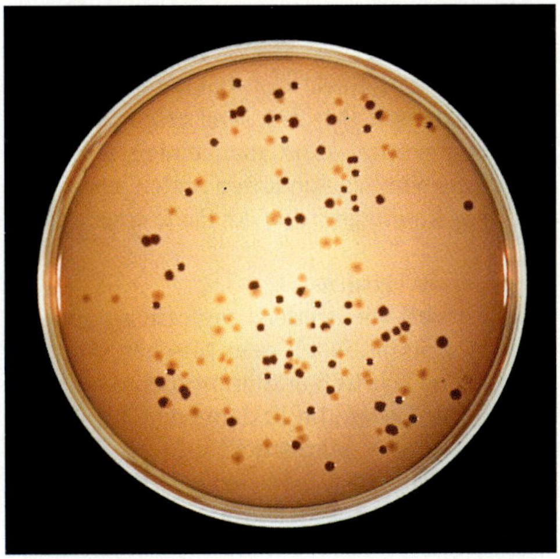

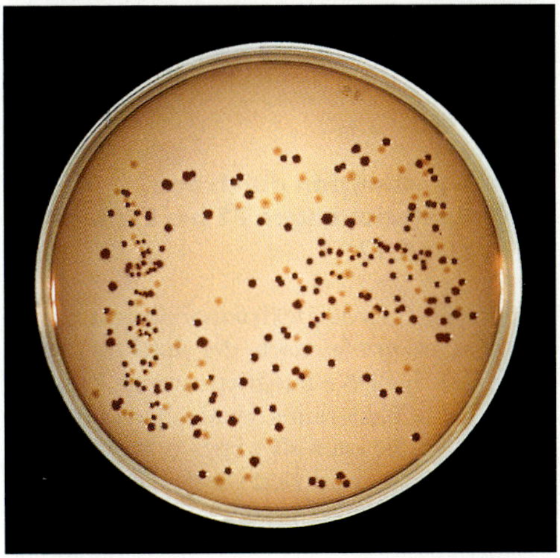

Abb. 119.1:
Oben: Kontrollplatte (Verdünnungsstufe 10^{-5}); alle Kolonien erscheinen weiß-/gelblich
Oben rechts: Plattenergebnis nach 3 h Inkubationszeit des Ansatzes (Verdünnungsstufe 10^{-5})
Unten: Plattenergebnis nach 24 h Inkubationszeit des Ansatzes (Verdünnungsstufe 10^{-6}). Der Quotient aus der Anzahl der dunkelroten Kolonien und der Gesamtzahl der Kolonien stellt den Anteil der Transkonjuganten dar, also der Rezipienten, die das F'*lac*-Plasmid aufgenommen haben

Tag 2

8. Ungefähr 16 bis 24 Stunden nach der Mischung von Donor und Rezipient (Schritt 3) werden die letzten 0,5 ml des Ansatzes entnommen und in sechs Schritten verdünnt. Aus den 4., 5. und 6. Verdünnungsröhrchen werden jeweils 0,1 ml Suspension entnommen und auf einer entsprechend beschrifteten Platte verteilt. Die Inkubationsbedingungen sind die bereits im Schritt 6 angegebenen.

Tag 3

9. Auswertung: Auf der Kontrollplatte wächst der Donorstamm (D) überhaupt nicht. Der Rezipientenstamm (R) bildet einen kleinen weißen Rasen von *Lac*$^+$-Bakterien. Dort, wo das Gemisch (M) der zwei Stämme, aufgetragen wurde, kann man einige rote *Lac*$^+$-Kolonien im weißen Rasen finden. Diese sind durch Konjugation *auf der Platte* entstanden.

Kurzform des Versuchs:
Schritt 1 wird wie bei der Langform ausgeführt. Schritt 2 entfällt. Nach dem Mischen der zwei Stämme bei Schritt 3 entnimmt man eine Probe mit der Impföse und füllt damit einen Kreis von der Größe eines Markstücks auf der Kontrollplatte aus, aber es werden keine Verdünnungen vorgenommen. Die Kontrollplatte wird über Nacht bei 37 °C inkubiert. Mit der Flüssigkultur wird wie unter Schritt 4 verfahren. Am nächsten Tag wird erneute eine Probe mit der Impföse entnommen und kreisförmig auf einer Platte verteilt. Auch diese Platte wird über Nacht bei 37 °C inkubiert.

Erläuterungen und Hinweise

zu 4.:
Bei zu kräftigem Schütteln wird die Ausbildung von Konjugationsbrücken zwischen den Bakterien gestört.

zu 6.:
Gleich nach dem Mischen der zwei Stämme ist noch kein Gentransfer erfolgt. Bei der ersten Verdünnungsreihe sind folglich keine *Lac*$^+$-Rezipientenzellen vorhanden. Alle Kolonien auf den Platten sind weiß-/gelblich (s. Abb. 119.1 o. li.).

zu 7.:
Nach 2 bis 4 Stunden treten rote *Lac*$^+$-Kolonien auf. Auf einer Platte von dieser Reihe mit einer gut zählbaren Anzahl von Kolonien (30 bis 300) wird sowohl die Gesamtzahl der Kolonien wie auch die Anzahl roter Kolonien bestimmt. Daraus berechnet man den prozentualen Anteil an veränderten Rezipienten, also von solchen, die das F'*lac*-Plasmid erhalten haben (vgl. Abb. 119.1 o. re.).

zu 8.:
Nach 16 bis 24 Stunden ist die Mehrzahl der Kolonien (75 %) rot, weil das F'*lac*-Plasmid sich in der Population des Rezipientenstammes ausgebreitet hat (s. Abb. 119.1 unten).

zu 9.:
Die Farbe der Kolonien auf inkubierten MacConkey-Platten hält sich nur 1 bis 2 Tage. Falls die Platten erst mehrere Tage nach dem Versuchstag ausgewertet werden sollen, empfiehlt sich ein modifiziertes Inkubationsverfahren. Zuerst werden die bestrichenen Platten nur eine Stunde bei 37 °C vorinkubiert und dann bis zum Tag vor dem Auswertungstag in einem Plastikbeutel im Kühlschrank aufbewahrt. Am Tag vor dem Auswertungstag werden sie zur vollständigen Inkubation erneut in den Brutschrank gestellt und über Nacht bei 37 °C inkubiert.

2.6.2 Transduktion durch den Bakteriophagen P1 bei *Escherichia coli* K-12

Temperente (gemäßigte) Bakteriophagen richten eine Bakterienzelle nach der Infektion nicht zugrunde. Ihre DNA integriert zwar in das Chromosom des Bakteriums, wird aber dort nicht weiter tätig. Sie kann allerdings unter bestimmten Bedingungen aktiviert werden, so daß dann neue Phagenpartikel gebildet werden und die Zelle zerstört wird (*Lyse* des Bakteriums). In diesem Fall wird die Phagen-DNA aus dem Chromosom herausgelöst. Dabei kann auch ein Stück der unmittelbar benachbarten bakteriellen DNA entfernt und mit in den Phagenkopf verpackt werden. Wird nun die DNA eines solchen Phagen in das Chromosom eines anderen Bakteriums eingebaut, so gelangt zugleich dieses DNA-Fragment der vorherigen Wirtszelle dort hinein, und das neu infizierte Bakterium entwickelt entsprechende Merkmale. Eine solche DNA-Übertragung mit Hilfe temperenter Phagen wird als *Transduktion* bezeichnet.

Die Transduktion wurde im Jahre 1951 von ZINDER und LEDERBERG entdeckt, und zwar bei *Salmonella* und dem Phagen P22. Danach wurde sie bei sehr vielen weiteren Bakteriengattungen und Bakteriophagen beobachtet. Eine Zelle, die durch Transduktion verändert wurde, heißt Transduktante.

Nicht alle Nachkommen eines temperenten Phagen besitzen die Fähigkeit der Transduktion. Ihre Zahl ist bei bestimmten Phagenmutanten erhöht, die man mit Hilfe mutagener Agenzien erzeugen kann. Bei Phagenisolaten aus der Natur ist die Transduktionsrate (Zahl der Transduktanten/Zahl der Phagenpartikel) sehr unterschiedlich. Sie liegt in der Regel zwischen 10^{-7} und 10^{-8}, d. h. es findet sich eine Transduktante pro 10.000.000 bis 100.000.000 Phagen, die zur Infektion eingesetzt wurden.

Wird ein temperenter Phage stets an der gleichen Stelle in das Bakterienchromosom eingebaut, so kann er immer nur die gleichen Fragmente der bakteriellen DNA mitnehmen, Stücke derjenigen Bereiche nämlich, von denen er innerhalb des Chromosoms eingeschlossen wird (*spezielle Transduktion*). Dies gilt z.B. für den Phagen Lambda, der *Escherichia coli* befällt. Er integriert zwischen dem Gen für die Biosynthese von Biotin und den Genen, welche für den Galaktoseabbau kodieren. Die speziell transduzierenden Partikel des Phagen Lambda tragen folglich entweder Teile der Gene für die Biotin-Synthese oder für die Galaktoseverwertung. Diese DNA kann auf bakterielle Mangel-Mutanten mit Defekten in diesen Genregionen übertragen werden. Die Funktion der defekten Gene kann durch die übertragenen Genstücke in der Weise ergänzt werden, so daß die Empfängerzelle und ihre Nachkommen die entsprechende Stoffwechselleistung erbringen.

Integrieren Phagen an beliebigen Stellen des Bakterienchromosoms, so können sie alle möglichen DNA-Segmente übertragen (*generelle oder allgemeine Transduktion*). Durch generelle Transduktion können demgemäß nur nahe beieinanderliegende Genabschnitte gemeinsam übertragen werden. Bei der Erstellung bakterieller Genkarten macht man sich diese Tatsache zunutze: die relative Häufigkeit der gleichzeitigen Übertragung zweier Gene ist ein Maß für ihren räumlichen Abstand voneinander. Die Transduktion wird besonders zur Feinkartierung einzelner Genbereiche herangezogen.

Einen Sonderfall stellt der temperente Phage P1 für *Escherichia coli* dar, der die Fähigkeit zur generellen Transduktion besitzt. Er liegt als Prophage vor, der nicht in das Bakteriengenom integriert ist, sondern ein freies Plasmid im Cytoplasma bildet. Deshalb können auf ihn in der Gentechnik sowohl die Methoden der Phagen- als auch der Plasmidübertragung angewandt werden. Darüber hinaus schließt das Wirtsspektrum dieses Phagen mehrere Bakteriengattungen ein. Bei der Vermehrung von P1 wird etwa in einem von 300 Phagenköpfen ein Stück der DNA des befallenen Bakteriums mit verpackt.

In dem folgenden Versuch wird der Bakteriophage P1 zunächst auf dem streptomycinresistenten Stamm *Escherichia coli* K-12 (*DSM* 426) vermehrt. Durch Chloroform werden im Lysat die noch lebenden Bakterien abgetötet. Einige Phagenpartikel dieses Lysates tragen das bakterielle Gen für die Streptomycinresistenz. Als Rezipient dient der streptomycin-sensitive Stamm *Escherichia coli* K-12 (*DSM* 498). Nach kurzer Zeit, in der die Phagen Gelegenheit hatten, die DNA in die Wirtszellen zu injizieren, wird die Anheftung der Phagen an diese Zellen (Adsorption) durch Zugabe von Natriumcitrat unterbrochen. Natriumcitrat fängt in einer Komplexbildungsreaktion $CaCl_2$-Ionen ab, die zur Adsorption des Phagen P1 nötig sind. Dadurch wird vermieden, daß die bis dahin gebildeten Transduktanten von Phagen abgetötet werden, bevor also deren Virulenz zur Wirkung kommt.

Die Rezipientenzellen werden dann auf einem streptomycinhaltigen Nährboden ausgestrichen; Transduktanten, die das Gen erhalten haben, das Streptomycinresistenz verleiht, können zu einer Kolonie heranwachsen.

Geräte

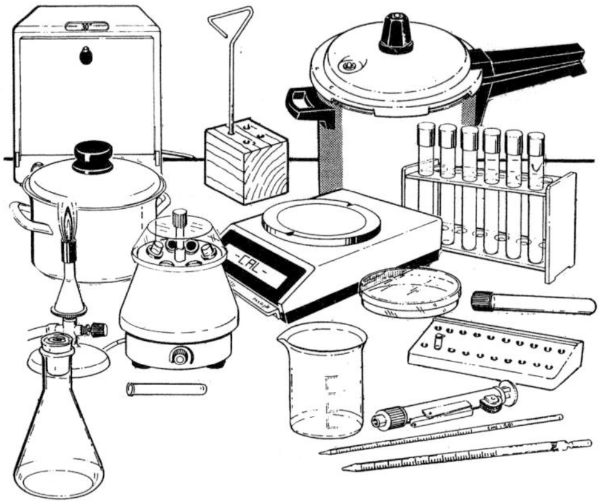

Vorbereitung:
1 Autoklav oder Schnellkochtopf
1 Erlenmeyerkolben (250 ml)
1 Laborwaage
8 Petrischalen, steril, einweg
5 Reagenzgläser mit Alu-Kappe oder Stopfen
1 Reagenzglasständer

Durchführung:
1 Becherglas (250m l) für Ethanol, 96 %, zum Abflammmen
1 Uhrglas zum Abdecken des Becherglases
1 Brutschrank
1 Bunsenbrenner
1 Drigalski-Spatel, im Holzblock
1 Eppendorf-Reaktionsgefäß
6 Meßpipetten (je 1 ml), steril
2 Meßpipetten (je 5 ml), steril
2 Pipettierhilfen
1 Röhrchen, klein, mit Schraubverschluß
1 Ständer für das Eppendorf-Reaktionsgefäß
1 Tischzentrifuge
2 Zentrifugenröhrchen

Verbrauchsmaterial, Chemikalien, Lebewesen

Chloroform (*Merck* 102 445)
Ethanol 96%, vergällt, zum Abflammen
Luria-Bertani-Agar (LB-Agar), s. *Anhang* 2.3
Luria-Bertani-Bouillon (LB), s. *Anhang* 2.4
MC-Puffer, s. *Anhang* 1.15
Natriumcitrat (1 M), s. *Anhang* 1.20
Streptomycin (*Sigma* S 6501)
Bakteriophage P1 (*DSM* 5757)
E. coli K-12 C 600′ (*DSM* 426)
E. coli K-12 „wildtype", str^s (*DSM* 498)

Zeitbedarf

Vorbereitung:

Lieferung der Stämme:	1 Woche
Vorbereitung der Medien:	90 min

Durchführung:

Vorkultur:	1 d
Herstellung des P1-Lysates und neue Vorkultur:	1 d
Transduktion:	45 min
Bebrüten:	3 d

Vorbereitung

1. Der Bakteriophage P1 (*DSM* 5757) und die Stämme von *Escherichia coli* K-12 (*DSM* 426 und 498) werden bei der DSMZ – Deutschen Sammlung von Mikroorganismen und Zellkulturen GmbH bestellt. Von den beiden *E. coli*-Stämmen wird je eine Kultur angelegt (s. Band 3, S. 19 ff.).
2. Folgende Lösungen und Nährmedien werden angesetzt und sterilisiert:
   a) 1 ml Luria-Bertani-Bouillon (LB) für die Übernachtkultur von *Escherichia coli* K-12 (s. *Anhang* 2.4) in einem Reagenzglas; das Glas wird mit einer Alukappe oder einem Wattestopfen verschlossen.
   b) 4,5 ml und 5 ml LB-Medium in je einem Reagenzglas, die Reagenzgläser werden verschlossen.

c) 5 ml MC-Puffer (s. *Anhang* 1.15) in einem Reagenzglas, das verschlossen wird.
d) 0,6 ml und 1 M Natriumcitrat (s. *Anhang* 1.20) in einem Reagenzglas, das ebenfalls verschlossen wird.
e) 100 ml LB-Agar wird zubereitet (s. *Anhang* 2.3); nach dem Autoklavieren und dem Abkühlen werden 2 mg Streptomycin zugegeben, es wird kräftig geschüttelt. Anschließend werden 4 Platten gegossen (s. Band 1, 3.3.4, S. 64 ff.).

3. Es werden (entsprechend der DSM-Beschreibung) 0,5 ml Suspension des Phagen P1 hergestellt.

Durchführung

Herstellung des P1-Lysates:

1. 1 ml Luria-Bertani-Medium (LB) wird in einem Reagenzglas mit *Escherichia coli* K-12 (*DSM* 426) beimpft und 12 h bei 37 °C bebrütet.
2. Danach werden zu dieser Übernachtkultur von *Escherichia coli* K-12 (*DSM* 426) 0,5 ml P1-Phagensuspension und 4,5 ml LB-Medium gegeben, bei 37 °C wird erneut über Nacht inkubiert.
3. Zu dieser lysierten Kultur werden 0,5 ml Chloroform zugegeben, sie wird kräftig geschüttelt und in ein Zentrifugenröhrchen übergeführt.
4. Es wird 10 min zentrifugiert. Der Überstand (P1-Lysat) wird vorsichtig abgehoben (kein Chloroform mitführen!) und in ein neues steriles Schraubdeckelröhrchen übergeführt.

Transduktion:

5. 5 ml Luria-Bertani-Bouillon (LB) werden in einem Reagenzglas mit *Escherichia coli* K-12 (*DSM* 498) beimpft und 12 h bei 37 °C bebrütet.
6. Die Übernachtkultur wird in ein Zentrifugenröhrchen übergeführt. Dann wird zentrifugiert, wobei die Zellen sedimentieren. Der Überstand wird verworfen, und die Zellen werden mit 5 ml MC-Puffer aufgenommen (Zellsuspension).
7. In einem Eppendorf-Reaktionsgefäß werden 0,3 ml P1-Lysat und 0,3 ml Zellsuspension vermischt und 20 min bei 37 °C inkubiert.
8. Zu diesem Gemisch werden 0,6 ml 1 M Natriumcitrat hinzugefügt.
9. Je 0,2 ml dieser Lösung werden auf den vier LB-Agarplatten, die Streptomycin enthalten, ausgestrichen.
10. Alle Platten werden 3 Tage bei 37 °C bebrütet. Auf den Platten treten streptomycinresistene Kolonien von *Escherichia coli* K-12 (*DSM* 498) auf.

Erläuterungen und Hinweise

zu 4.:
Der Titer der Phagensuspension im Überstand kann nach der Anleitung in 2.5.1, S. 111 ff. bestimmt werden. Die Suspension kann bei 4 °C etwa einen Monat lang aufbewahrt werden.

zu 8.:
Dadurch wird die weitere Phagenadsorption verhindert.

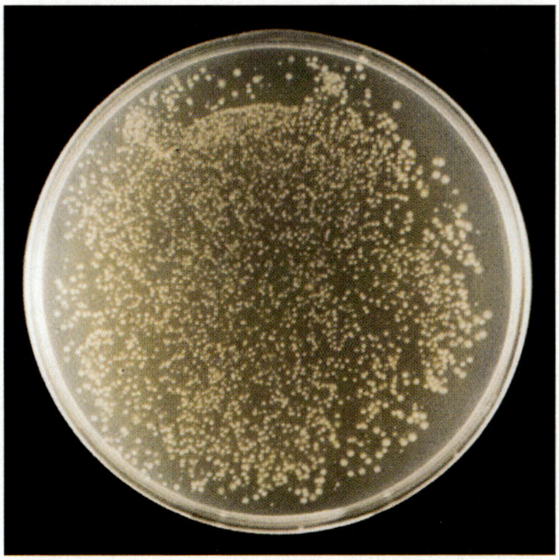

Abb. 123.1: Ergebnis der Transduktion des Gens für Streptomycinresistenz bei *E. coli* K-12. Die Transduktanten, ursprünglich streptomycinsensitive Bakterien, wachsen auf streptomycinhaltigem Nährboden

2.6.3 Transfektion von *Escherichia coli* K-12 durch DNA des Bakteriophagen Lambda

Die Transformation, also die Aufnahme freier, löslicher DNA aus der Umgebung, wurde bereits im Jahre 1928 von GRIFFITH bei Untersuchungen zum Infektionsweg von *Pneumococcus*, einem Bakterium, das Lungenentzündung erzeugt, beschrieben und 1944 von AVERY et al. molekularbiologisch erklärt (Näheres s. *Linder*, S. 354, BAYRHUBER/KULL 1989; *Pneumococcus* wird heute als *Enterococcus* bezeichnet). Eine Transformation kommt natürlicherweise sowohl bei Gram-positiven als auch bei Gram-negativen Bakterien vor, sie konnte bisher aber nur bei einer relativ geringen Anzahl von Gattungen (z.B. bei *Haemophilus, Neisseria, Bacillus, Acinetobacter*) nachgewiesen werden. Mit sehr vielen Bakteriengattungen läßt sich demnach eine Transformation unter Einsatz der bisher üblichen Methoden nicht durchführen. Der Übertragung rekombinanter DNA auf Vertreter solcher Gattungen sind damit Grenzen gesetzt. Dennoch gehört die Transformation heute zu den wichtigsten Methoden der Gentechnik zur Einschleusung von Fremd-DNA.

Nicht alle Zellen solcher Stämme, die grundsätzlich zur Aufnahme von DNA fähig sind, sind auch tatsächlich transformierbar. Die transformierbaren Zellen werden als kompetent bezeichnet. Bei Gram-positiven Bakterien induzieren bestimmte Wachstumsbedingungen den physiologischen Zustand der Kompetenz. Hierfür ist die Synthese eines besonderen Kompetenzfaktors (ein kleines Proteinmolekül) erforderlich.

Bei Gram-negativen Bakterien kommt ein Kompetenzfaktor nicht vor. Vor etwa 17 Jahren wurde empirisch gefunden, daß sich durch Zugabe von Ca^{2+}-Ionen und einen nachfolgenden kurzen Hitzeschock die Aufnahmerate der DNA bei dem Gram-negativen Bakterium *Escherichia coli* stark erhöhen läßt. Der genaue Mechanismus der erhöhten DNA-Permeabilität ist aber bis heute unbekannt. Mit dieser Methode lassen sich besonders gut Plasmide (< 30 kbp) in eine Bakterienzelle einführen (vgl. 1.1). Die Transformation von *Escherichia coli* ist eine der wichtigsten Techniken der DNA-Klonierung.

Eine neue Methode zur Förderung der Transformation ist die sogenannte Elektroporation. Hier wird mit Hilfe eines starken elektrischen Feldes die DNA-Aufnahme in die Zelle ermöglicht bzw. erleichtert. Mit diesem neuen Verfahren kann man Fremd-DNA in solche Zellen einbringen, die auf herkömmliche Art nicht transformiert werden können. Man vermischt eine Flüssigkultur kompetenter Zellen mit der Lösung freier DNA und setzt sie dann kurzen elektrischen Impulsen hoher Feldstärke aus.

Bei der **Transfektion** handelt es sich um eine Sonderform der Transformation: von einer Bakterienzelle wird dabei freie Phagen-DNA aufgenommen. Diese wird entweder in das Genom des Bakteriums integriert (Prophagenzustand), oder sie leitet den lytischen Zyklus der Phagenvermehrung ein (vgl. *Linder*, S. 353, BAYRHUBER/KULL 1989).

Nach der Behandlung mit $CaCl_2$ und einem Hitzeschock ist der Stamm *Escherichia coli* K-12 LE 392 (*DSM* 4230) fähig, freie DNA aus der Umgebung aufzunehmen. In diesem Versuch wird den kompetenten Zellen DNA des Bakteriophagen Lambda angeboten. In Zellen von *E. coli* K-12 LE 392 (*DSM* 4230), die ein vollständiges Genom dieses Phagen aufnehmen, wird der lytische Zyklus der Phagenreplikation eingeleitet. Die nach kurzer Zeit von der transfektierten Zelle freigesetzten intakten Bakteriophagen (nun also mit Eiweißhülle!) können im Weichagar benachbarte Zellen infizieren. So entsteht im Bakterienrasen ein Plaque an der Stelle, an der sich ursprünglich eine transfektierte Zelle befand.

Geräte

Vorbereitung:

1 Autoklav oder Schnellkochtopf
1 Erlenmeyerkolben (100 ml) für die Vorkultur
1 Laborwaage
6 Petrischalen, steril, einweg
1 Reagenzglas, klein oder 1 Eppendorf-Reaktionsgefäß für den TE-Puffer

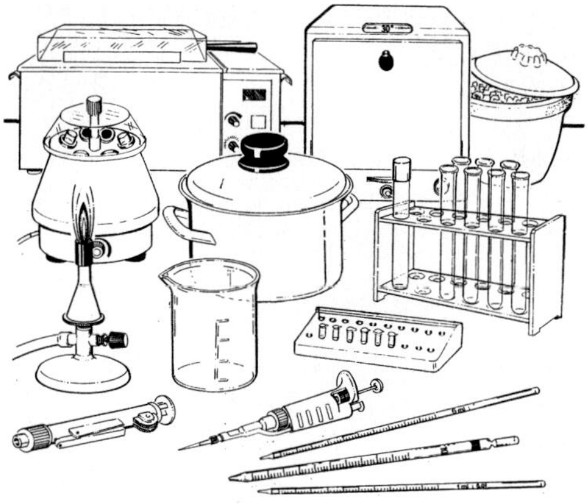

1 Reagenzglas mit Alu-Kappe oder Stopfen für die Vorkultur
6 Reagenzgläser für den Weichagar
1 Reagenzglasständer

Durchführung:
1 Becherglas (250 ml)
1 Brutschrank
1 Bunsenbrenner
1 Drahtnetz
1 Dreifuß
1 Eisbehälter
1 Eppendorf-Pipette (1 bis 20 µl), verstellbar
1 Eppendorf-Pipette (1 bis 100 µl), verstellbar
20 Eppendorf-Pipettenspitzen, gelb, steril
6 Eppendorf-Reaktionsgefäße, steril
1 Kochtopf
Küvetten
5 Meßpipetten (je 1 ml)
1 Meßpipette (5 ml)
2 Meßpipetten (je 10 ml)
1 Photometer
2 Pipettierhilfen
1 Reagenzglas mit Alu-Kappe oder Stopfen
1 Ständer für die Eppendorf-Reaktionsgefäße
1 Wasserbad (42 °C)
1 Wasserbad (48 °C)
1 Zentrifuge
2 Zentrifugengläser, steril

Verbrauchsmaterial, Chemikalien, Lebewesen

Calciumchloridlösung (50 mM), *s. Anhang* 1.4
DNA vom Bakteriophagen Lambda
cI857 Sam 7 (0,25 µg/µl) (*Boehringer* 208 396)
ca. 2 l Eis (zerstoßene Eiswürfel)
Luria-Bertani-Agar (LB-Agar), *s. Anhang* 2.3
Luria-Bertani-Bouillon (LB), *s. Anhang* 2.4
TE-Puffer, *s. Anhang* 1.28
Escherichia coli K-12 LE 392 (*DSM* 4230)

Zeitbedarf

Lieferung der Stämme	1 Woche
Vorbereitung der Medien:	90 min
Vorkultur:	1 d
Herstellung kompetenter Zellen:	4,5 h
Transfektion:	3 h
Bebrüten:	1 d

Vorbereitung

1. *Escherichia coli* K-12 LE 392 (*DSM* 4230) wird bei der DSMZ – Deutschen Sammlung von Mikroorganismen und Zellkulturen GmbH bestellt und eine Kultur des Stammes wird angelegt (s. Band 3, S. 19 ff.).

2. Die folgenden Lösungen werden angesetzt und sterilisiert:
   a) 25 ml Luria-Bertani-Bouillon (LB) werden in einem 100 ml-Erlenmeyerkolben angesetzt (s. *Anhang* 2.4).
   b) 5 ml Luria-Bertani-Bouillon (LB) für die Übernachtkultur von *E. coli* LE 392 werden in einem Reagenzglas, das mit einer Alukappe oder mit einem Wattestopfen verschlossen wird, angesetzt.
   c) 2.100 ml Luria-Bertani-Agar (LB-Agar) werden in einem 500 ml-Erlenmeyerkolben angesetzt (s. *Anhang* 2.3); nach dem Abkühlen auf 55 bis 50 °C werden davon 6 Platten gegossen (s. Band 1, S. 64 ff.).
   d) 2 ml TE-Puffer werden in einem kleinen Reagenzglas oder in einem Eppendorf-

Reaktionsgefäß angesetzt (s. *Anhang* 1.28).

e) Es werden 6 mal 0,5 ml Luria-Bertani-Bouillon (LB) in Reagenzgläsern angesetzt.

f) 1 mal 5 ml Luria-Bertani-Bouillon (LB) werden in einem Reagenzglas (verschlossen mit einer Alukappe oder einem Wattestopfen) angesetzt.

g) 6 Reagenzgläser mit je 3,5 ml Luria-Bertani-Weichagar (LB-Agar; s. *Anhang* 2.3) werden angesetzt (nach dem Autoklavieren fest werden lassen und erst bei Bedarf schmelzen).

h) 10 ml $CaCl_2$-Lösung (50 mM) werden in einem Reagenzglas oder kleinen Erlenmeyerkolben angesetzt (s. *Anhang* 1.4).

3. 5 ml Luria-Bertani-Bouillon (LB) werden in einem Reagenzglas mit *E. coli* LE 392 beimpft und 12 h bei 37 °C bebrütet.

Abb. 126.1: Ergebnis des Transfektionsversuchs (DNA-Lösung A)

Durchführung

Herstellung kompetenter Zellen von *Escherichia coli* LE 392:

1. 5 ml LB werden in einem Reagenzglas mit *E. coli* LE 392 beimpft und 12 h bei 37 °C bebrütet.
2. 25 ml LB werden mit 0,25 ml Übernachtkultur von *E. coli* LE 392 in einem 100 ml-Erlenmeyerkolben beimpft und unter Schütteln bei 37 °C etwa 2,5 bis 3 h inkubiert.
3. Die $CaCl_2$-Lösung, die Zentrifugengläser und die Kultur von *E. coli* LE 392 werden auf Eis gelegt und vorgekühlt.
4. Einige ml der Kultur aus Schritt 2 werden in eine Küvette gegeben und im Photometer analysiert, und zwar bei einer Wellenlänge von 580 nm. Die Analyse wird in kleinen Zeitabständen so oft wiederholt, bis eine Extinktion von 0,60 gemessen wird.
5. Sobald diese optische Dichte erreicht ist, werden aus der Kultur 10 ml entnommen und in ein Zentrifugenglas übergeführt. Ein zweites Zentrifugenglas wird mit 10 ml Wasser befüllt (Ausgleichsgefäß). Die Bakterienzellen werden 10 min abzentrifugiert, der Überstand wird verworfen und das Sediment in 5 ml kalter $CaCl_2$-Lösung (50 mM $CaCl_2$) aufgenommen und auf Eis gelegt, die Zellen sind kompetent.

Transfektion:

5. Von der Lambda-DNA (0,25 µg/ml) werden die folgenden Verdünnungen in einem Eppendorf-Reaktionsgefäß hergestellt:
   Lösung A: 22 µl DNA + 198 µl TE-Puffer,
   Lösung B: 20 µl Lösung A + 180 µl TE-Puffer.
6. Je 100 µl Lösung A, Lösung B und TE-Puffer (Kontrolle) werden mit jeweils 200 µl kompetente Zellen in $CaCl_2$-Lösung in Eppendorf-Reaktionsgefäßen gemischt. Jede Mischung wird zweimal angesetzt, so daß insgesamt 6 Eppendorf-Reaktionsgefäße gebraucht werden:
   a) 200 µl kompetente Zellen in $CaCl_2$-Lösung + 100 µl Lösung A.
   b) 200 µl kompetente Zellen in $CaCl_2$-Lösung + 100 µl Lösung B.
   c) 200 µl kompetente Zellen in $CaCl_2$-Lösung + 100 µl TE-Puffer.

   Alle Mischungen werden 30 min auf Eis inkubiert. Während dieser Zeit wird das Wasserbad auf 42 °C vorgewärmt.

7. Alle Ansätze werden 2 min bei 42 °C inkubiert.
8. Danach werden zu allen Ansätzen je 0,5 ml Luria-Bertani-Bouillon (LB) zugegeben, schließlich wird 15 min bei 37 °C inkubiert.
9. In dieser Zeit wird in einem kleinen Kochtopf der Weichagar geschmolzen und anschließend im Wasserbad auf 48 °C abgekühlt.
10. In die Mitte einer jeden der sechs LB-Platten wird zuerst der Inhalt eines Eppendorf-Reaktionsgefäßes gegossen, darauf werden 3,5 ml Nähr-Weichagar verteilt und beide Lösungen auf der Oberfläche des Nähragars durch leichtes Schwenken vermischt.
11. Alle Platten werden über Nacht bei 42 °C bebrütet. Auf jeder Platte, auf die DNA-Lösung A aufgebracht wurde, finden sich danach etwa 300 Phagenplaques, auf den Platten mit Lösung B nur etwa 30 Plaques. Aus den Ergebnissen wird die Transfektionseffizienz, ausgedrückt als Anzahl der Plaques pro eingesetzte DNA-Menge in ng, berechnet.

Erläuterungen und Hinweise

zu 4.:
Die Zellen müssen sich während der Transfektion in einem exponentiellen Wachstumszustand (log-Phase, vgl. Band 1, S. 94 ff.) befinden, da nur in diesem Stadium eine Phagenvermehrung stattfinden kann. Erfahrungsgemäß ist die optische Dichte der log-Phase (0,60) etwa nach 2,5 h erreicht. Die photometrische Messung dient hier also der genauen Kontrolle.

2.7 Regulation des Lactoseabbaus bei *Escherichia coli*

Genregulation ist für den Organismus, aber auch für die praktische Nutzung eines Organismus in der Forschung, in der Industrie, in der Landwirtschaft und in der Medizin von entscheidender Bedeutung. Durch die Steuerung der Aktivität einzelner Gene wird dafür gesorgt, daß der Stoff- und Energiehaushalt der Zelle möglichst ökonomisch gestaltet wird. Steuerbare Genexpression ist ebenfalls unerläßlich für den erfolgreichen Einsatz von gentechnisch veränderten Mikroorganismen für Produktionszwecke in der Industrie, für die Züchtung widerstandsfähiger Pflanzen und Tiere und für medizinische Zwecke wie z.B. die Gentherapie.

Die Regulation der Transkription stellt eine wichtige Möglichkeit der Steuerung der Genaktivität dar. Diese Form der Kontrolle wurde besonders ausführlich am Beispiel des Lactose-Operons von *E. coli* untersucht, das dem Abbau von Milchzucker dient. Unter einem Operon versteht man eine funktionelle Einheit der DNA. Es dient der koordinierten Synthese bestimmter Enzyme, die stets gleichzeitig und in gleicher Menge gebildet werden, denn bei der Transkription entsteht eine gemeinsame RNA. Zum Lactose-Operon (*lac*-Operon) von *Escherichia coli* gehören drei nebeneinander liegende Strukturgene, die für ebensoviele Enzyme codieren: die *Permease* steuert den Transport des Milchzuckers vom Außenmedium durch die Zellwand (Gen: *lac*Y), die *Lactase* oder *ß-Galaktosidase* spaltet den Milchzucker in Glucose und Galaktose (Gen: *lac*Z), und die *Transacetylase* dient der Entgiftung bestimmter Galaktoside (Gen: *lac*A). Die Tätigkeit der Strukturgene wird durch den *Operator* gesteuert, an den Repressormoleküle binden, sowie durch den Promotor, an den sich die DNA-Polymerase anlagert. Für die Synthese des Repressors, eines Proteins, ist ein weiteres Gen (*lac*I) zuständig. Die Einheit von Strukturgenen, Operator und Promotor heißt Operon (näheres s. *Linder* S. 374 f, BAYRHUBER/KULL 1989). Das Lactose-Operon ist inzwischen auch ein wichtiges Werkzeug gentechnischer Arbeiten geworden. So gibt es Expressionsvektoren, die Teile des Lactose-Operons enthalten (s. *Nutzung von Enzymen in der Biotechnik*, 1.1). Wenn man ein Fremdgen in einen solchen Vektor einbaut, wird der Promotor des Lactose-Operons auch zur Startstelle für die Transkription des Fremdgens, nach Zugabe von Lactose als Induktor setzt die Transkription des Fremdgens ein.

Anhand des folgenden Versuches können Grundkenntnisse der Genregulation vermittelt werden. Weiterhin kann die Bedeutung einer *kontrollierten* Genexpression für die Entwicklung eines Organismus und für Gentransferversuche bei Tieren, z.B. bei der Übertragung des Gens für Wachstumshormon auf Mäuse oder Schweine, thematisiert werden (s. 1.3.1 und *Linder* S. 385, BAYRHUBER/KULL 1989). Schließlich kann man anhand dieses Versuches erläutern, wie wichtig Genregulation für eine mögliche Gentherapie beim Menschen ist (s. 1.4.2).

Bei dem Versuch werden drei verschiedene Stämme von *Escherichia coli* verwendet: ein Wildtyp-Stamm, ein Stamm mit einer Mutation im *lac*Z-Gen, der keine β-Galaktosidase synthetisieren kann, und ein Stamm mit einer Mutation im *lac*I-Gen, der einen defekten Repressor des Lactose-Operons bildet. Die Stämme werden jeweils auf Nährböden mit und ohne Lactose angezogen. In Gegenwart von Lactose wird die Transkription der Strukturgene des Lactose-Operons induziert. Die Aktivität des Lactose-Operons wird anhand des Enzyms β-Galaktosidase nachgewiesen. Als Substrat für den Enzymnachweis dient die Substanz ONPG (o-Nitrophenyl-β-D-galaktopyranosid).

Wässrige ONPG-Lösungen sind farblos. Bei der Spaltung von ONPG durch das Enzym β-Galaktosidase entstehen Galaktose und intensiv gelb gefärbtes Nitrophenolat. Das Auftreten einer tiefgelben Färbung bedeutet also, daß β-Galaktosidase im Ansatz vorhanden ist und folglich auch, daß das Lactose-Operon induziert worden ist.

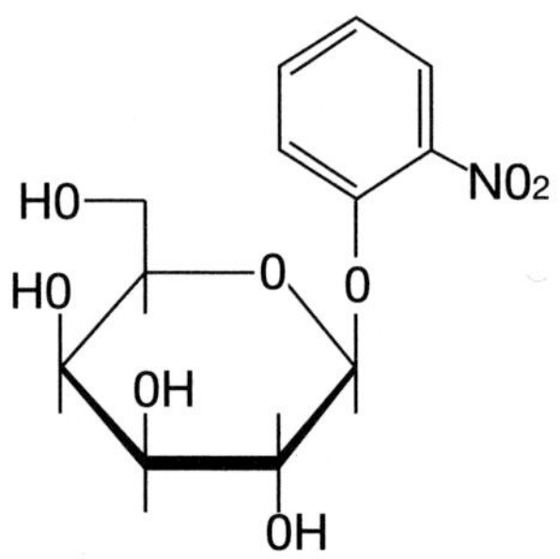

Abb. 128.1: Strukturformel von o-Nitrophenyl-β-D-galaktopyranosid (ONPG)

Geräte

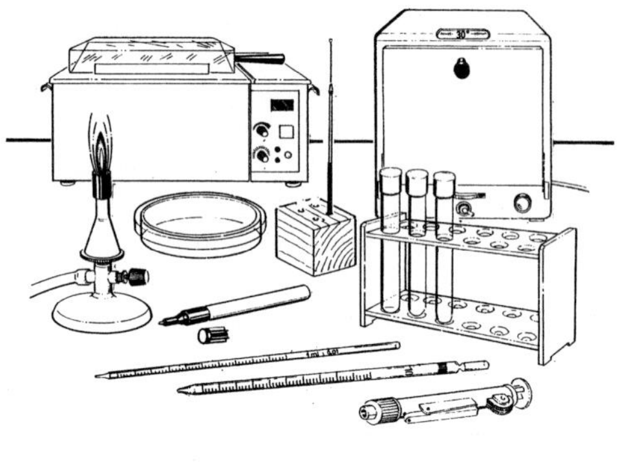

1 Bunsenbrenner
1 Brutschrank (37 °C)
1 Filzstift
1 Impföse, im Holzblock
2 Meßpipetten (10 ml)
2 Meßpipetten (1,0 ml)
6 Petrischalen, steril, einweg
Pipettierhilfen
3 Reagenzgläser mit Alukappe oder Stopfen
1 Reagenzglasständer
1 Wasserbad (37 °C) mit Schütteleinrichtung.

Verbrauchsmaterial, Chemikalien, Lebewesen

MacConkey Agar, s. *Anhang* 2.5
Nähragar (NA), s. *Anhang* 2.13
Nährbouillon (NB), 50 ml, s. *Anhang* 2.14
Phosphatpuffer (0,05 M), 10 ml, s. *Anhang* 1.23
Pril,
ONPG-Lösung (10 mM), s. *Anhang* 1.21
Natriumcarbonatlösung (1 M), 10 ml, s. *Anhang* 1.19

Stämme:	Genotyp	Phänotyp
A *E. coli* K-12 *DSM* 6255	Wildtyp induzierbar	Lac$^+$
B *E. coli* K-12 L17 *DSM* 6254	lacI$^-$Z$^-$,Sm^r	Lac$^-$
C *E. coli* K-12 CSH36 *DSM* 6253	lac/F′ lacI$^-$ konstitutiv	Lac$^+$

Zeitbedarf

Bestellen der Stämme:	1 Woche
Vorbereitung:	10 min,
Tag 1:	15 min,
Tag 2:	45 min,
Tag 3:	15 min.

Vorbereitung

1. Die Stämme *Escherichia coli* K-12 Wildtyp (*DSM* 6255), *Escherichia coli* K-12 L17 (*DSM* 6254) und *Escherichia coli* K-12 CSH36 (*DSM* 6253) werden bei der DSMZ – Deutsche Sammlung von Mikroorganismen und Zellkulturen GmbH – bezogen und als Subkultur angelegt (s. Band 3, S. 19 ff.).
2. Die oben angegebenen Lösungen und Nährmedien werden entsprechend Anhang angesetzt und sterilisiert.
3. Es werden je drei MacConkey-Agarplatten und Nähragarplatten gegossen.
4. Eine Übernachtkultur aller drei Bakterienstämme wird angesetzt, indem jeweils 3 ml Nährboullion im Reagenzglas beimpft und über Nacht bei 37 °C geschüttelt werden.

Durchführung

Tag 1

1. Drei Nähragar-Platten werden mit je einem Symbol der drei Stämme (A, B und C) beschriftet, desgleichen drei MacConkey-Agarplatten. Auf jeder Platte werden mit einer Impföse 3 bis 5 Striche (ca. 0,5 cm dick) des betreffenden Stammes aufgetragen.
   Vorsicht: Bei einem Wechsel von einer Nährbodensorte zu einer anderen und von einem Stamm zum anderen muß die Impföse zwischendurch gut ausgeglüht werden. Die Nährböden werden über Nacht bei 37 °C inkubiert. Sie können dann entweder am nächsten Tag sofort weiterbearbeitet oder zunächst in einer Plastiktüte verpackt und 1 bis 2 Wochen im Kühlschrank aufbewahrt werden.

Tag 2

2. 6 Reagenzgläser werden mit je 1 ml Phosphatpuffer gefüllt. Die Reagenzgläser werden in folgender Weise beschriftet:

A	A	B	B	C	C
NA	Mac	NA	Mac	NA	Mac

   (NA = Nähragar; lactosefrei)
   (Mac = MacConkey-Agar; lactosehaltig)

   Entsprechend der jeweiligen Beschriftung nimmt man mit der Impföse ein Inokulum Bakterien von der Platte auf und suspendiert die Bakterien im Phosphatpuffer des Reagenzglases.
3. Mit einer 1,0 ml-Pipette (oder direkt aus der Flasche) gibt man zu jedem Ansatz einen Tropfen Pril hinzu und inkubiert die Ansätze 5 min bei 37 °C im Wasserbad.
4. Mit einer 1,0 ml Pipette gibt man dann 0,1 ml ONPG-Lösung zu jedem Ansatz und läßt die Proben ca. 15 min bei Zimmertemperatur stehen. (Um die Reaktion zu beschleunigen, kann man die Ansätze bei 37 °C inkubieren.) Anschließend gibt man mit einer 10 ml-Pipette jeweils 1 ml Na_2CO_3-Lösung zu jedem Ansatz. Die Ansätze können nun bis zur Auswertung wochenlang bei Zimmertemperatur aufbewahrt werden.

Tag 3

5. Auswertung: Wenn β-Galaktosidase im Ansatz vorhanden ist, wird ONPG gespalten und es entsteht eine tiefgelbe Färbung. In eine Tabelle wird eingetragen, wo eine starke gelbe Färbung zu erkennen ist. Die Schüler sollen versuchen, die unterschiedlichen Ergebnisse zu deuten.

Erläuterungen und Hinweise

zu 3.:
Durch Zugabe von Pril wird die Zellmembran aufgelöst und β-Galaktosidase freigesetzt.

zu 5.:

	Nähragar ohne Lactose (NA)	*MacConkeyAgar mit Lactose*
A	weißlich	tiefgelb
B	weißlich	weißlich
C	tiefgelb	tiefgelb

Tab. 130.1: Erwartete Ergebnisse

Stamm A ist ein Wildtyp-Stamm. Wenn dieser in Gegenwart von Lactose wächst, wird die Transkription der Strukturgene des Lactose-Operons induziert. Ohne Lactose bleibt das Operon inaktiv. Stamm B trägt eine Mutation im Gen für β-Galaktosidase, dem Z-Gen, und kann deswegen gar kein Enzym bilden. Bei Stamm C ist das gesamte Lactose-Operon im Hauptchromosom deletiert, aber der Stamm trägt ein F-Plasmid, das eine Kopie des Lactose-Operons enthält. Dieses Lactose-Operon ist allerdings kein Wildtyp-Operon. Sein I-Gen, das für den Repressor kodiert, ist mutiert. Stamm C ist folglich nicht in der Lage, den Lactoseabbau zu hemmen. Wegen des Fehlens des Repressors werden die Strukturgene des Lactose-Operons ständig transkribiert. Die Expression des Operons in diesem Stamm wird deswegen als „konstitutiv" bezeichnet.

Abb. 130.1: Ergebnisse des Versuchs zur Regulation des Lactose-Operons in *E. coli*

2.8 Freisetzung von Bakterien in die natürliche Umgebung

Das Risiko der gezielten Wiedereinführung gentechnisch veränderter Bakterien in deren natürlichen Lebensraum wird durch Labortests ermittelt. Dabei können verschiedene Freisetzungsparameter beobachtet werden: Die *Anzahl* der freigesetzten Mikroorganismen, deren *Ausbreitung* durch Eigenbewegung oder Transport, deren *Persistenz* (Überlebensfähigkeit) und *Replikationsfähigkeit* (Vermehrungsfähigkeit) in verschiedenen Lebensräumen, sowie deren *horizontaler Gentransfer* auf andere Mikroorganismen (nach Backhaus 1991).

Im Schulunterricht läßt sich ein solcher Labortest im Modellversuch veranschaulichen: Es wird untersucht, in welchem Umfang eine bestimmte Anzahl Bakterien eines Laborstammes im Teichwasser überleben kann, das natürlicherweise schon eine Reihe verschiedener Keime enthält. Zum Vergleich kann die Persistenz und Replikationsfähigkeit der Bakterien auch in sterilisiertem Teichwasser bestimmt werden, das zwar alle Nährstoffe, aber keine anderen Lebewesen enthält. Gegebenenfalls läßt sich die Überlebensrate auch in Leitungswasser, das nicht einmal organische, sowie in destilliertem Wasser, das überhaupt keine Nährstoffe enthält, untersuchen.

Als Testorganismus wird ein gentechnisch nicht veränderter *E.coli*-Stamm verwendet, der zum Lactoseabbau befähigt (lac^+) und streptomycinresistent (Sm^r) ist. Dieser Stamm kann auch unter natürlichen Bedingungen vorkommen. Er kann auf einem Nährboden wachsen, der Milchzucker (Lactose) enthält. Ist dem Nährboden ein Indikator zugesetzt (z.B. Neutralrot, Kristallviolett), färben sich die Kolonien durch Milchsäurebildung rot. (MacConkey-Agar; vgl. 2.6.1 und 2.7). Die Antibiotikaresistenz des Stammes ermöglicht auch ein Wachstum in Gegenwart von Streptomycin. Beide Eigenschaften dienen im Experiment dem Nachweis und der Unterscheidung des „freigesetzten" *E.coli*-Stammes von den im Teichwasser natürlicherweise vorkommenden Bakterien, denn diese besitzen gewöhnlich allenfalls eine der beiden Eigenschaften. Die Streptomycinresistenz des Stammes kann praktisch nicht auf andere Bakterien übertragen werden, da die entsprechenden Gene chromosomal (nicht auf Plasmiden) lokalisiert sind (vgl. Band 3, 2.3.5). Diese Tatsache macht den Stamm für Schulversuche geeignet.

Im Experiment werden so viele Zellen des Testorganismus eingesetzt, daß die Proben etwa einen Titer von 10^6 Zellen/ml besitzen. Dieser wird ungefähr erreicht, wenn 0,5 ml einer Übernachtkultur des Stammes (ca. 10^9 Zellen/ml) in 500 ml Probenwasser übertragen werden. Alle 24 h wird eine Probe entnommen und in drei Zehnerschritten verdünnt. Die Verdünnungsstufen werden auf MacConkey-Agar ausplattiert. Durch Auszählen der nach einem Tag herangewachsenen Kolonien wird der Titer im jeweiligen Probenwasser bestimmt.

Geräte

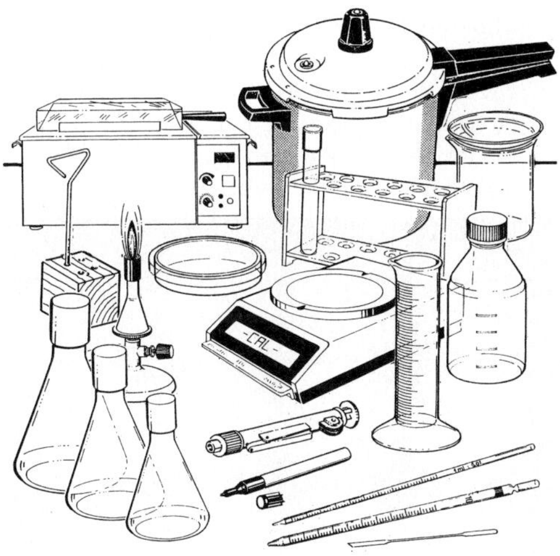

1 Autoklav oder Schnellkochtopf
1 Becherglas (250 ml) für Ethanol, 96 %, zum Abflammen
1 Uhrglas zum Abdecken des Becherglases
1 Bunsenbrenner
1 Chemikalienspatel
1 Drigalski-Spatel im Holzblock
1 Erlenmeyerkolben (100 ml), mit Alukappe
1 Erlenmeyerkolben (300 ml), mit Alukappe*
2 Erlenmeyerkolben (1.000 ml pro Ansatz), mit Alukappe*
1 Filzstift, wasserfest
3 Glasflaschen (500 ml), mit Schraubverschluß bzw. Erlenmeyerkolben mit-Alukappe
1 Laborwaage
Meßpipetten (10 ml)
Meßpipetten (1 ml)
1 Meßzylinder (500 ml)
30 Petrischalen*, steril
Pipettierhilfe
24 Reagenzgläser, mit Alukappe*
1 Wasserbad

*) doppelte Anzahl, wenn auch Leitungswasser und destilliertes Wasser untersucht werden.

Verbrauchsmaterial, Chemikalien, Lebewesen

Alufolie
Ethanol, 96 %, vergällt, zum Abflammen
MacConkey-Agar mit Streptomycin, s. *Anhang* 2.5

Nährbouillon (NB), s. *Anhang* 2.14

Ringerlösung, s. *Anhang* 1.26

Wasserproben:
Teichwasser (mind. 1 l), evtl. Leitungswasser (500 ml) und destilliertes Wasser
Kultur von *Escherichia coli* K-12, lac^+, Sm^r (*DSM* 4760)

Zeitbedarf

Bestellen des Stammes:	1 Woche
Vorbereitung:	45 min
Übernachtkultur:	24 h
Durchführung (Beimpfen):	45 min
Erfassen der Keimzahlen:	alle 24 h (über 3 d)

Vorbereitung

1. *Escherichia coli* K-12 (*DSM* 4760) wird bei der DSMZ – Deutschen Sammlung von Mikroorganismen und Zellkulturen GmbH bezogen und als Subkultur angesetzt (s. Bd. 3, S. 19 ff.).
2. Eine Übernachtkultur dieses Stammes wird in 5 ml Nährbouillon (NB) angesetzt.
3. 30 Nährbodenplatten mit MacConkey-Agar (s. *Anhang* 2.5), werden gegossen. Falls zusätzlich Leitungswasser und destilliertes Wasser untersucht werden, werden weitere 30 Platten gegossen.
4. 1 l Teichwasser wird besorgt.
5. 500 ml destilliertes Wasser werden sterilisiert (Schraubflasche).
6. Pro Probenwasser wird eine Verdünnungsreihe vorbereitet (s. Band 1, S. 87 ff), d.h., in sechs Reaganzgläser werden jeweils 9 ml Ringerlösung vorgelegt.

Durchführung

1. Die zwei großen Erlenmeyerkolben werden mit jeweils 500 ml Wasserproben befüllt, und zwar der erste mit sterilisiertem Teichwasser (ST) und der zweite mit natürlichem Teichwasser (NT) (evtl. noch ein dritter mit Leitungswasser (LW) und ein vierter mit destilliertem Wasser (DW)) und mit einem wasserfesten Filzstift mit den entsprechenden Symbolen beschriftet.
2. Jeder Probenkolben wird unter sterilen Bedingungen mit 0,5 ml der Übernachtkultur von *Escherichia coli* K-12 beimpft. Die Kolben werden im Wasserbad bei 37 °C bebrütet.
3. Die Reagenzgläser und Nährbodenplatten werden mit je einem Symbol der drei folgenden Parameter beschriftet:
   a) NT, ST, (evtl. LW, DW)
   b) 10^{-1}, 10^{-2}, 10^{-3}
   c) 0. Tag, 1. Tag, 2. Tag, 3. Tag
4. Es werden 1 ml aus jedem Probenkolben steril entnommen und in das entsprechend beschriftete erste Reagenzglas (z.B. NT, 10^{-1}, 0.Tag) überpipettiert. Das Reagenzglas wird quirlartig zwischen den Fingern gedreht und die Probe mit der vorgelegten Ringerlösung (9 ml) durchmischt. Danach werden 0,1 ml auf die entsprechend beschriftete Nährbodenplatte aufpipettiert. Der Drigalski-Spatel wird mit Alkohol abgeflammt und anschließend durch Benutzung des Agars abgekühlt. Die aufpipettierte Probe wird damit gleichmäßig auf der Agaroberfläche verteilt.
5. 1 ml Lösung wird mit einer neuen Pipette steril von dem ersten in das zweite Reagenzglas (10^{-2}) überpipettiert und wie oben angegeben mit der vorgelegten Ringerlösung durchmischt. Weiterhin werden 0,1 ml der Lösung auf die entsprechend beschriftete Platte übertragen und wie oben beschrieben ausplattiert.
6. 1 ml Lösung wird mit einer neuen Pipette steril von dem zweiten in das dritte Reagenzglas (10^{-3}) überpipettiert. Dann wird so verfahren, wie unter Punkt 5 beschrieben.
7. Die Nährbodenplatten werden mindestens 24 h lang bei 37 °C bebrütet.
8. Auch am 2. und 3. Tag wird wie unter den Punkten 4 bis 7 beschrieben verfahren (alle 24 h).
9. Die Platten, die zwischen 30 und 300 Kolonien enthalten, werden zur Bestimmung des Bakterientiters herangezogen. Es werden nur rötlich gefärbte Kolonien gezählt.

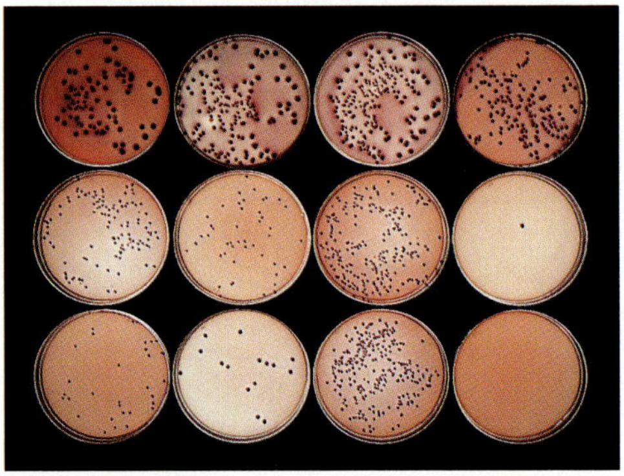

Abb. 132.1: Nährbodenplatten mit Kolonien der Testorganismen (Verdünnungsstufe 10^{-3}). Spalten von links nach rechts: Leitungswasser, destilliertes Wasser, steriles Teichwasser, Teichwasser. Zeilen von oben nach unten: 0. Tag, 2. Tag, 3. Tag

Erläuterungen und Hinweise

zu 9.:
Auf einer Platte mit der Aufschrift ST, 10^{-3}, 3. Tag wurden 281 Kolonien gezählt:

In der tausendfachen Verdünnung des sterilen Teichwassers befanden sich demnach am dritten Tag nach der Freisetzung:

$$\frac{281 \text{ Keime}}{0{,}1 \text{ ml}} = 2{,}81 \cdot 10^3 \text{ Keime/ml},$$

in der Ausgangsprobe also:
$10^3 \cdot 2{,}81 \cdot 10^3$ Keime/ml = $2{,}81 \cdot 10^6$ Keime/ml

Probe	30. Tag	31. Tag	32. Tag	33. Tag
NT	$1{,}29 \cdot 10^6$	$0{,}74 \cdot 10^4$	$1{,}43 \cdot 10^3$	$0{,}47 \cdot 10^3$
ST	$1{,}02 \cdot 10^6$	$2{,}26 \cdot 10^6$	$2{,}60 \cdot 10^6$	$2{,}81 \cdot 10^6$
LW	$2{,}33 \cdot 10^6$	$0{,}94 \cdot 10^6$	$1{,}21 \cdot 10^6$	$0{,}43 \cdot 10^6$
DW	$1{,}80 \cdot 10^6$	$1{,}13 \cdot 10^6$	$0{,}28 \cdot 10^6$	$0{,}17 \cdot 10^6$

Tab. 133.1: Übersicht über die Keimzahlentwicklung in vier Wasserproben freigesetzter Testorganismen (E.coli K-12, lac^+, Sm^r) im Verlauf von vier Beobachtungstagen

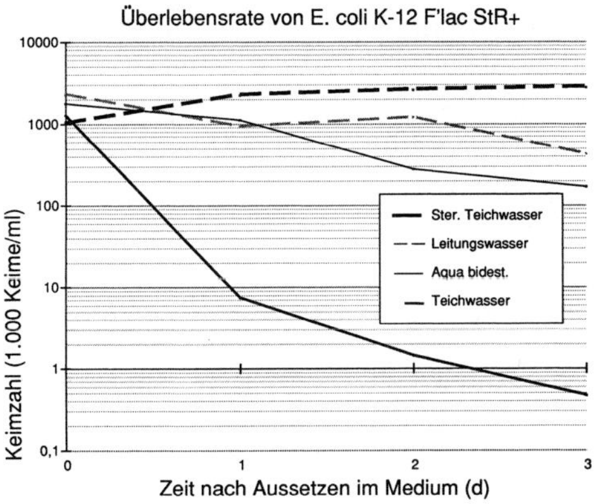

Abb. 133.1: Überlebensrate von *E.coli* K-12 in unterschiedlichen Wasserproben

Sehr vereinzelt werden auch weiße Kolonien gefunden. Hierbei handelt es sich um streptomycinresistente Bakterien aus der Natur, die keine Lactose abbauen können (der Nährboden enthält auch andere Nährstoffe). Anhand der abnehmenden Keimzahlen des „freigesetzten" *E.coli*-Stammes wird deutlich, daß sich im unsterilen Teichwasser eine drastische Reduktion der ursprünglich freigesetzten Bakterien um drei bis vier Zehnerpotenzen vollzieht, während im sterilisierten Teichwasser aufgrund des hohen Nährstoffangebotes (abgetötete Lebewesen!) sogar ein leichtes Wachstum feststellbar ist. Es zeigt sich, daß Bakterien den Nährstoffmangel im Leitungswasser und im destillierten Wasser eher tolerieren können als das Vorhandensein konkurrierender Organismen. Dennoch läßt sich das Absterben der Testorganismen durch *Nahrungs*konkurrenz allein nicht erklären. Möglicherweise werden die Testorganismen von anderen Mikroorganismen abgetötet, sehr wahrscheinlich aber durch Bakteriophagen coliformer Keime. Diese Vermutung wird gestützt durch die Tatsache, daß sich beim beschriebenen Beispiel im Teichwasser nur $1{,}5 \cdot 10^2$ Keime/ml (eine realistische Größenordnung) befanden, wie mit Hilfe eines glucosehaltigen Vollagars ermittelt wurde. Der Testorganismus hätte also hohe Wettbewerbschancen gehabt, da sein Anfangstiter um vier Zehnerpotenzen höher lag.

Es muß allerdings beachtet werden, daß der Versuch zwar die geringen Vermehrungschancen von Laborbakterien wie *Escherichia coli* K-12 in natürlicher Umgebung bestätigt, aber keine Aussage über die Persistenz (Überlebensfähigkeit) vereinzelter Keime oder das weitere Schicksal von Plasmid-DNA abgestorbener Keime erfaßt, die in der Umgebung überdauern und auf natürliche Organismen übertragen werden kann (horizontaler Gentransfer). Das Experiment darf nicht einer Verharmlosung der Freisetzungsproblematik dienen, weil es sich nur mit einen Teil der in Betracht kommenden Risikofaktoren befaßt, den wachstumsfördernden und -hemmenden Eigenschaften in der natürlichen Umgebung.

Pflanzliche Zell- und Gewebekulturen

1 Grundlagen der pflanzlichen Zell- und Gewebekulturen

1.1 Entwicklung von Organkulturen, Gewebekulturen und Suspensionskulturen von Zellen

Vor 150 Jahren entwickelten M. J. SCHLEIDEN und Th. SCHWANN grundlegend neue Vorstellungen über die Bedeutung der Zelle als universeller Baustein aller Organismen: Sie ist die kleinste Einheit der Struktur, der Vermehrung und der Funktionen des Lebendigen. Nur wenig später (1855) wurde auch die Zellteilung entdeckt und, R. VIRCHOW formulierte den berühmten Satz: *omnis cellula e cellula* (jede Zelle geht aus einer Zelle hervor).

Die Idee von der Totipotenz (lat. *totus* = alles; *potens* = fähig) jeder individuellen Zelle faszinierte die Wissenschaftler gegen Ende des 19. Jahrhunderts: Experimente wurden angesetzt, um das Wachstum von isolierten Geweben oder Einzelzellen aus vielzelligen Organismen zu studieren. Der Erfolg der Arbeiten war sehr unterschiedlich. Als erster beschäftigte sich der Physiologe G. HABERLANDT (1902) intensiv mit der Kultur von einzelnen Pflanzenzellen. Als Kulturmedien verwendete er Xylem- bzw. Phloemsaft der gleichen Pflanze. Es gelang ihm allerdings noch nicht, Zellteilungen in vitro zu erreichen, da er dazu Phytohormone benötigt hätte, die erst 40 Jahre später entdeckt wurden. Das Ziel einer potentiell unbegrenzt in künstlicher Nährlösung wachsenden *Organkultur* erreichte WHITE (1934) mit Wurzelspitzen der Tomate. Damit war der Weg zum Einstieg in die *Gewebekultur* gebahnt. Um 1940 wurde in Frankreich und den USA erstmals Kallusgewebe (lat. *callum* = Narbe, Schwiele), das sich an Explantaten (lat. *explantare* = auspflanzen) von Möhrenwurzeln und Tabakstielen gebildet hatte, isoliert und in aufeinanderfolgenden Subkulturen weitervermehrt (s. 2.3). Die seit einem halben Jahrhundert angestrebte „unsterbliche" Kultur aus undifferenzierten, unendlich vermehrbaren Zellen war realisiert.

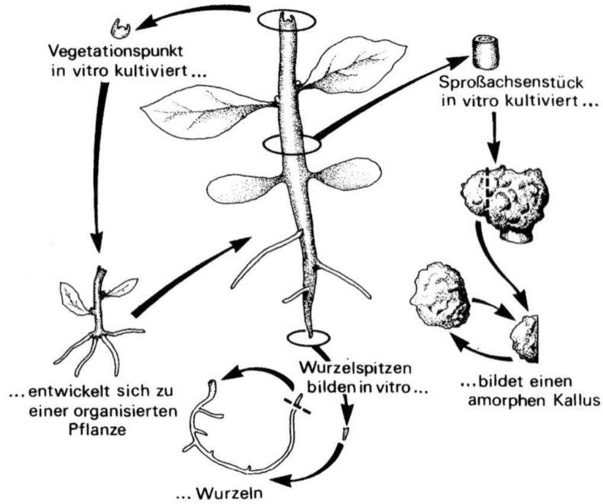

Abb. 136.1: Sproßkultur, Organkultur und Kallusgewebekultur aus Teilen einer Pflanze (aus CZIHAK et al. 1976, S. 579).

Als die ersten Berichte über Organbildungen aus undifferenzierten Kalluszellen bekannt wurden (SKOOG 1944), setzte eine intensive Suche nach den Stoffen ein, die solche Neubildungen induzieren.

Zunächst schrieb man einem Inhaltsstoff der Kokosmilch diese Wirkung zu. Bald entdeckte man, daß bestimmte Abbauprodukte der DNA Zellteilung und Organbildung fördern und bezeichnete sie als Cytokinine (gr. *kytos* Zelle; *kinein* bewegen).

Auch in ganzen Pflanzen wurden ähnliche Stoffe gefunden und ihre Rolle bei Wachstum und Entwicklung erforscht. Die Steuerungsfunktion dieser als Pflanzen- oder Phytohormone bezeichneten Stoffe wurde experimentell an Kalluskulturen erprobt.

SKOOG und MILLER (1957) konnten Möhrenkallus zur Bildung von Wurzeln oder Sprossen anregen, je nach dem Mengenverhältnis der dem Nährmedium zugesetzten Hormone. Damit war der sichtbare Beweis für die Lehre von der Totipotenz der Zelle auch für Pflanzenzellen, die aus bereits differenziertem Gewebe stammten, erbracht.

Produkt	*pflanzliche Herkunft*	*Anwendung*
Codein	*Papaver somniferum* (Schlafmohn)	schmerzstillendes Mittel
Diosgerin Sitosterol	*Zea mays* (Mais) *Dioscorea sp.* (Yamsgewächs)	Grundstoff zur Herstellung von Steroiden
Chinin	*Chinchona sp.* (Chinarinde)	Mittel gegen Malaria Bitterstoff für Nahrungsmittel und Getränke
Digitoxin	*Digitalis sp.* (Fingerhut)	Herz- und Kreislaufmittel
Atropin	*Atropa belladonna* (Tollkirsche)	Mittel gegen Herzrhythmusstörungen, in der Augenheilkunde zur Pupillen-Erweiterung
Reserpin	*Rauwolfia sp.*	blutdrucksenkendes Mittel
Scopolamin	*Datura sp.* (Stechapfel)	Mittel gegen Seekrankheit und Bewegungskrankheit
Vincristin	*Vinca rosea* (Rotes Immergrün)	Mittel gegen Krebserkrankungen
Menthol	*Mentha piperita* (Pfefferminze)	Geschmacksstoff
Safran	*Corus sativus* (Safran-Krokus)	Gewürz und Nahrungsmittelfarbstoff
Jasmin	*Jasminum sp.*	Parfumöl
Pyrethrum	*Chrysanthemum sp.* (Wucherblume)	Insektizid

Tab. 137.1: Einige wirtschaftlich genutzte Pflanzeninhaltsstoffe (nach PRIMROSE 1987)

In der Zwischenzeit waren auch die Nährmedien weiterentwickelt worden: Anstelle nicht klar und eindeutig beschreibbarer Lösungen organischer Stoffe wurden wohldefinierte Nährlösungen wie die nach KNOP verwendet. Dabei nutzte man für die künstliche Ernährung der Zellen ihre Fähigkeit aus, anorganische und organische Verbindungen durch die Zellmembran aus dem umgebenden Medium aufzunehmen und Zucker zusätzlich zum CO_2 als Kohlenstoffquelle zu verwenden.

In der Folgezeit verfeinerte man die Kulturmethoden und die Nährmedien: MURASHIGE und SKOOG (1962) entwickelten das nach ihnen benannte, bis heute in der Gewebekultur am häufigsten eingesetzte MS-Medium (s. *Anhang* 2.7). Schließlich lernte man, Pflanzenzellen ähnlich wie Mikroorganismen in flüssigen *Suspensionskulturen* (Zellkulturen) zu halten und in Bioreaktoren zu vermehren, um auf diese Weise wertvolle Inhaltsstoffe zu gewinnen. In industriellem Maßstab gelang dies bisher in Japan mit Shikonin, einem Farbstoff und Heilmittel aus dem Borretschgewächs *Lithospermum* (= Steinsame; Inhaltsstoff z.B. des „Bio-Lipstick") und in der damaligen UdSSR mit Ginseng. Tab. 137.1

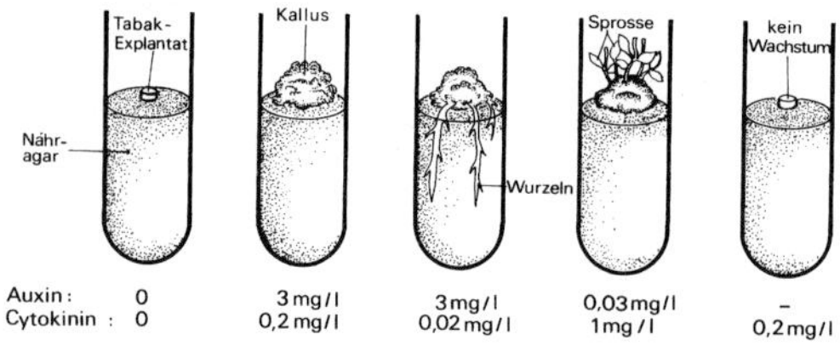

Abb. 138.1: Wachstum und Differenzierung von Kallus-Gewebe aus dem Stiel einer Tabakpflanze wird durch die Kombination von Auxin und Cytokinin im Nährmedium beeinflußt (nach CZIHAK et al. 1976, S. 269, aus MOHR/SCHOPPER 1990). Näheres s. 2.2.3 und 2.3.

zeigt die Zusammenstellung weiterer wirtschaftlich genutzter pflanzlicher Inhaltsstoffe, deren biotechnische Produktion ökonomisch interessant sein könnte.

Ein noch wichtigerer Anwendungsbereich der Suspensionskulturen tat sich auf, als aus isolierten Einzelzellen ganze Pflanzen regeneriert werden konnten: Suspensionskulturen benötigen viel weniger Platz als ein Samendepot, das Volumen eines Fingerhuts enthält 1 Mio. potentielle Pflanzen.

Pflanzenzellen aus Suspensionskulturen können wie Einzeller auf Nähragar plattiert und mutagenen Einflüssen oder Streßfaktoren (z.B. Kochsalz, toxische Chemikalien wie Mangan, Aluminium, toxische Viren, Pilze) ausgesetzt werden, um genetische Änderungen in vitro zu bewirken. Einzelzellen mit gewünschten Eigenschaften werden anschließend ausgelesen, zu ganzen Pflanzen regeneriert und ausgepflanzt. Seit 1966 werden vor allem Nachtschattengewächse (Tabak, Tomate, Petunie, Stechapfel) erfolgreich aus Einzelzellen herangezogen (LUTZ 1966). Aufgrund von Mutationen in Zellkulturen entstanden z.B. resistente Sorten von Kartoffel (gegen Krautfäule), Mais (gegen Braunfäule), Tabak (gegen Feuerbrand, Salzschäden, Herbizide), Zuckerrohr (gegen Mehltau), Rhododendron (gegen Ca^{2+}-Schäden) und Chrysantheme (gegen Kälte).

1.2 Kultivierung und Fusion pflanzlicher Protoplasten

Zur gleichen Zeit gelang es, lebende pflanzliche *Protoplasten* mit Hilfe von zelluloseabbauenden Enzymen aus ihren Zellverbänden herauszulösen (s. 2.4), zu kultivieren und ebenfalls zu ganzen Pflanzen zu regenerieren (COCKING 1960). Zellen höherer Pflanzen unterscheiden sich von tierischen Zellen und Einzellern am augenfälligsten durch ihre festen Zellwände. Der pflanzliche Protoplast (Cytoplasma mit Zellkern und Organellen) ist in ein starres Gerüst aus Zellulose und Pektin eingeschlossen und dadurch für Eingriffe von außen nur schwer zugänglich. Wenn er aber aus der Zellwand herausgelöst wird, ist er beispielsweise in der Lage, freie DNA aufzunehmen. Zur Isolierung der Protoplasten verwendet man die zellwandauflösenden Enzyme Cellulase und Pektinase, die von holzzersetzenden Pilzen (z.B. *Trichoderma* und *Aspergillus*) stammen.

Die isolierten kugeligen Protoplasten sind nur noch vom Plasmalemma umgeben. Sie können in Nährlösung unter sterilen Bedingungen zu ganzen Pflanzen regeneriert werden. Dies erfordert allerdings großes Geschick und ist nur in darauf spezialisierten Labors möglich. Bisher gelang es, aus isolierten Protoplasten von etwa 100 Arten ganze Pflanzen heranzuziehen, unter ihnen sind jedoch nur wenige Nutzpflanzen. Besonders schwierig ist erfahrungsgemäß die Regeneration bei einkeimblättrigen Pflanzen.

Ein wichtiges Anwendungsgebiet der Protoplastenkulturen ist die Selektion resistenter Zellen in vitro. Auf Nährböden, die Toxine enthalten, oder unter ungünstigen Kulturbedingungen (z.B. Kälte), überleben nur die widerstandsfähigsten Zellindividuen, die dann weiter kultiviert werden können. Für eine solche Auslese sind die winzigen Protoplasten sehr gut geeignet: 1 Mio. von ihnen füllen einen Teelöffel und wachsen in einigen Petrischalen heran; 1 Mio. Pflanzen dagegen brauchen für eine entsprechende Selektion 1 ha Ackerland.

Isolierte Protoplasten können unter bestimmten Bedingungen miteinander verschmelzen (fusionieren). Zunächst lagern sie sich aneinan-

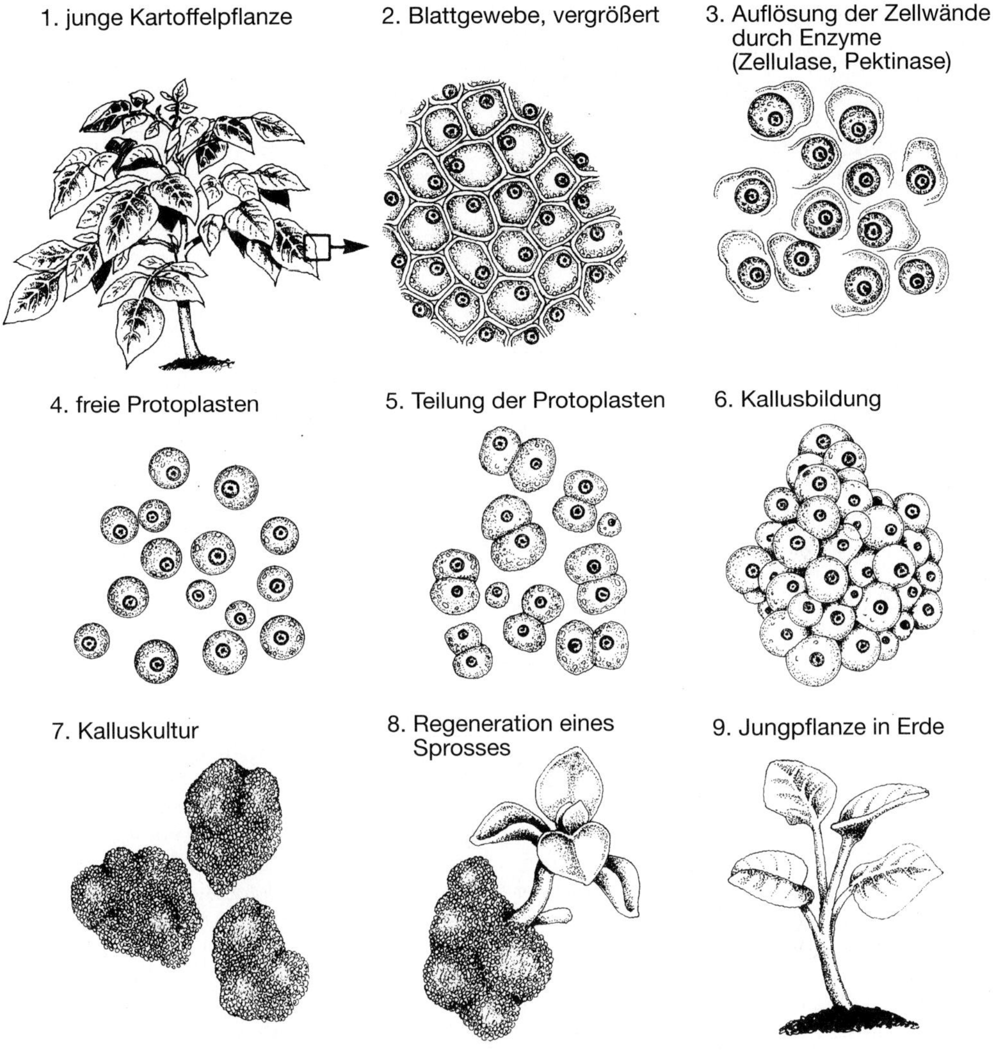

Abb. 139.1: Isolierung von Protoplasten aus Kartoffelblättern und Regeneration zu vollständigen Pflanzen (nach: SHEPARD 1984)

der an, dann verschmelzen die Zellwände und schließlich die Zellkerne (1 Kernverschmelzung auf etwa 1000 Fusionen). Besonders interessant sind Fusionen zwischen Protoplasten verschiedener Arten sowie die Regeneration der Fusionsprodukte zu ganzen Pflanzen. Es handelt sich dabei um zwischenartliche Kreuzungen, sogenannte somatische Hybride, die auf natürlichem Wege nicht entstehen können. Ein Beispiel dafür ist die Tomoffel (MELCHERS u.a. 1978), ein Artbastard zwischen Tomate und Kartoffel, der jedoch weder Tomaten noch Kartoffeln trägt und des-

Abb. 140.1: Die unendlich vermehrbare Pflanze. Praktisch aus allen Pflanzenteilen können ganze Pflanzen regeneriert werden

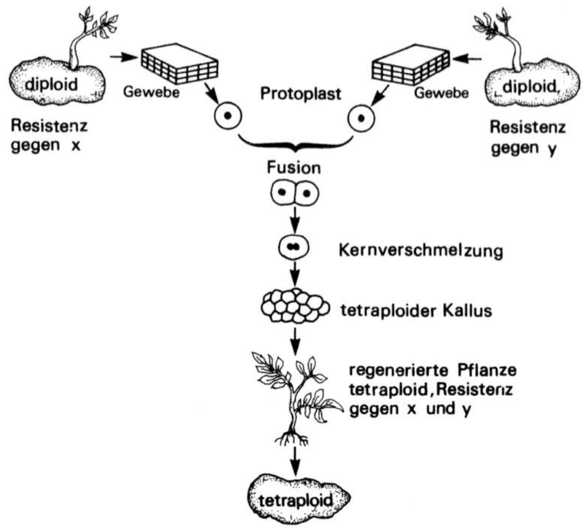

Abb. 140.2: Vereinigung der Resistenzeigenschaften zweier diploider Kartoffelklone durch Protoplastenfusion

halb nur von rein wissenschaftlichem Interesse ist.

Große praktische Bedeutung haben Protoplastenfusionen jedoch in der Resistenzzüchtung bei der Kartoffel erlangt (vgl. WINKEL 1988, S. 12). Mit dieser Methode werden die unterschiedlichen Resistenzeigenschaften zweier diploider Klone zu einer tetraploiden Hybride vereinigt, ohne daß zeitaufwendige Kreuzungen notwendig sind.

Vielfältige Möglichkeiten eröffnet dem Züchter die gentechnische Veränderung von Protoplasten. Anstelle einer langwierigen Auslese auf bestimmte Merkmale sowie vieler Kreuzungen und Rückkreuzungen kann das Gen für eine gewünschte Eigenschaft direkt in das Genom eines Nutzpflanzen-Protoplasten eingesetzt werden. Aus ihm wächst die neue Pflanze heran und vererbt die gewünschte Eigenschaft später an alle ihre Nachkommen. So läßt sich der Zuchtweg zu einer neuen Kartoffelsorte mit monogener Resistenz von sieben Jahren auf ein Jahr verkürzen, wenn man – statt des konventionellen Einkreuzens der Resistenz – das fragliche Gen mit gentechnischen Methoden einschleust. Für die gentechnische Veränderung von Nutzpflanzen gelten die folgenden Voraussetzungen: Die gewünschte Eigenschaft wird nur von *einem* Gen gesteuert, das erkennbar und klonierbar ist; die genmanipulierten Protoplasten sind zu ganzen Pflanzen regenerierbar, in denen das Gen auch zur Expression kommt und weitervererbt wird. Diese Voraussetzungen sind jedoch bei Nutzpflanzen noch keineswegs alle erfüllt:

- Es sind bisher nur sehr wenige monogene Pflanzeneigenschaften bekannt. Eine von ihnen ist die Herbizid-Resistenz, eine umstrittene, weil ökologisch bedenkliche gentechnische Veränderung von Nutzpflanzen (vgl. *Gentechnik* 1.2).
- Bisher lassen sich nur sehr wenige Nutzpflanzenarten aus Protoplasten regenerieren.
- Unter Kulturbedingungen verhalten sich gentechnisch veränderte Pflanzen häufig nicht stabil und können deshalb die neue Eigenschaft schnell wieder verlieren.

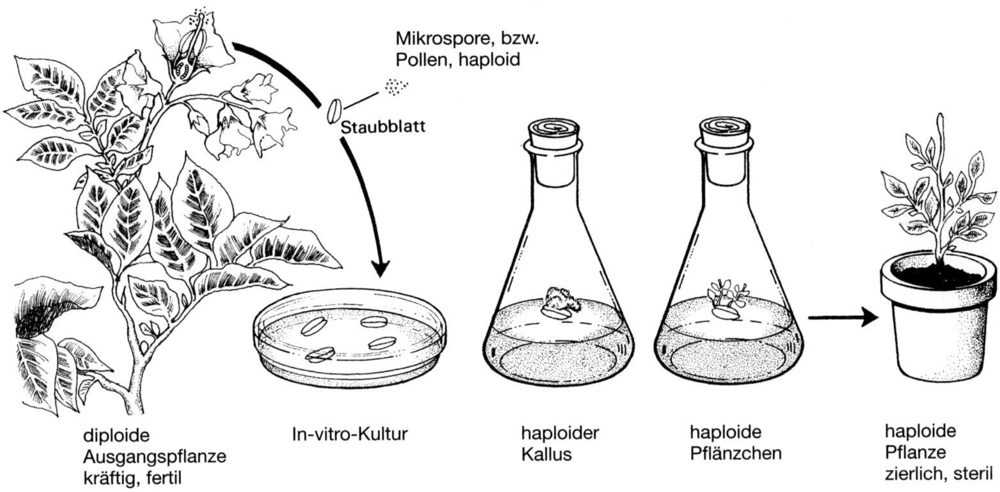

Abb. 141.1: Regeneration von haploiden Pflanzen aus Mikrosporenkultur

1.3 Kultivierung haploider Pflanzen

In den 60er Jahren zogen NITSCH/NITSCH (1969) aus haploiden Mikrosporen (Vorform der Pollenkörner in jungen Staubblättern) des Tabak haploide Pflanzen heran. Dieses Verfahren ist von besonderer Bedeutung für die Pflanzenzüchtung, denn durch Colchicinbehandlung oder Fusion der haploiden Mikrosporen kann deren Chromosomensatz verdoppelt werden. Das Ergebnis ist eine homozygote diploide Pflanze, mit der neue Eigenschaften eingekreuzt werden können. Die Haploidentechnik wird außer beim Tabak auch bei der Zucht von Spargel, Kartoffeln, und Reis angewendet.

1.4 Wirtschaftliche Bedeutung pflanzlicher Zell- und Gewebekulturen

Nach dem heutigen Stand der Gewebekulturtechnik ist es also ohne weiteres möglich, aus allen Pflanzenteilen Gewebestücke, Einzelzellen oder Protoplasten zu entnehmen, in vitro zu kultivieren und zu ganzen Pflanzen zu regenerieren, so daß aus einer Mutterpflanze Tausende oder Millionen genetisch identischer Tochterpflanzen hervorgehen können (vgl. Abb. 140.1). Es handelt sich dabei um eine Form der vegetativen Massenvermehrung, das Klonen (gr.: *klon* Zweig, Schößling).

Für den Zierpflanzenbau ist die jahreszeitenunabhängige In-vitro-Produktion erbgleicher Klone beliebter Topfpflanzen oder Schnittblumen von großer wirtschaftlicher Bedeutung, weil es dadurch möglich ist, den Markt zu Stoßzeiten (Weihnachten, Muttertag usw.) mit der „Ware“ Pflanze zu versorgen, einheitliche, gesunde Standardprodukte in großen Mengen zu erzeugen und früher unerschwingliche Exoten (Orchideen, Gerbera) preiswert anzubieten. Die wirtschaftliche Überlegenheit der In-vitro-Kultur der Topf-Gerbera gegenüber der Vermehrung aus Samen soll im folgenden näher ausgeführt werden (aus BAYRHUBER 1990).

Welchen Gewinn macht ein Gärtner, der 1000 in vitro gezogene Pflanzen der Topf-Gerbera eintopft, welchen Ertrag erwirtschaftet er, wenn er 1000 aus Samen gezogene Pflanzen einpflanzt? Sowohl die in vitro erzeugten Jungpflanzen wie auch das Saatgut muß er selbst einkaufen. Auf-

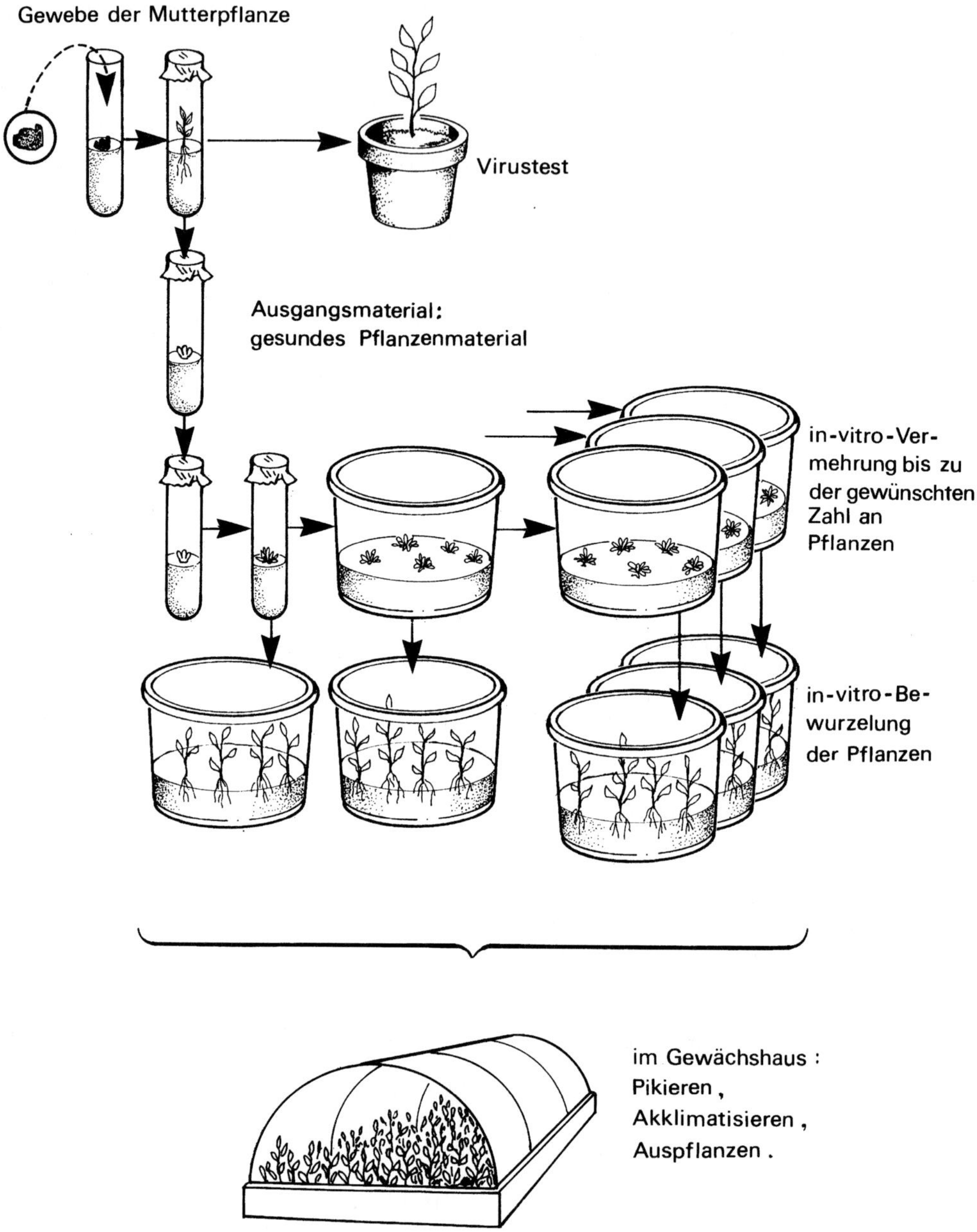

Abb. 142.1: Vermehrung von Pflanzen mit Hilfe von Gewebekulturen (nach JUNG-HEILIGER/SYNOWSKI, 1981)

Topfgerbera aus in vitro gezogenen Jungpflanzen Kostenkalkulation bei 1000 getopften Pflanzen		*Topfgerbera aus Sämlingen Kostenkalkulation bei 1000 getopften Pflanzen*	
Erlös: 950 Pflanzen à DM 5,00	DM 4.750,00	Erlös: 700 Pflanzen à DM 5,00	DM 3.500,00
Jungpflanzen (DM 2,20–2,60 pro Stück)	DM 2.400,00	Saatgut (1430 Körner à 600,00 DM pro 1000 Stück	DM 915,20
Substrate, Töpfe	DM 150,00	Substrate, Töpfe	DM 150,00
Düngung, Pflanzenschutz	DM 50,00	Dünger, Pflanzenschutz	DM 200,00
Heizkosten (604 l Heizöl)	DM 181,20	Heizkosten (958 l Heizöl)	DM 287,40
Lohnkosten (13,5 Arbeitskräftestunden à DM 15,00)	DM 202,50	Lohnkosten (18 Arbeitskräftestunden à DM 15,00)	DM 270,00
Marktaufbereitung (950 Pfl. à DM 0,15)	DM 142,50	Marktaufbereitung (700 Pfl. à DM 0,15)	DM 105,00
Variable Spezialkosten insgesamt	DM 3.226,20	Variable Spezialkosten insgesamt	DM 1.927,60
Deckungsbeitrag	DM 1.523,80	Deckungsbeitrag	DM 1.572,40
Gemeinkosten (3252 Tqm à DM 0,15)	DM 528,75	Gemeinkosten (8452 Tqm à DM 0,15)	DM 1.267,80
Gewinn	DM 995,05	Gewinn	DM 304,60

Tabelle 143.1: Vergleich der Wirtschaftlichkeit verschiedener Kulturen der Topfgerbera (aus BAYRHUBER 1990 nach HEBENSTREIT 1986)

grund der geringen Keimfähigkeit der Gerbera-Samen muß er, um 1000 Jungpflanzen zu erhalten, insgesamt 1430 Samenkörner (à DM 0,64) beschaffen. Während der Anzucht treten Verluste auf, auch blüht eine Reihe Jungpflanzen nicht auf, so daß der Gärtner von den aus 1000 Samen gezogenen Jungpflanzen schließlich nur 700 verkaufen kann. Die Verluste aus in vitro gezogenen Jungpflanzen sind während der Kultur geringer. Er kann pro 1000 Jungpflanzen am Ende 950 Topfpflanzen verkaufen.

Ein Vergleich der Kostenkalkulation ist in Tab. 143.1 dargestellt. Bei den Gemeinkosten handelt es sich um den finanziellen Aufwand für die benötigte Unterglasfläche im Gewächshaus, multipliziert mit der Zahl der Tage, während derer diese Fläche von den Pflanzen belegt wird (Maßeinheit m^2 x Tage = Tagesquadratmeter). Beispielsweise braucht der Gärtner von der Aussaat bis zum Pikieren der Pflänzchen 0,35 m^2 x 35 Tage = 12,25 Tqm. Ein Tagesquadratmeter kostet DM 0,15, so daß die Gemeinkosten dafür DM 1,84 betragen. Die in vitro erzeugten Pflänzchen entsprechen bereits 7 Wochen alten, aus Samen gezogenen Pflänzchen. Die erstgenannten blühen innerhalb von 1 bis 3 Wochen auf, während bei einer Kultur aus Samen erzeugter Pflanzen vom Aufblühen der ersten bis zum Aufblühen der letzten ca. 8 Wochen vergehen. Aus diesen Gründen sind die Gemeinkosten für in vitro erzeugte Gerberapflanzen erheblich niedriger.

Unter dem Deckungsbeitrag versteht man die Differenz zwischen dem Erlös und den Spezialkosten. Der Deckungsbeitrag deckt die Gemeinkosten ab. Die Differenz zwischen Deckungsbeitrag und Gemeinkosten ist der Gewinn. Er ist bei Verwendung in vitro erzeugter Pflänzchen pro 1000 Stück eingetropfter Gerbera-Pflanzen um mehr als DM 600,00 höher als bei der Aussaat von Samen.

EG-Staat	*In-vitro-erzeugte Pflanzen 1988*	
Niederlande	40,5 Mio	1990: 94,4 Mio
Italien	29,9 Mio	
Belgien	23,9 Mio	
Großbritannien	21,0 Mio	
BRD	11,5 Mio	1990: 16,4 Mio
Spanien	7,4 Mio	
Irland	4,3 Mio	
Finnland	3,8 Mio	
Schweiz	3,0 Mio	
Dänemark	2,3 Mio	
Griechenland	1,8 Mio	
Schweden	0,6 Mio	
Norwegen	0,2 Mio	

Tab. 144.1: Produktion von Pflanzen aus Gewebekulturen 1988. Europäische Länder im Vergleich (nach Pierik aus Preil 1990)

Pflanzengruppe	Produktion in Europa 1988 (Stückzahlen)
Topfpflanzen	92,3 Mio
Schnittblumen	37,8 Mio
Obstgehölze	19,4 Mio
Zwiebel-, Knollengewächse	13,1 Mio
Beerenobst	9,3 Mio
Orchideen	5,3 Mio
Ziergehölze	3,9 Mio
Stauden	3,0 Mio
Kartoffeln, Rüben usw.	2,4 Mio
Gemüse	1,3 Mio
Forstgehölze und andere	1,3 Mio

Tab. 144.2: Produktion von Pflanzen aus Gewebekultur in Europa 1988, zusammengestellt nach Pflanzengruppen (n. Pierik aus Preil 1990)

Außer Zierpflanzen werden heute nahezu alle wirtschaftlich bedeutenden Pflanzengruppen (ca. 3000 Arten) mit Hilfe von Gewebekulturen vermehrt: Gehölze, Stauden, Zwiebelgewächse, Gewürz- und Heilpflanzen, verschiedenartige Gemüsepflanzen, Kartoffel, Zuckerrübe, Erdbeere usw. So wurden in Malaysia Tausende von Hektar Plantagen eines Margarinekonzerns mit Ölpalmen bepflanzt, die alle identische Abkömmlinge einer einzigen Mutterpflanze sind. Es besteht die Gefahr, daß in einer solchen extremen Monokultur Epidemien um sich greifen, die bei einer genetischen Variablität möglicherweise durch unterschiedlich resistente Pflanzen abgefangen würden (s. hierzu *Gentechnik* 1.2).

Von den folgenden Pflanzenarten wurden in mindestens sechs europäischen Ländern jeweils mehr als 100.000 Individuen erzeugt: Gerbera, Usambara-Veilchen, Spathiphyllum, Keulenlilie (Cordyline), Rose, Ficus, Philodendron, Erdbeere, Kirsche, Kartoffel.

Im Gartenbau rufen die neuen Techniken erhebliche Strukturänderungen hervor. Aus mittelständischen Betrieben entwickeln sich Wirtschaftsunternehmen mit eigenen kommerziellen Gewebekulturlaboren. Dabei entstehen neue spezialisierte gartenbautechnische Berufszweige. Kleine Gärtnereien, die bisher Pflanzen von der Aussaat bis zur Vermarktung betreuten, werden zu reinen Aufzuchtbetrieben für einheitliche In-vitro-Jungpflanzen, die sie fertig aus den Gewebelaboren kaufen oder in deren Auftrag heranziehen.

Gewebekulturen dienen nicht nur der Erzeugung von Jungpflanzen für die weitere Aufzucht und die Vermarktung, sie werden auch im Rahmen von Züchtungsprogrammen angewendet, und zwar zur Erhaltung virusfreier Zuchtstämme (z.B. Kartoffel), zur Klonierung von Elternlinien für Hybridsaatgut (z.B. Mais) oder zur Langzeitlagerung genetischen Materials in Form von In-vitro-Genbanken.

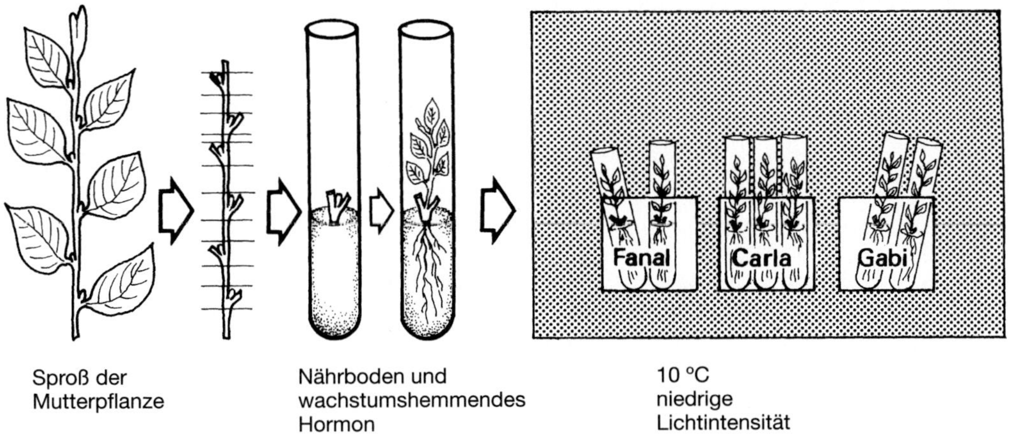

Abb. 143.1: Langzeitlagerung genetisch wertvollen Pflanzenmaterials in einer In-vitro-Genbank

2 Versuche zu pflanzlichen Zell- und Gewebekulturen

2.1 Anlegen einer Sproß-Kultur aus oberflächensterilisierten Samen

Mit diesem Experiment kann die folgende Frage beantwortet werden: Wie müssen Nährmedien zusammengesetzt sein, damit auf ihnen Pflanzen unter Bedingungen der In-vitro-Kultur gedeihen?

Außerdem eignet es sich dazu, die in kommerziellen Gewebekulturlabors übliche Methode des sterilen Arbeitens mit Pflanzen kennenzulernen und mit Hilfe eines Steriltunnels in vereinfachter Weise nachzuvollziehen. Der Steriltunnel kann selbst gebaut werden (Bd. 1, S. 38 ff) oder bei der Fa. Schlüter bezogen werden (Bestellnummer: 5165)

Im Biologieunterricht der gymnasialen Oberstufe, zum Teil aber auch schon in der Mittelstufe, wird die Rolle der Mineralien (Nährsalze, Mineraldünger) für das Pflanzenwachstum behandelt. Dabei wird auch auf das Auftreten von bestimmten Mangelerscheinungen beim Fehlen wichtiger Elemente bzw. auf die Rolle einzelner Elemente im Stoffwechsel der Pflanzen eingegangen, und zwar meist am Beispiel der Düngung landwirtschaftlicher Nutzpflanzen (vgl. *Linder* S. 115 f, BAYRHUBER/KULL 1989). Anhand des folgenden Experimentes kann diese Thematik mit Blick auf moderne biotechnische Verfahren der Pflanzenproduktion bearbeitet werden.

Pflanzen, die in In-vitro-Kulturen heranwachsen, brauchen außer den anorganischen Salzen auch eine organische Kohlenstoffhydratquelle, nämlich Zucker (Saccharose). Sie sind also trotz vorhandenem Chlorophyll und ausreichender Belichtung kohlenstoffheterotroph, d.h. sie können ihren Energiebedarf nicht durch die Photosynthese allein decken. Außderdem müssen ihnen Vitamine des B-Komplexes und Pflanzenhormone (Auxine und Cytokinine; s. 2.2.3) zugeführt werden, die von Pflanzen, die auf dem Feld oder im Gewächshaus wachsen, in den Blättern selbst hergestellt werden (s. 2.3, Einführung). Enthält der Nährboden Auxin (= „Wuchsstoff"), so entwickeln sich Wurzeln. Ein Zusatz von

Elemente	*Herkunft*	*Rolle im Stoffwechsel*	*Mangelerscheinung*
C,O,H	Luft (CO_2, O_2) Wasser (H_2O)	Bausteine aller organischen Moleküle	kein Wachstum
N	Salze im Boden, Dünger (NO_x^-, NH_4^+)	Bestandteil von Aminosäuren, Nucleotoiden, Pyrrolen, Alkaloiden u.a.	schwere Wachstumsschäden
S	Salze im Boden, Dünger (SO_4^{2-})	Bestandteil wichtiger Aminosäuren, Methionin) und Enzyme	schwere Wachstumsschäden
P	Salze im Boden, Dünger (PO_4^{3-})	Bestandteil u.a. von Nucleotiden und Energieüberträgern (ATP)	schwere Wachstumsschäden
Fe	Salze im Boden, Dünger (Fe^{2+})	Bestandteile von Atmungsenzymen (Cytochrome)	Gelbfärbung der Blätter (Chlorose), Kümmerwuchs
Mg	Salze im Boden, Dünger (Mg^{2+})	Bestandteil von Chlorophyll	weiße Blattfärbung
Ca	Salze im Boden, Dünger (Ca^{2+})	Baustein der Zellwand, wirkt entquellend auf das Plasma	Kümmerwuchs, Verfärben und Vertrocknen der Blätter

Tab. 146.1: Herkunft und Funktionen der Makroelemente (C, O, H, N, S, P, Fe, Mg, Ca, K) und der Mikroelemente (Spurenelemente) im Stoffwechsel der Pflanze

Cytokinin (= „Zellbeweger") unterdrückt die Wurzelbildung, regt jedoch eine vermehrte Sproßbildung an. Diese Außensteuerung des Pflanzenwachstums ebenso wie die artgerechte Zusammensetzung von Nährmedien sind wesentliche methodische Voraussetzungen für die kommerzielle Herstellung von Pflanzen in Gewebekulturlaboren.

Die Beobachtung des Wachstums von sterilen Keimlingen auf verschiedenen Mangelmedien führt auch zu Fragen der Stoffwechsel- und Entwicklungsphysiologie von Pflanzen: Braucht eine Pflanze Erde und Wurzeln? Wie nimmt eine Pflanze Stoffe auf? Welche Stoffe sind für das Wachstum unerläßlich? Welche Bedeutung haben Phytohormone bei der Differenzierung der Pflanze?

Nährmedien für die In-vitro-Kultur von Pflanzen enthalten also die folgenden Bestandteile (vgl. 2.1.2 und Tabelle 146.1 [Makro-, Mikroelemente]):
- Nährsalzmischung, die alle Makro- und Mikroelemente enthält,
- Vitamine des B-Komplexes z.B. Thiamin, Biotin,
- Pflanzenhormone z.B. Auxin oder Cytokinin,
- Zucker (Saccharose) als organische Kohlenstoffquelle, Agar als Festigungsmittel.

2.1.1 Heranziehen von sterilen Keimlingen

Dieser Versuch dient der Vorbereitung des Experiments zum Einfluß von Nährstoffen auf das Wachstum und die Differenzierung von Pflanzen (2.1.2). Keimlinge von Möhren und Sonnenblumen werden auch für die Auslösung der Kallusbildung an Hypokotylstücken (2.3.2) gebraucht. Es eignen sich Samen mit kurzer Keimdauer (3 bis 4 Tage), z.B. von Senf, Kresse, Sonnenblume, deren Keimlinge robust genug sind, um von Schülerhänden präpariert werden zu können. Allerdings enthalten gerade die Keimblätter dieser Pflanzen Speicherstoffe, so daß die Wachstumsbeeinträchtigung durch Mangelmedien (Versuch 2.1.2) erst nach ca. 2 Wochen zu erkennen ist.

Samen ohne Nährgewebe sind naturgemäß sehr klein und entsprechend schwieriger zu handhaben (Petunie, Tabak, Möhre). Ihre Keimdauer ist länger (8 bis 14 Tage), und die Keimpflänzchen sind sehr zart, können aber mit einigem Geschick präpariert werden. Dafür sind die Ergebnisse der Mangelkulturen schon nach wenigen Tagen zu erkennen.

Geräte

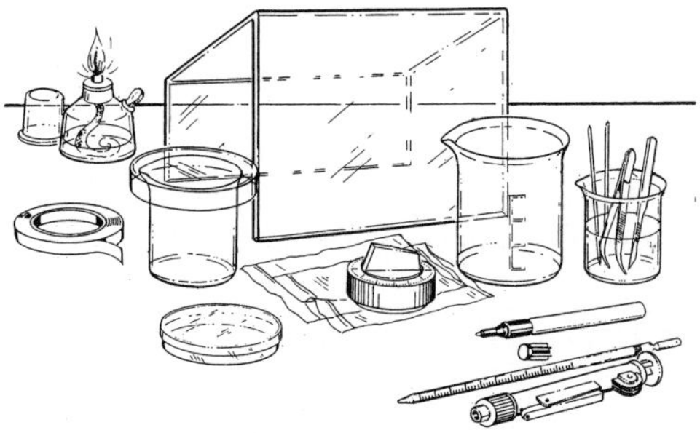

Geräte für jeweils 1 Samenart:
1 Becherglas (200 ml), steril, abgedeckt mit passender Petrischale aus Glas
1 Bunsenbrenner oder Spiritusbrenner
1 Filzschreiber, wasserfest
1 Gefäß (ca. 500 ml) zum Abgießen von Flüssigkeiten
1 Glas mit Alkohol zum Abflammen
1 Küchenwecker
1 Meßpipette (10 ml), steril
1 Petrischale (Durchmesser 9 cm), steril
1 Pepettierhilfe
1 Pinzette, gebogen
3 Rundfilter (Durchmesser 9 cm), steril
1 Steril-Tunnel auf angefeuchtetem Küchenpapier (s. Band 1, S. 38 ff)

Verbrauchsmaterial, Chemikalien, Lebewesen

Chlorbleichlauge (NaOCl), 10 % (50 ml), (s. *Anhang* 1.6)
Detergens (Pril o.ä.)
Ethanol, 70 % (ca. 50 ml), unvergällt
Ethanol, 96 % (ca. 50 ml), vergällt zum Abflammen
Leitungswasser (ca. 250 ml), steril
Parafilm
Samen (jeweils ca. 2 g) von Kresse, Senf, Sonnenblume bzw. Möhre, Petunie, Tabak
Sonnenblumensamen für 2.3.2, s. S. 170

Zeitbedarf

30 min;
Keimdauer:

Senf, Kresse, Sonnenblumen	3 bis 4 Tage,
Tabak, Petunie, Möhren	8 bis 14 Tage

Vorbereitung

1. Verdünnte Chlorbleichlauge wird hergestellt (s. *Anhang* 1.6)
2. Die Steril-Tunnel-Arbeitsplätze werden aufgebaut (s. Band 1, S. 38 f)

Durchführung

1. Die Samen werden in das sterile Becherglas geschüttet, dazu wird der 70%ige Alkohol gegeben. Das Becherglas wird zugedeckt und 1 min geschwenkt (Abb. 148.1; A).

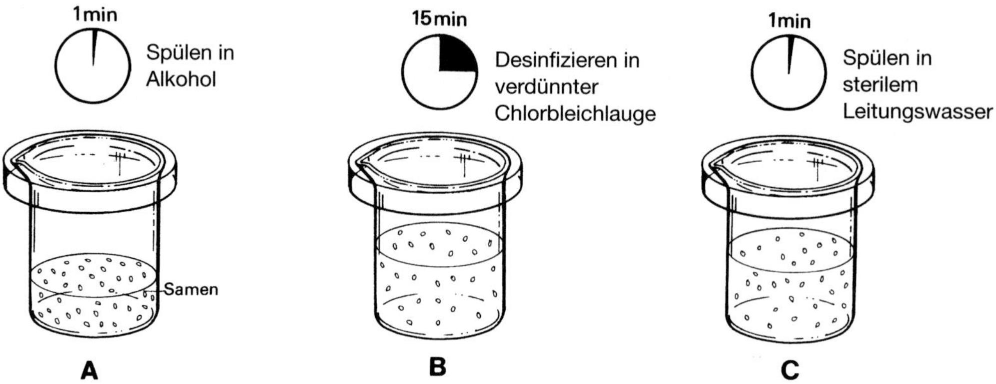

Abb. 148.1: (A) Spülen in Alkohol, (B) Desinfizieren in verdünnter Chlorbleichlauge, (C) Spülen in sterilem Leitungswasser

2. Der Alkohol wird vorsichtig abgegossen, ohne die Samen mit auszuschütten. Dabei braucht der Deckel nicht abgenommen zu werden.
3. Verdünnte Chlorbleichlauge wird auf die Samen gegossen. Das Becherglas wird zugedeckt. Die Chlorbleichlauge muß 15 min einwirken. Zwischendurch wird das Becherglas immer wieder geschwenkt (Abb. 148.1, B).
4. Die Chlorbleichlauge wird vorsichtig abgegossen und ca. 50 ml steriles Leitungswasser in das Becherglas mit den Samen gefüllt. Danach wird etwa 1 min geschwenkt und anschließend abgegossen (Abb. 148.1, C).
5. Der Spülvorgang wird mit je 50 ml sterilem Leitungswasser noch zweimal wiederholt.
6. Nun wird unter dem Steril-Tunnel weitergearbeitet. Die leere sterile Petrischale wird unter dem Tunnel geöffnet. Der Deckel der Petrischale wird mit der Öffnung *nach unten* innerhalb des Tunnels abgelegt. Das sterile Filterpapier wird unter dem Tunnel mit Hilfe der abgeflammten Pinzette aus dem Behälter genommen und auf den Boden der Schale gelegt. Mit der sterilen Pipette wird steriles Leitungswasser angesaugt und davon soviel auf das Filterpapier gegeben, daß es gut durchfeuchtet ist.
7. Das Becherglas mit den Samen wird geöffnet und so auf die Seite gelegt, daß seine Öffnung unter dem Steril-Tunnel liegt (s. Abb. 149.1, A).
8. Mit der abgeflammten und unter dem Tunnel etwas abgekühlten Pinzette werden die desinfizierten Samen recht dicht auf das feuchte Filterpapier gelegt (Abb. 149.1, A). Dabei sollen die Hände nicht über der geöffneten Schale bewegt werden!
9. Die Petrischale wird verschlossen, außerhalb des Tunnels mit Parafilm abgeklebt und auf dem Deckel beschriftet (Pflanzenart, Datum, Name).
10. Die Schale wird zum Keimen drei Tage lang verdunkelt, anschließend an einen hellen Ort gestellt (Abb. 149.1, B).

Erläuterungen und Hinweise

zu 1.:
Der Alkohol macht die Samen leichter benetzbar, was für das anschließende Desinfizieren mit Chlorbleichlauge von besonderer Bedeutung ist.

Wichtig: Der Deckel des Becherglases darf nur außen angefaßt werden. Er soll nur kurz angehoben werden, wobei die sterile Innenseite stets nach unten gerichtet bleibt (Abb. 149.2).

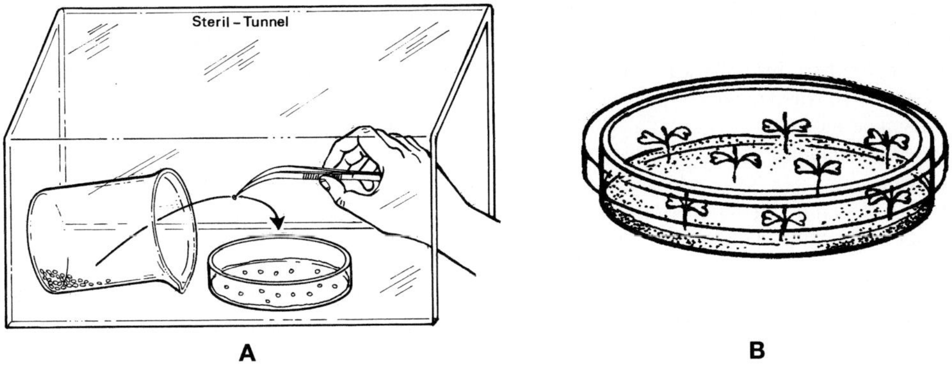

Abb. 149.1: (A) Ablegen der Samen auf steriles, feuchtes Filterpapier, (B) Keimen der sterilen Pflanzen

zu 3.:
Der desinfizierende Bestandteil ist aktives Chlor, das an den Samen haftende Bakterien und Pilze abtötet, die feste Samenschale aber nicht durchdringt. Die verdünnte Chlorbleichlauge enthält davon ca. 12 %. Das beigefügte Detergens sorgt für eine gleichmäßige Benetzung.

Wichtig: Zur Zeitmessung soll ein Küchenwecker benutzt werden.

Abb. 149.2: Sterile Handhabung des Deckels

2.1.2 Einfluß von Nährstoffen und Hormonen auf das Wachstum und die Differenzierung von Pflanzen

Für dieses Experiment werden gut entwickelte Keimlinge aus Versuch 2.1.1 oder regenerierte Sprosse von Usambara-Veilchen aus der Gewebekultur 2.2.1 verwendet.

Die Schüler und Schülerinnen machen selbst Vorschläge zur Kombination der Bestandteile von Mangelmedien für die In-vitro-Kultur, und zwar ausgehend von Tabelle 146.1. Dabei sollte nicht nur die Bedeutung der Mineralstoffe sondern auch die des Zuckers, der Vitamine und der Pflanzenhormone herausgearbeitet werden.

Geräte

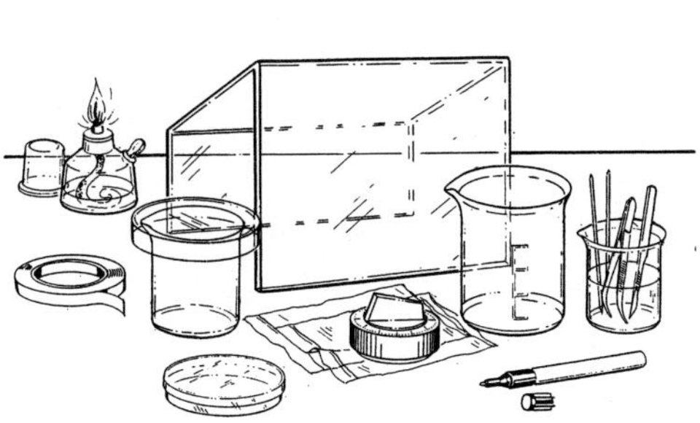

1 Becherglas (250 ml) mit Ethanol, 96 %, vergällt, zum Abflammen
1 Bunsenbrenner oder Spiritusbrenner
1 Filzschreiber, wasserfest
1 Petrischale, steril
1 Pinzette, gebogen
1 Skalpell
1 Steril-Tunnel auf angefeuchtetem Küchenpapier (s.Band 1, S. 38 f)

Verbrauchsmaterial, Chemikalien, Lebewesen

Ethanol, 96 % (ca. 50 ml), vergällt, zum Abflammen
Leitungswasser, steril
Parafilm oder Klebeband
Petrischalen, steril, mit verschieden zusammengesetzten
Mangelmedien (s. *Anhang*) wie z.B.
a) Mageragar ohne Zusätze (s. *Anhang* 2.6)
b) Zuckeragar (s. *Anhang* 2.16)
c) MS-Nährsalzagar (s. *Anhang* 2.8)
d) Zucker-/Nährsalzagar (s. *Anhang* 2.9)
Petrischalen, steril, mit unterschiedlichen Vollmedien (s. *Anhang*) wie z.B.
e) MS-Vollagar ohne Hormone (*Anhang* 2.10)
f) MS-Vollagar mit Auxin (*Anhang* 2.11)
g) MS-Vollagar mit Cytokinin (*Anhang* 2.12)
1 Schale mit sterilen Keimlingen (Kresse, Senf, Sonnenblume bzw. Möhre, Petunie, Tabak) oder mit sterilen Sprossen von Usambara-Veilchen aus Versuch 2.2.1

Zeitbedarf

Präparieren und Einsetzen der Keimlinge:	20 min
Vorbereitung der Nährmedien:	1 bis 2 h

Vorbereitung

1. Mindestens 1 Woche vor Versuchsbeginn werden die Nährmedien hergestellt (s. *Anhang*; Variationsmöglichkeiten s.o.) und die Petrischalen mit den Nährmedien werden gegossen (5 Platten pro Ansatz).
2. Die Steril-Tunnel-Arbeitsplätze werden aufgebaut (s. Band 1, S. 38 ff).

Durchführung

1. Die kleine leere sterile Petrischale wird unter dem Steril-Tunnel geöffnet, der Deckel mit der Öffnung *nach unten* abgelegt. Sie wird mit sterilem Leitungswasser vorsichtig halb gefüllt.
2. Die Petrischale mit den Keimlingen wird unter dem Steril-Tunnel geöffnet, der Deckel mit der Öffnung *nach oben* danebengelegt. Darin werden die Keimlinge präpariert.
3. Eine Schale mit Agar wird unter dem Steril-Tunnel geöffnet, der Deckel mit der Öffnung *nach unten* gelegt.
4. Mit abgeflammter und unter dem Steril-Tunnel abgekühlter Pinzette sowie mit dem in gleicher Weise behandelten Skalpell werden die einzelnen Keimlinge kurz unterhalb der Keimblätter abgeschnitten.
5. Jeweils 6 Keimlingsspitzen werden auf einen der verschiedenen Nährböden gesetzt, dabei wird der Stiel in den weichen Agar eingedrückt. Die Abstände zwischen ihnen sollen gleich groß sein. Die Pflänzchen dürfen sich nicht berühren.

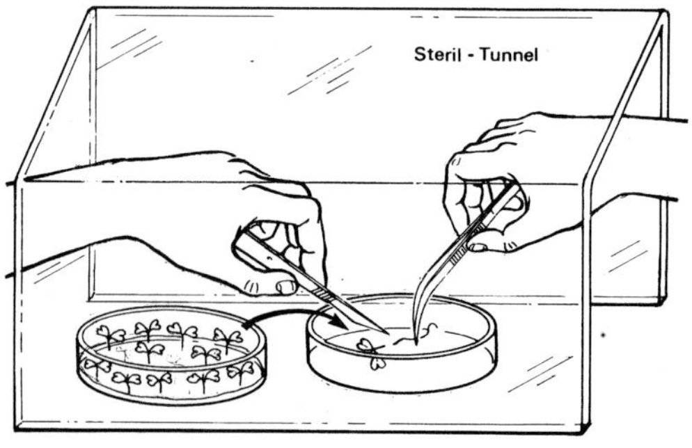

Abb. 150.1: Abtrennen der Keimlingsspitze

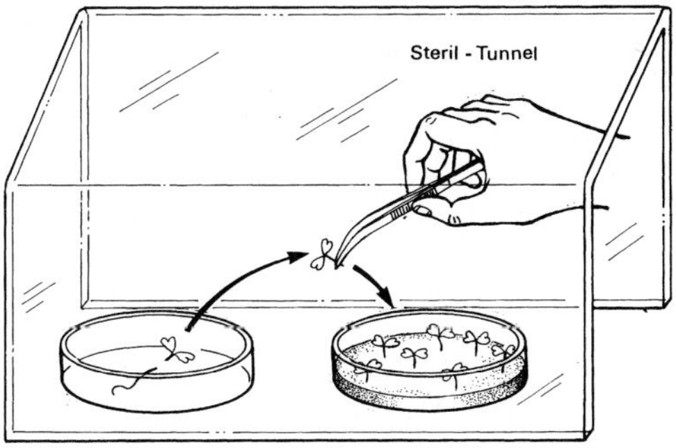

Abb. 151.1: Einsetzen der Keimlingsspitzen in den Nährboden

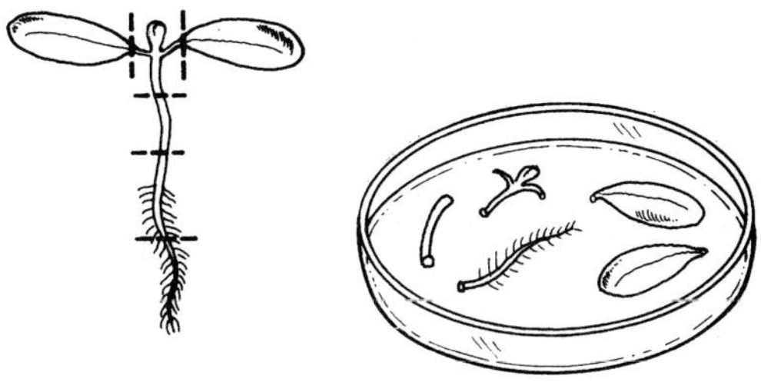

Abb. 151.2: Kultur von Teilen eines Sonnenblumen-Keimlings

6. Fakultative Erweiterung: Die beiden Keimblätter eines Keimlings der Sonnenblume werden sehr vorsichtig abgetrennt, ohne die winzige Sproßknospe zu verletzen. Die Blättchen werden auf Nähragar gelegt. Wenige mm unterhalb der Knospe wird der Keimlingsstiel abgeschnitten und in den Agar gesetzt. Ein bis zwei weitere Teilstücke des Keimlingstiels (Hypokotyl) und der Keimlingswurzel (Radikula) werden ebenfalls auf den Nährboden gelegt. Die Länge der Stücke wird notiert und das Wachstum und die Differenzierung in den folgenden 2 bis 3 Wochen beobachtet und gemessen.
   Dieser Versuch kann mit einem Vollmedium oder auch einem Mangelmedium bzw. mit Medien durchgeführt werden, die sie in ihrem Hormongehalt unterscheiden.
7. Die Schale mit den eingesetzten Keimlingen wird geschlossen und außerhalb des Tunnels mit Parafilm abgeklebt und beschriftet (Pflanzenart, Datum, Name, Zusammensetzung des Mediums).
8. Die Schalen mit den Keimlingen auf Filterpapier werden unter dem Tunnel wieder geschlossen und zwischen den Arbeitsgruppen zur weiteren Entnahme von Pflänzchen ausgetauscht.
9. Die bepflanzten Schalen werden an einen möglichst hellen und warmen Ort (20 bis 25 °C) gestellt (nicht in die direkte Sonne!).
   Das Wachstum der Pflänzchen wird 2 bis 3 Wochen lang regelmäßig beobachtet und protokolliert.

Erläuterungen und Hinweise

Vorbereitung:

zu 1.:

Die Petrischalen mit den Nährmedien müssen etwa eine Woche vor Versuchsbeginn gegossen werden, damit Kontaminationen rechtzeitig erkannt und die entsprechenden Platten ausgesondert werden können. Man braucht mindestens 5 Platten pro Ansatz, 3 für Parallelversuche, 2 als Reserve bzw. zum „Retten" von kontaminierten Kulturen.

Durchführung:

zu 1.:

Das sterile Wasser wird zum Abkühlen des abgeflammten Präparierbestecks gebraucht, um die Pflanzen beim Berühren nicht zu verbrennen.

zu 3.:

Wichtig: Es ist sorgfältig darauf zu achten, daß die Hände niemals über einer keimfreien Schale bewegt werden. Es kommt sonst leicht zu Kontaminationen, z.B. durch herabrieselnde Pilzsporen.

zu 4.:
Wenn mehrere Schalen bepflanzt werden, wird das Präparierbesteck jedes Mal erneut abgeflammt und abgekühlt.
zu 6.:
Dieser Arbeitsschritt stellt eine interessante Erweiterung des Versuchs dar. Es stellt sich dabei heraus, daß alle Teile des Keimlings auch getrennt auf Nährböden weiterwachsen.
zu 8.:
Sollten sich trotz aller Sorgfalt Bakterien- oder Pilzkolonien entwickeln, so kann die Kultur entsprechend den Angaben in 2.2.1, Schritt 13, gerettet werden.

Fragen und Schwierigkeiten

1. Wann treten die ersten Wachstumsunterschiede in den Keimlingskulturen auf?
   → *Nach einer Woche können Unterschiede zwischen den Keimlingskulturen beobachtet werden. Nach zwei Wochen sind diese sehr ausgeprägt.*
2. Welche Unterschiede sind bei Verwendung verschiedener Mangel- bzw. Vollmedien zu beobachten?
   → *Kein Zuwachs bzw. Verkümmerungen und Verfärbungen bei Mangelmedien a, b, c. Wachstum und Blattbildung bei d, e, f. Entwicklung von Wurzelhaaren bei f. Starkes Wachstum, Blattbildung, Seitentriebe bei g.*
3. Welche Stoffe sind für das Wachstum von Keimlingsspitzen nötig?
   → *Wasser, Nährsalze, Zucker, Vitamine.*
4. Welche Stoffe lösen Differenzierungsvorgänge bei Keimlingsspitzen aus?
   → *Phytohormone: Auxine regen Wurzelbildung an, Cytokinine die Bildung von Seitensprossen.*

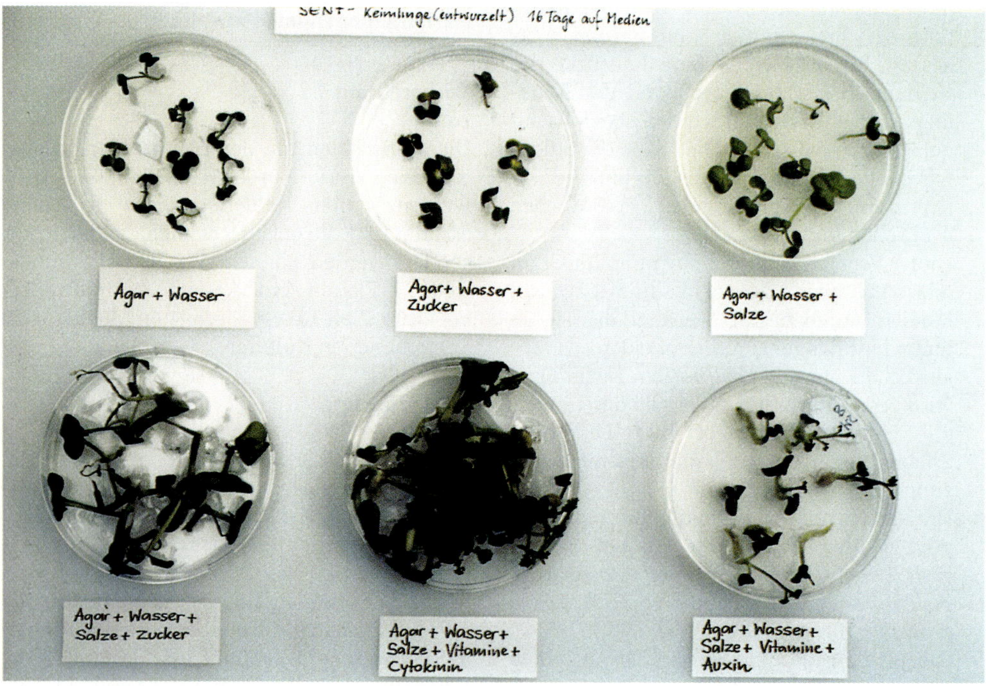

Abb. 152.1: Senf-Kulturen auf Medien verschiedener Zusammensetzung nach 16 Tagen

5. Welche Teile von Keimpflanzen wachsen auf Nährböden?
   → *Alle Keimlingsteile: Keimblätter, Keimwurzel, Hypocotyl und Sproßspitze.*
6. Welche Teile bilden neue Organe aus?
   → *Keimwurzeln bilden Wurzelhaare aus; unter Einfluß von Phytohormonen bilden sich an Keimblättern und Sproßspitzen Seitensprosse oder Wurzeln; s. 4.*
7. Wodurch werden Wachstum und Differenzierung in vitro möglich?
   → *Die abgetrennten Organe nehmen über ihre gesamte Zelloberfläche anorganische und organische Nährstoffe sowie Phytohormone aus dem Nährboden auf.*
8. An welchen Teilen der Keimpflanzen bildet sich Kallus?
   → *Kallus bildet sich gelegentlich an Hypokotylstücken.*

2.2 Gewebekultur aus Organen des Usambara-Veilchens und Klonieren genetisch identischer Pflanzen

Als Ausgangsmaterial für kommerzielle Gewebekulturen dient meist die steril präparierte äußerste Sproßspitze einer besonders wertvollen Pflanze. Sie wächst auf einem speziellen Nährboden heran und bildet unter dem Einfluß von Cytokinin büschelweise Seitensproße. Diese werden abgeteilt und dienen ihrerseits das Ausgangsmaterial für weitere Sproßbüschel. Hat man die geplante Sproßzahl erreicht, werden diese einzeln auf auxinhaltige Nährböden gesetzt, bilden dort Wurzeln und können nun in Erde gepflanzt und auf herkömmliche Weise weiterkultiviert werden.

Als Ausgangsmaterial für den Schülerversuch werden keine Sproßspitzen verwendet, deren

Abb. 153.1: Usambara-Sprosse auf Medien verschiedener Zusammensetzung nach 4 Wochen

Präparation schwierig ist. Es werden vielmehr Blattstücke, Stengelscheiben oder Blütenteile des Usambara-Veilchens benutzt, mit denen sich einfacher arbeiten läßt. Die Epidermis-Zellen dieser (und mancher anderer) Art haben die Fähigkeit, sich unter bestimmten Bedingungen, z.B. unter dem Einfluß von Cytokinin, zu entdifferenzieren und embryonales Gewebe zu bilden, aus dem vollständige kleine Pflanzen heranwachsen. Da die vegetativen Zellen einer Pflanze in aller Regel genetisch identisch sind, gilt dies auch für alle aus ihnen regenerierten Jungpflanzen, die demnach einen Klon bilden. Dies wird besonders deutlich, wenn man für das Experiment Blätter verschiedener Rassen des Usambara-Veilchens verwendet: die Normalform, die Mini-Form oder die gekräuselte Form der Blätter sowie verschiedene Blütenfarben treten bei den Nachkommen wieder auf.

Parallel zur Gewebekultur können auch einige Blatt-Stecklinge von Usambara-Veilchen in Erde angesetzt werden, die nach ca. 8 bis 10 Wochen einige junge Sprosse zeigen. Ein Vergleich der Ausbeute an Jungpflanzen bei In-vitro-Vermehrung bzw. Stecklingsvermehrung verdeutlicht die Überlegenheit der biotechnischen Methode in wirtschaftlicher Hinsicht. An diese Beobachtungen kann sich ein detaillierter wirtschaftlicher Vergleich zwischen Gewebekultur und herkömmlicher Aufzucht aus Samen am Beispiel der Gerbera anschließen (s. Einführung).

Die Frage nach der Totipotenz bereits ausdifferenzierter Zellen läßt sich im Experiment genauer untersuchen, wenn außer Blattstücken auch Stengelquerschnitte oder Blütenblätter zur Regeneration auf Nährboden ausgelegt werden.

Gewebekulturen spielen heute eine wichtige Rolle im Zierpflanzenbau sowie bei der Erzeugung vegetativ vermehrbarer Nutzpflanzen wie z.B. Erdbeere und viele Obst- und Waldgehölze.

2.2.1 Wachstum und Regeneration von Blättern, Blüten und Stielen in vitro

Jede Gruppe sollte 3 Nährböden mit Pflanzenstücken belegen. Insgesamt sollten 2 bis 3 verschiedene Usambara-Veilchen-Varietäten bearbeitet werden.

Geräte

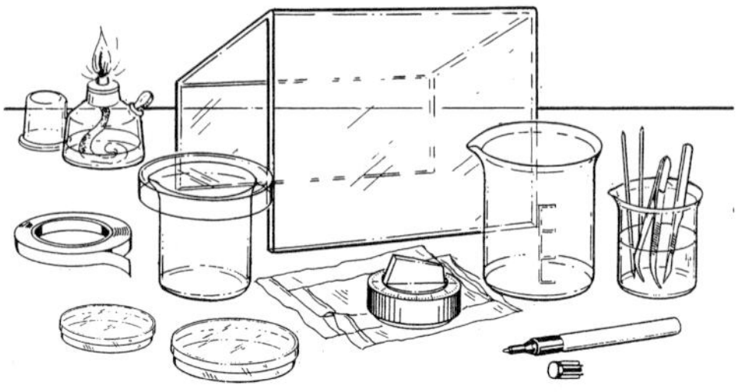

1 Becherglas (250 ml) mit Ethanol, 96 %, vergällt, zum Abflammen
1 Becherglas (250 ml), steril, abgedeckt mit passender Petrischale aus Glas
1 Bunsenbrenner oder Spiritusbrenner
1 Filzschreiber, wasserfest
1 Gefäß (ca. 500 ml) zum Abgießen von Flüssigkeiten
1 Petrischale, Durchmesser 9 cm, steril
1 Petrischale, Durchmesser 6 cm (für je 2 Gruppen), steril
1 Pinzette, gebogen
1 Skalpell
1 Steril-Tunnel auf angefeuchtetem Küchenpapier (s. Band 1, S. 39 und Abb. 156.1)
1 Stoppuhr

Verbrauchsmaterial, Chemikalien, Lebewesen

50 ml Chlorbleichlauge (NaOCl), 10 %, s. *Anhang* 1.6
Ethanol, 96 %, (ca. 50 ml), vergällt, zum Abflammen
Ethanol, 70 %, (20 ml), unvergällt, s. *Anhang* 1.9
ca. 200 ml Leitungswasser, steril
3 Nährböden, steril, für Pflanzenkulturen (MS-Vollagar mit Cytokinin; s. *Anhang* 2.12 und 2.1.2)

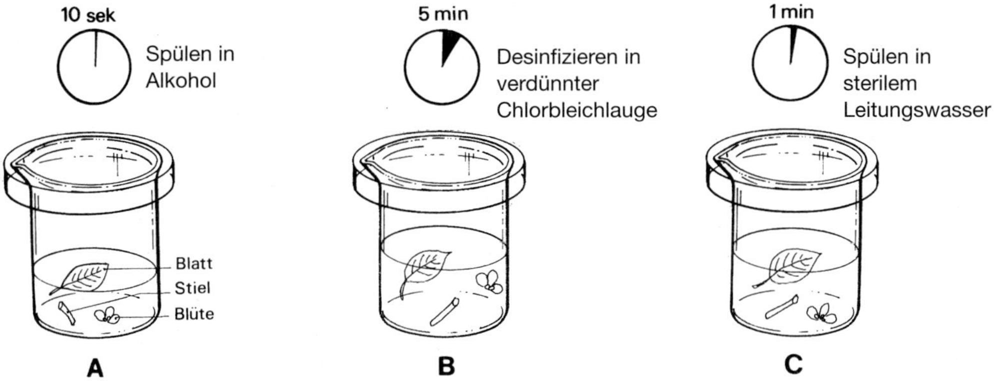

Abb. 155.1: (A) Spülen in Alkohol, (B) Desinfizieren in verdünnter Chlorbleichlauge, (C) Spülen in sterilem Leitungswasser

Parafilm oder Klebeband
1 Usambara-Veilchen

Zeitbedarf

Oberflächensterilisation der Blätter (bzw. Stiele, Blüten):	20 min
Präparieren und Einsetzen der Stücke:	15 min
Ansetzen der Nährböden:	60 min
Regeneration von Sprossen:	4 bis 6 Wochen

Vorbereitung

1. Ein Usambaraveilchen wird frisch aus dem Handel besorgt.
2. Die Nährböden werden mindestens eine Woche vor Versuchsbeginn angesetzt (s. *Anhang* 2.12).
3. Verdünnte Chlorbleichlauge wird hergestellt (s. *Anhang* 1.6).
4. Die Steril-Tunnel-Arbeitsplätze werden aufgebaut (Band 1, S. 38 ff).

Durchführung

1. Ein junges, aber schon voll ausgewachsenes Blatt (oder ein größeres Teilstück davon), ein Blattstiel und eine junge entfaltete Blüte werden in das sterile Becherglas gelegt und mit 70 %igem Ethanol übergossen. Das Glas wird zugedeckt und kurz (10 sec) geschwenkt, so daß die gesamte Pflanzenoberfläche benetzt ist (vgl. Abb. 155.1, A).
2. Der Alkohol wird vorsichtig abgegossen, ohne daß der Deckel ganz geöffnet wird, so daß die Pflanzenstücke nicht herausrutschen.
3. Verdünnte Chlorbleichlauge wird auf die Pflanzenstücke gegossen. Das Becherglas wird zugedeckt. Unter leichtem Schwenken werden die Teile 5 min lang desinfiziert (vgl. Abb. 155.1, B).
4. Die Lösung wird vorsichtig abgegossen, ohne daß der Deckel abgehoben wird.
5. Etwa 50 ml steriles Leitungswasser werden eingefüllt. Dann wird zugedeckt, 1 min geschwenkt und wieder abgegossen (vgl. Abb. 155.1, C).
6. Der Spülvorgang wird mit je 50 ml sterilem Leitungswasser noch zweimal wiederholt.
7. Nun wird unter dem Steril-Tunnel weitergearbeitet. Die kleine leere sterile Petrischale wird unter dem Tunnel geöffnet, wobei der Deckel mit der Öffnung *nach unten* abgelegt wird. Die Schale wird halb mit sterilem Leitungswasser gefüllt. Das abgeflammte Präparierbesteck wird in diesem Wasser abgekühlt, bevor die Pflanzen damit berührt werden, um sie nicht zu verbrennen.

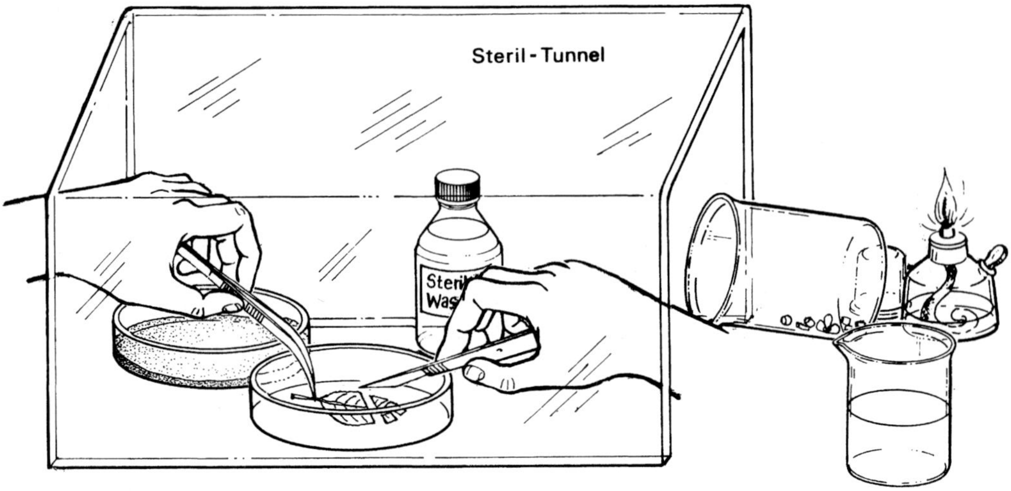

Abb. 156.1: Präparieren der Pflanzenteile (links, von vorn gesehen)

8. Eine Schale mit Nähragar und die größere leere sterile Petrischale werden unter dem Tunnel geöffnet, die Deckel werden mit der Öffnung *nach unten* abgelegt, und die Schalen mit den Nährböden werden auf ihre Deckel gestellt.
9. Das Becherglas mit den desinfizierten Pflanzenstücken wird geöffnet und so auf die Seite gelegt, daß die Öffnung unter dem Steril-Tunnel liegt.
10. a) Präparieren von ganzen Blättern:
   Skalpell und Pinzette werden abgeflammt und abgekühlt (s. 6), das Blatt wird aus dem Becherglas auf die leere Petrischale gelegt und in Stücke von etwa 0,5 x 1,5 cm geschnitten. Die Stücke werden auf den Nähragar gelegt und leicht eingedrückt. 6 bis 8 Stücke passen in eine Kulturschale. Sie dürfen sich nicht berühren (s. Abb 156.1).
   b) Präparieren von Blattstücken:
   Wurden anstelle ganzer Blätter Blattstücke desinfiziert, so wird das (durch die Chlorbleichlauge geschädigte) Randgewebe an den Schnittkanten vor dem weiteren Aufteilen des Blattstückes etwa 0,3 cm breit abgeschnitten und verworfen.
   c) Präparieren von Blüten:
   Desinfizierte Blüten werden mit dem Skalpell in 2 bis 4 Teile getrennt und dabei möglichst wenig gequetscht.
   d) Präparieren von Stielen:
   Desinfizierte Stiele werden in 3 bis 4 mm dicke Querscheiben geschnitten und diese mit der runden Fläche auf den Nährboden gelegt. Die beiden Außenstücke werden verworfen.
11. Der Deckel der Agarschale wird verschlossen und außerhalb des Tunnels mit Klebeband (z.B. Parafilm) umklebt und auf dem Deckel beschriftet (Name, Datum, Pflanzenvariante, Nährbodenart).
12. Die bepflanzten Schalen werden an einen möglichst hellen, 20 bis 25 °C warmen Ort gestellt (nicht in die Sonne!). Eine zusätzliche Beleuchtung mit einer Pflanzenlampe ist zu empfehlen.
   In den folgenden Wochen werden die Kulturen regelmäßig alle 2 bis 3 Tage auf Befall mit Mikroorganismen überprüft, und das Wachs-

tum der Blattstücke sowie die Regeneration von Sprossen wird protokolliert.

13. „Rettung" von Kulturen, auf denen sich Bakterien- oder Pilzkolonien entwickelt haben: Sie erfolgt unter dem Steril-Tunnel mit abgeflammtem Präparierbesteck. Es gibt zwei Möglichkeiten:
Einzelne kleine Kolonien werden großzügig aus dem Agar herausgeschnitten und entsorgt.
Ist eine Kulturplatte bereits stärker mit Mikroorganismen befallen, kann man die offensichtlich noch steril gebliebenen Pflanzenstücke auf einen neuen, entsprechenden beschrifteten Nährboden umsetzen.

Abb. 157.1: Schnittführung beim Präpaprieren von Blüten und Stengeln

Erläuterungen und Hinweise

Vorbereitung:
zu 1.:
Ältere Fensterbank-Pflanzen eignen sich nicht, da sie fast immer von endophytischen Mikroorganismen befallen sind, die bei der Oberflächensterilisierung nicht mit abgetötet werden und die Gewebekultur zerstören.

Durchführung:
zu 1.:
Der Alkohol macht die Pflanzenteile leichter benetzbar, was für das anschließende Desinfizieren mit Chlorbleichlauge von Bedeutung ist.

Wichtig: Der Deckel des sterilen Becherglases wird nur von außen angefaßt und jeweils nur so kurz wie möglich geöffnet, damit keine Mikroorganismen hineinfallen. Er wird immer mit der Öffnung nach unten gehalten.

zu 2.:
Die Nährböden müssen etwa eine Woche vorher angesetzt und in Petrischalen gegossen werden, damit man Kontaminationen rechtzeitig erkennt und die entsprechenden Platten vorher aussondern kann.

zu 3.:
Die Lösung enthält 1 bis 2 % aktives Chlor, das Bakterien und Pilze abtötet. Bei stärkerer Konzentration und längerer Einwirkungsdauer aber auch die Pflanzenzellen schädigt.

zu 8.:
Wichtig: Es ist sorgfältig darauf zu achten, daß niemals Hände oder Ärmel über einer keimfreien Schale bewegt werden. Die Schalen werden auf den Deckel gestellt, um Platz zu sparen.

zu 10b, 10c:
Das abgeschnittene Randgewebe wird bei der Desinfektion geschädigt. Gequetschte Gewebe wachsen nicht an. Deshalb müssen vor allem Blüten vorsichtig behandelt werden.

zu 12.:
Die Sprossen können in den Versuchen 2.1.2 und 2.2.2 wieder verwendet werden.

zu 13.:
Es ist wichtig, möglichst frühzeitig unerwünschte Mikroorganismen zu erkennen, da sie auf Pflanzennährböden ideale Entwicklungsbedingungen haben, schnell die ganze Gewebekultur überwuchern und diese unbrauchbar machen.

Es ist nicht nötig, das Besteck in sterilem Wasser abzukühlen, dies kann auch durch kurzes Eintauchen in den Nährboden in der Nähe des Plattenrandes (an einer sterilen Stelle!) geschehen.

Fragen und Schwierigkeiten

1. Wann verändern sich die Pflanzenstücke? Welche Veränderungen sind zu beobachten?
   → *In den ersten 7 bis 10 Tagen vergrößern sich die Blattflächen. Manche Stücke wölben sich nach oben. Grund dafür: die Zellen der Unterseite nutzen das optimale Nährstoffangebot verstärkt zu Wachstum und Teilung.*
2. Sind Verunreinigungen von Mikroorganismen aufgetreten? Was könnte der Grund dafür sein?
   → *Zu kurze Desinfektionszeit, Keime aus der Luft, Fehler beim Präparieren.*
3. Wann und wo zeigen sich die ersten Zeichen einer Regeneration?
   → *Nach etwa 14 Tagen zeigen sich hellgrüne Verdickungen von embryonalem Gewebe an den Schnittkanten, aber auch an den Ober- und Unterseiten der Blätter. Manche Blätter verfärben sich bräunlich, sind jedoch nicht abgestorben. Blüten, die zu lange desinfiziert wurden, sind tot und inzwischen ganz braun geworden.*
4. Wann haben sich kleine neue Sprosse gebildet?
   → *Nach etwa 4 bis 6 Wochen haben sich aus den Verdickungen viele junge Sprosse entwickelt, die die Blattränder und die Blattoberfläche in Büscheln umsäumen.*
5. Bilden sich auch Sprosse an Blüten- bzw. Stengelstücken?
   → *Ja, es dauert jedoch meist länger als bei Blättern.*

2.2.2 Heranziehen eines Klons genetisch identischer Pflanzen

Interessant ist besonders der Vergleich verschiedener Varietäten des Usambara-Veilchens. Für dieses Experiment eignen sich auch Gewebekulturen aus einem kommerziellen Gewebelabor (z.B. Firma *Hummel*, Stuttgart s. *Anhang* 3.5).

Geräte

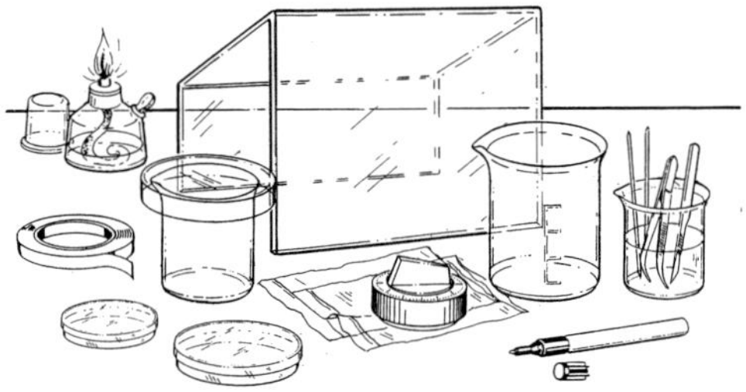

1 Becherglas (250 ml) mit Ethanol, 96 %, vergällt, zum Abflammen
1 Bunsenbrenner oder Spiritusbrenner
1 Filzschreiber, wasserfest
1 Glas mit Alkohol zum Abflammen (ca. 50 ml, 96 % vergällt)
1 Petrischale (Durchmesser 9 cm), steril
1 Petrischale (Durchmesser 6 cm), steril
1 Pinzette, gebogen
1 Skalpell
1 Steril-Tunnel auf angefeuchtetem Küchenpapier (s. Band 1, S. 38 ff)

Verbrauchsmaterial, Chemikalien, Lebewesen

Gewebekultur, steril, von Usambara-Veilchen (4–6 Wochen alt) mit regenerierten Sprossen von 5 bis 10 mm Länge, (1 Schale für alle Gruppen, falls nicht verschiedene Varitäten verglichen werden sollen)
Parafilm oder Klebeband
Leitungswasser, steril, (ca. 50 ml)
2 Nährböden, steril, für Pflanzenkulturen (MS-Vollagar mit Cytokinin; s. *Anhang* 2.12 und 2.1.2)

Zeitbedarf

Ansetzen der Nährböden: 60 min
Präparieren und Einsetzen der Sprosse: 15 min

Vorbereitung

1. Mindestens 1 Woche vor Versuchsbeginn werden die Nährböden angesetzt (s. *Anhang* 2.12).
2. Bei Bedarf werden Gewebekulturen von Usambara-Veilchen bestellt (z.B. bei Fa. *Hummel*, Stuttgart; s. *Anhang* 3.5).
3. Die Steril-Tunnel-Arbeitsplätze werden aufgebaut (s. Band 1, S. 38 ff).

Durchführung

Entnahme von je einem Blattstück mit Sprossen für die einzelnen Gruppen:

1. Die kleine sterile Petrischale wird unter dem Tunnel geöffnet, der Deckel mit der Öffnung *nach unten* abgelegt. Die Schale wird mit sterilem Leitungswasser halb gefüllt. Der Deckel wird mit der Öffnung *nach unten* an den nächsten Arbeitsplatz gereicht. In der Schale bzw. dem Deckel wird das Präparierbesteck jeweils nach dem Abflammen gekühlt, bevor die Pflanzen berührt werden, um sie nicht zu verbrennen.
2. Die größere sterile Petrischale wird unter dem Tunnel geöffnet, ihr Deckel mit der Öffnung ebenfalls *nach unten* abgelegt.
3. Die sterile Gewebekultur wird unter dem Tunnel geöffnet, der Deckel mit der Öffnung *nach unten* abgelegt und die Schale auf ihren Deckel gestellt.
4. Ein Blattstück mit Sprossen wird mit abgeflammter und abgekühlter Pinzette aus der Gewebekultur genommen und in die leere Petrischale gelegt. Die Kulturschale wird vorsichtig wieder verschlossen und unverklebt an eine andere Arbeitsgruppe weitergegeben. In gleicher Weise werden soviele größere Petrischalen befüllt wie Arbeitsgruppen tätig sind.

Einpflanzen von Sprossen:

5. Eine Schale mit Nähragar wird unter dem Steril-Tunnel geöffnet, der Deckel mit der Öffnung *nach unten* abgelegt und die Schale daraufgestellt.
6. Die Petrischale mit dem Blattstück und den Sprossen wird unter dem Steriltunnel geöffnet. Mit abgeflammtem, abgekühltem Präparierbesteck werden alle regenerierten Sprosse von dem Blattstück abgetrennt und ausgezählt. Die kräftigsten Sprosse, aber auch zwei einzelne Blättchen werden in den Nähragar gedrückt. Sechs Sprosse und zwei Blättchen sind ausreichend für eine Kulturschale. Sie dürfen sich nicht berühren.
7. Der Deckel wird auf die bepflanzte Schale aufgelegt. Außerhalb des Tunnels wird sie mit Klebeband umklebt und auf dem Deckel beschriftet (Name, Datum, Pflanzenvariante, Nährbodenart).
8. Die Kulturschalen werden etwa vier Wochen lang an einen hellen, warmen Ort gestellt (nicht in die direkte Sonne!). Wachstum und Entwicklung werden beobachtet und protokolliert. Besonders in der ersten Zeit sollte regelmäßig auf Befall mit Mikroorganismen geachtet werden, kontaminierte Kulturen können möglicherweise „gerettet" werden (s. 2.2.1, Schritt 13).

Abb. 159.1: Verdunstungsschutz für die umgesetzten Pflanzenstecklinge

9. Nach etwa vier Wochen werden die Pflanzenbüschel von anhaftendem Nähragar

Abb. 160. 1: Frisch angesetzte Gewebekultur aus Blattstücken von Usambara-Veilchen

befreit, auf feuchte autoklavierte Stecklingserde in kleine Töpfe gesetzt und mit einem Glas oder einer Plastiktüte vor Verdunstung geschützt (s. Abb. 159.1).
Sie entwickeln nach kurzer Zeit Wurzeln und können, sobald sie gutes Wachstum zeigen, zunächst belüftet und später ganz abgedeckt werden (s. Abb. 162.1).

10. Nach weiteren 4 Wochen werden die Sprosse der angewachsenen Pflanzenbüschel vereinzelt (s. Abb. 162.2).

Erläuterungen und Hinweise

Vorbereitung:

zu 1.:

Die Petrischalen mit den Nährböden werden etwa eine Woche vor dem Experiment gegossen, um mögliche Kontaminationen vorher zu erkennen und die betreffenden Schalen auszusondern.

Abb. 160.2: Nach zwei bis drei Wochen entstehen an den Blatträndern neue Sprosse (Pfeile)

Durchführung:
zu 5.:
Die Schale wird auf den Deckel gestellt, um Platz zu sparen.

zu 6.:
Wichtig: Es ist sorgfältig darauf zu achten, daß niemals Hände oder Ärmel über einer keimfreien Schale bewegt werden, weil sonst von dort Mikroorganismen hineinfallen können.

zu 9.:
Usambara-Veilchen lieben einen hellen Standort ohne direkte Sonneneinstrahlung und eine Temperatur von 18–20 °C. Der Wurzelballen darf nicht übernäßt werden. Bei guten Lichtverhältnissen setzen sie in etwa 3 Monaten die ersten Knospen an (vgl. Abb. 162.3).
Die Abbildungen auf diesen gegenüberliegenden Seiten zeigen die In-vitro-Entwicklung von Usambarapflanzen aus Blattstücken

Abb. 161.1: Gewebekultur nach einem Monat

Abb. 161.2: Gewebekultur nach zwei Monaten

Abb. 161.3: Gewebekultur nach drei Monaten

Abb. 162.1: In Blumenerde umgesetzte In-vitro-Kultur nach fünf Monaten

Abb. 162.2: Vereinzelung der in Blumenerde angewachsenen Pflänzchen nach sechs Monaten

Abb. 162.3: Im Topf blühendes Usambara-Veilchen nach sieben Monaten

Fragen und Schwierigkeiten

1. Etwa 10 bis 20 Sprosse bilden sich an einem Blattstück in vitro. Aus einem Blattsteckling in Erde wachsen nach 4 bis 12 Wochen 2 bis 4 junge Sprosse hervor, vgl. Abb. 160.2. Wie ist dieser Unterschied zu erklären?
   → *Der Unterschied in der Vermehrungsrate erklärt sich durch die Zugabe des zellteilungsfördernden Pflanzenhormons Cytokinin zum Nähragar und durch die optimale Versorgung mit Nährstoffen in einer In-vitro-Kultur.*
2. Wie wachsen die isolierten Sprosse auf Nähragar in den nächsten 4 Wochen weiter? Wie wachsen isolierte Blättchen weiter?
   → *Die isolierten Sprosse bilden unter weiterem Cytokinin-Einfluß viele Seitensprosse aus, es entstehen Sproßbüschel. Auch die isolierten Blättchen bilden an ihrer Basis rasch neue Sprosse.*
3. Sind Unterschiede zwischen den Kulturschalen von diversen Usambara-Varietäten zu erkennen?
   → *Meist erkennt man schon in der In-vitro-Kultur die verschiedenen Klone. Deutlicher treten die Unterschiede jedoch erst dann hervor, wenn die Pflänzchen in Blumenerde weiterkultiviert werden.*

Abb. 163.1: Blattsteckling eines Usambara-Veilchens nach 12 Wochen in Blumenerde

2.2.3 Einfluß von Pflanzenhormonen auf die Organbildung

Phytohormone steuern das Wachstum und die Entwicklung von Pflanzen. Sie werden normalerweise in der Pflanze selbst gebildet und stehen in einem ausgewogenen empfindlichen Gleichgewicht zueinander. Für In-vitro-Gewebekulturen werden meist die beiden Antagonisten Cytokinin (fördert Zellteilung und Sproßbildung, unterdrückt Wurzelbildung) und Auxin (fördert Zellteilung und Wurzelbildung, unterdrückt Knospenbildung) verwendet, die den Nährböden in Konzentrationen von 0,2 bis 2 mg/l zugesetzt werden. (Es gibt verschiedene Auxine und Cytokinine!) In diesem Experiment soll der Einfluß dieser Phytohormone auf die Organbildung bei Usambarasprossen untersucht werden. Wenn ausreichend Sprosse vorhanden sind, kann auch das Experiment mit Mangelmedien verschiedener Zusammensetzung entsprechend 2.1.2 durchgeführt werden.

Geräte

Siehe 2.2.2

Verbrauchsmaterial, Chemikalien, Lebewesen

Siehe 2.2.2, hier werden jedoch Nährböden, steril, mit verschiedenen Hormonkonzentrationen verwendet (s. *Anhang* 2.10, 2.11, 2.12 und Kap. 2.1.2):
a) MS-Vollagar ohne Hormone
b) MS-Vollagar mit 1,5 mg/l Cytokinin
c) MS-Vollagar mit 2 mg/l Auxin

Zeitbedarf

Ansetzen der Nährböden:	60 min
Präparieren und Einsetzen der Sprosse:	15 min

Vorbereitung

1. Mindestens 1 Woche vor dem Experiment werden die Nährböden angesetzt (s. *Anhang* 2.10, 2.11, 2.12).
2. Bei Bedarf werden Gewebekulturen von Usambara-Veilchen bestellt (z.B. bei Fa. *Hummel*, Stuttgart; s. *Anhang* 3.5).
3. Die Steril-Tunnel-Arbeitsplätze werden aufgebaut (s. Band 1, S. 38 ff).

Durchführung

1 bis 8 wie unter 2.2.2.

Fragen und Schwierigkeiten

1. Welche unterschiedlichen Wachstums- bzw. Differenzierungsvorgänge können beobachtet werden?
   → *Auf cytokininhaltigem Nährboden (1 mg/l) zeigen isolierte Usambara-Sprosse ein kräftigeres Wachstum als auf cytokoninfreiem. Vor allem bilden sie reichlich Seitensprosse aus. Auf cytokininfreiem Nährboden entwickeln sich einzelne Wurzeln, s.Abb. 164.1.*
   Auf stark auxinhaltigem Nährboden (2 mg/l) bleiben die Sprosse klein, zeigen aber, vor

Abb. 164.1: Einfluß von Cytokinin auf Sproßkulturen von Usambara-Veilchen

Abb. 164.2: Einfluß von Auxin auf Sproßkulturen von Usambara-Veilchen

allem an den Stielen, einen dichten Besatz mit Wurzeln. Einzelne Wurzeln wachsen auch aus der Blattoberfläche hervor, s. Abb. 164.2.

2. Wie erklären sich die Unterschiede?

   → *Beide Phytohormone regen die Zellteilung an, Cytokinin fördert die Differenzierung der Zellen zu Sprossen, Auxin fördert die Differenzierung zu Wurzeln.*

   Auf dem hormonfreien Nährboden zeigt sich, daß auch in den Pflänzchen selbst Auxin gebildet wird, da sie einzelne Wurzeln ausbilden. Diese Wurzelbildung wird in dem cytokininhaltigen Nährboden unterdrückt. Auxin und Cytokinin wirken antagonistisch.

3. Welche praktische Bedeutung könnte der Einsatz von Phytohormonen in Gewebekulturen für den kommerziellen Pflanzenbau haben?

   → *Großgärtnereien als Kunden kommerzieller Gewebelabore verlangen zu bestimmten Zeiten eine große Anzahl gleichmäßig entwickelter Jungpflanzen, die einheitlich blühen. Der Einsatz von Cytokinin erlaubt, nach einem vorher festgelegten Plan genau so viele genetisch identische Pflänzchen zu erzeugen wie der Markt aufnimmt.*

   Wenn die gewünschte Anzahl Pflanzen in vitro vermehrt worden ist, werden die Einzelpflänzchen mit Hilfe von Auxin in vitro bewurzelt und anschließend zur Weiterkultur in Erde gesetzt. (Das Usambara-Veilchen bewurzelt sich allerdings auch ohne Auxin-Zusatz, es stellt damit jedoch eine Ausnahme unter den Gewebekulturpflanzen dar.

2.3 Kallus-Kulturen aus oberflächensterilisierten Möhrenwurzeln

Das Anlegen und Weiterkultivieren von Kalluskulturen gehört zu den Grundtechniken der wissenschaftlichen Arbeit mit Zellkulturen. Dabei nutzt man die Fähigkeit bereits ausdifferenzierter Zellen zur Entdifferenzierung unter dem Einfluß von Phytohormonen wie Auxinen und Cytokininen. Auf geeigneten Nährböden teilen sich diese entdifferenzierten Zellen weiter und bilden unorganisierte Klumpen von einheitlichen undifferenzierten Zellen, den sogenannten Kallus. Ein ähnliches Gewebe kann auch unter natürlichen Bedingungen entstehen, nämlich an den Wundrändern von Bäumen. Als sogenannter Wundkallus überwallt es die verletzten Stellen.

Die Zellen eines Kallusklumpens hängen nur locker aneinander und sind deshalb relativ leicht voneinander zu lösen. Einzelne Kalluszellen können ähnlich wie Mikroorganismen in Nährlösung kultivert und weiter vermehrt werden (sog. Zellkulturen oder Suspensionskulturen). Sie werden mit Techniken der Mikrobiologie auf feste Nährböden übertragen und nach verschiedensten Gesichtspunkten wissenschaftlich untersucht (Resistenzeigenschaften, Regenerationsfähigkeit, Mutationsrate, Genübertragung). Dabei repräsentiert jede einzelne Zelle die gesamte höhere Pflanze, aus der sie entstanden ist. Für die gärtnerische Praxis bieten solche Zellkulturen von Zierpflanzen (z.B. Weihnachtsstern) eine beinahe unendliche und jederzeit verfügbare Quelle für die vegetative Vermehrung. Unter dem Einfluß von Cytokinin und Auxin in bestimmter Konzentration entwickeln sich aus den Kalluszellen aufgrund ihrer Totipotenz kleine Jungpflänzchen (sog. somatische Embryoide), die zu ganzen Pflanzen herangezogen werden können. Anstelle einer Mutterpflanze, von der man Stecklinge abnimmt, steht also ein Erlenmeyerkolben mit Millionen von Zellen zur Vermehrung eines Klons identischer Pflanzen zur Verfügung.

Die Schüler und Schülerinnen legen im Experiment eine Kalluskultur aus sterilisierten Möhrenstückchen an. Es ist wichtig, frische Möhren möglichst aus Eigenanbau oder aus biologischem Anbau als Ausgangsmaterial zu verwenden. Alte Möhren bilden weniger Kallus und sind meistens auch im Inneren so stark von Bakterien und Pilzen befallen, daß eine Sterilisation nicht möglich ist. Möhren aus Eigenanbau oder aus biologischem Anbau sind nicht mit Pestiziden oder Desinfektionsmitteln behandelt, die die Kallusbildung hemmen.

Aus den Kallusklümpchen auf den Möhrenstücken werden Subkulturen angelegt, deren Wachstum von den Schülern beobachtet und

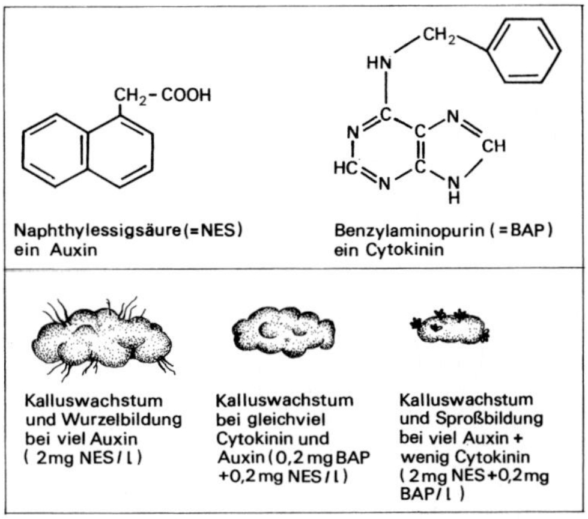

Abb. 165.1: Das Wachstum und die Differenzierung von Kalluszellen ist abhängig von der Kombination und der Konzentration der Phytohormone Auxin und Cytokinin im Nährboden

dokumentiert wird. Die Anlage von Kallus-Zellkulturen in Nährlösungen ist im Schüler-Experiment nicht möglich, da diese zu schnell kontaminieren. Es kann jedoch der Einfluß verschiedener Kombinationen der beiden Phytohormon-Gruppen Auxin und Cytokinin auf das Wachstum von Kallus herausgearbeitet werden. Die erneute Re-Differenzierung von Kalluszellen zu strukturierten Organen kann eindrucksvoll demonstriert werden als Beweis für die Totipotenz der Pflanzenzelle. So bilden sich unter Auxineinfluß Wurzelhaare aus einzelnen Zellen an den Kallusklumpen. Leider gelingt es unter den schulischen Versuchsbedingungen nur selten, mit Hilfe von Cytokinin auch Sprosse aus Kalluszellen zu erzeugen.

Die Rolle der Phytohormone bei der Steuerung des Pflanzenwachstums

Höhere Pflanzen bestehen aus einer großen Anzahl verschiedenartiger und spezialisierter Zellen, die in Geweben oder Organen bestimmte Aufgaben erfüllen. Jede einzelne Zelle besitzt bestimmte Mechanismen, mit denen der Stoffwechsel *intra*zellulär gesteuert wird. Darüberhinaus muß es eine *inter*zelluläre Verständigung zwischen den Zellen einer Pflanze geben, durch

	PHYTOHORMONE				
Entwicklungsprozeß	*Auxine*	*Giberelline*	*Cytokinine*	*Abscisinsäure*	*Ethylen*
Samen		+	+	–	+
Streckungswachstum	+	+		–	–
Teilungswachstum	+	+	+	–	
Apikaldominanz	+	+	–		
Xylemdifferenzierung	+				
Phloemdifferenzierung		–			
Sproßneubildung	+		+		
Wurzelneubildung	+	–	–		–
Blütenbildung		+	+		–
Geschlechtsbestimmung					
Fruchtentwicklung	+	+			+
Fruchtfall, -reifung	–			+	+
Blattgestalt	+			+	+
Alterung	–	–	–	+	+

Tab. 166.1: Konzentrationsabhängige Einflüsse von Phytohormonen auf planzliche Entwicklungsprozesse (+ fördernd, – hemmend; keine Angabe: das Hormon hat keinen Einfluß). Aus BEISENHERZ (1987)

die ihre gesamten Lebensvorgänge (Stoffwechsel, Wachstum, Differenzierung, Fortpflanzung, Bewegungen) koordiniert werden.

Dies geschieht hauptsächlich durch den Austausch chemischer Verbindungen zwischen Zellen und Geweben. Diese Substanzen werden heute allgemein als „Phytohormone" (griech. *phyton* Pflanze) bezeichnet. Die ältere Bezeichnung „Wuchsstoffe" deutet auf die zuerst entdeckte Rolle einiger Phytohormone bei der Beschleunigung oder Hemmung des Wachstums hin.

Der Begriff Hormon (griech. *hormein* antreiben) wurde ursprünglich für Botenstoffe bei Tieren verwendet, die in spezifischen Drüsen gebildet und in Körperflüssigkeiten transportiert werden. Sie steuern in anderen Teilen des Organismus in geringster Konzentration Stoffwechselvorgänge. Phytohormone haben zwar ähnliche Funktionen in der Pflanze, werden jedoch nicht in speziellen Drüsen erzeugt und wirken nicht so spezifisch wie tierische Hormone, auch sind der Ort ihrer Synthese und der Wirkort häufig nicht von einander zu trennen.

Fünf Gruppen von Phytohormonen sind bekannt:

Auxine (griech. *auxanein* wachsen lassen), *Cytokinine* (griech. *kytos* Zelle, griech. *kinein* bewegen) und Gibberelline (genannt nach dem Pilz *Gibberella*, in dem sie entdeckt wurden) fördern das Wachstum. *Abscisinsäure* (lat. *abscidere* abtrennen) und das gasförmige *Ethylen*, das ebenso wie die Abscisinsäure einen Einfluß auf Fruchtreifung, Frucht- und Blattfall hat, hemmen das Wachstum. Weitere Funktionen sind in Tab. 166.1 angegeben.

2.3.1 Auslösung der Kallusbildung bei Möhrenwurzeln

Geräte

1 Becherglas (250 ml) mit Ethanol, 96 %, vergällt zum Abflammen
1 Becherglas (250 ml), steril, abgedeckt mit passender Petrischale aus Glas
1 Brutschrank bzw. Selbstbaubrutschrank (s. Band 1, S. 30) oder Schuhkarton
1 Bunsenbrenner
1 Filzschreiber, wasserfest
1 Gefäß (ca. 500 ml) zum Abgießen von Flüssigkeiten
1 Handbürste
1 Petrischale (Durchmesser 9 cm), steril
1 Pinzette, gebogen
1 Skalpell
1 Steril-Tunnel auf angefeuchtetem Küchenpapier (s. Band 1, S. 38 ff).
1 Stoppuhr

Verbrauchsmaterial, Chemikalien, Lebewesen

50 ml Chlorbleichlauge (NaOCl), 10 %, s. *Anhang* 1.6
Ethanol, 96 % (ca 50 ml), vergällt, zum Abflammen
Ethanol, 96 % (ca. 50 ml), vergällt, zum Desinfizieren der Möhren
Leitungswasser, (ca. 300 ml), steril
1 Möhrenwurzel (möglichst frisch und aus eigenem bzw. biologischem Anbau)
2 B-5-Kokos-Nähragarböden, steril, für Kallusbildung (s. *Anhang* 2.1)
Parafilm oder Klebeband

Zeitbedarf

Oberflächensterilisation der Möhren:	30 min
Präparieren und Belegen der Nährböden:	15 min
Ansetzen der Nährböden:	60 min
Kallusbildung:	2 bis 3 Wochen.

Vorbereitung

1. Mindestens eine Woche vor dem Versuch werden die Nährböden angesetzt (s. *Anhang* 2.1).
2. Verdünnte Chlorbleichlauge mit Detergens wird hergestellt (s. *Anhang* 1.6).
3. Die Steril-Tunnel-Arbeitsplätze werden aufgebaut (s. Band 1, S. 38 ff).

Durchführung

1. Die Möhre wird unter fließendem Wasser gründlich abgebürstet und ein etwa 5 cm langes Stück aus der Mitte mit dem Skalpell herausgeschnitten.
2. Das Möhrenstück wird in das sterile Becherglas gelegt. Dabei wird der Deckel nur *von außen* angefaßt, nur so *kurz wie möglich* angehoben und immer mit der Öffnung *nach unten* gehalten; es wird nicht über dem geöffneten Becherglas gesprochen oder hantiert.
3. Das Möhrenstück wird mit 96%igem Alkohol bedeckt, das Becherglas zugedeckt und etwa 15 sec leicht geschwenkt (Abb. 168.1, A).
4. Der Alkohol wird abgegossen, ohne daß der Deckel ganz geöffnet wird. Dann wird verdünnte Chlorbleichlauge auf das Möhrenstück gegossen, bis es ganz bedeckt ist. Der Deckel wird wieder aufgelegt. Die Chlorbleichlauge soll 10 min einwirken. Zwischendurch wird das Glas immer wieder geschwenkt (Abb. 168.1, B).
5. Die Chlorbleichlauge wird abgegossen, ohne daß der Deckel ganz geöffnet wird, und ca. 50 ml steriles Leitungswasser werden eingefüllt. Das Becherglas wird wieder zugedeckt, 1 min wird geschwenkt und schließlich abgegossen. Der Spülvorgang wird noch zweimal wiederholt (Abb. 168.1, C).
6. Der Spülvorgang wird noch zweimal wiederholt.

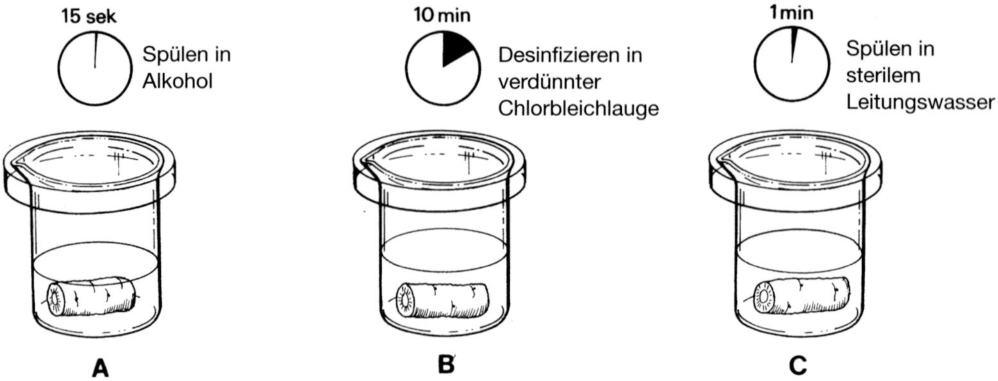

Abb. 168.1: (A) Spülen in Alkohol, (B) Desinfizieren in verdünnter Chlorbleichlauge, (C) Spülen in sterilem Leitungswasser

7. Nun wird unter dem Steril-Tunnel weitergearbeitet. Das Becherglas mit dem desinfizierten Möhrenstück wird geöffnet, sein Deckel mit der sterilen Innenseite *nach oben* als Präpariergefäß unter den Tunnel gelegt und die Möhre mit Hilfe der abgeflammten Pinzette hineingelegt.
8. An beiden Enden des Möhrenstückes wird jedes Mal mit abgeflammtem Skalpell je eine 3 mm dicke Scheibe abgeschnitten und weggelegt (Abb. 169.1, A).
9. Das Möhrenstück wird aufrecht hingestellt und mit immer wieder neu abgeflammtem Besteck seine äußere Rindenschicht in 2 bis 3 mm dicken Streifen von oben nach unten abgeschält (Abb. 169.1, B).
10. Die geschälte Möhre wird mit abgeflammtem Besteck in eine frische leere Petrischalen gelegt und in 3 mm dicke Scheiben geschnitten. Die Scheiben werden halbiert (Abb. 169.1, C/D).
11. Unter dem Steril-Tunnel wird eine Schale mit Nähragar geöffnet. Der Deckel wird mit der Öffnung *nach unten* abgelegt, und die Schale mit Nährboden daraufgestellt. Mit abgeflammter Pinzette werden je nach Größe der halbierten Möhrenscheiben 4 bis 6 davon leicht in den Nährboden eingedrückt. Die Stücke dürfen sich nicht berühren! Die Schale wird zugedeckt.
12. Eine zweite Schale mit Nähragar wird anschließend genauso belegt. Beide Schalen werden außerhalb des Tunnels mit Parafilm umklebt und auf dem Deckel beschriftet (Name, Datum, Nährbodenart).
13. Die Möhrenkulturen werden dunkel- und warmgestellt, und zwar im Brutschrank oder unter einem Schuhkarton in Heizungsnähe (etwas mehr als Raumtemperatur, jedoch nicht über 26 °C). In den folgenden Wochen werden sie regelmäßig alle zwei bis drei Tage auf Befall mit Mikroorganismen überprüft. Der Beginn der Kallusbildung wird protokolliert und sein Wachstum beobachtet.
14. Kulturen, in denen sich Bakterien- oder Pilzkolonien entwickelt haben, werden „gerettet" (s. 2.2.1, Schritt 13).

Erläuterungen und Hinweise

Vorbereitung:

zu 1.:

Die Nährböden werden eine Woche vor dem Versuch angesetzt, um mögliche Kontaminationen vorher zu erkennen, so daß entsprechende Petrischalen ausgesondert werden können.

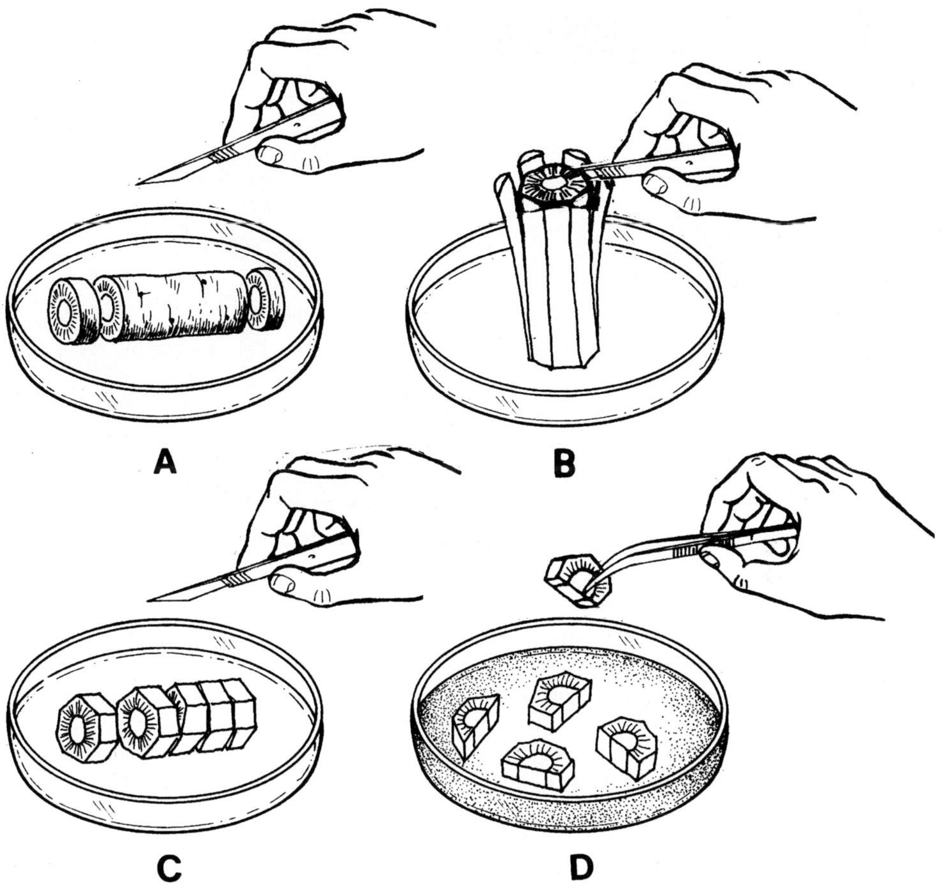

Abb. 169.1: (A) Abschneiden der Endstücke, (B) Abschälen der Rinde, (C) In-Scheiben-Schneiden, (D) Auflegen der halbierten Scheiben auf Nährboden

zu 2.:
Die Lösung enthält 1 bis 2 % aktives Chlor, das die an dem Möhrenstück oberflächlich anhaftenden Bakterien und Pilze sowie deren Sporen abtötet. Das zusätzlich enthaltene Detergens dient der gleichmäßigen Benetzung der äußeren Zellschichten des Möhrenstückes.

zu 11.:
Die Schale wird auf den Deckel gestellt, um Platz zu sparen.

Durchführung:
zu 13.:
Unter Tageslicht-Einfluß färben sich die Kalli grün (Chlorophyllbildung in sich entwickelnden Chloroplasten). Die optimale Entwicklungstemperatur für Kallus ist 26 °C.

Unter dem Mikroskop oder dem Binokular können die Kalluszellen betrachtet werden. Zu diesem Zweck wird ein Möhrenstück mit Kallus unter dem Steril-Tunnel aus einer Petrischale entnommen.

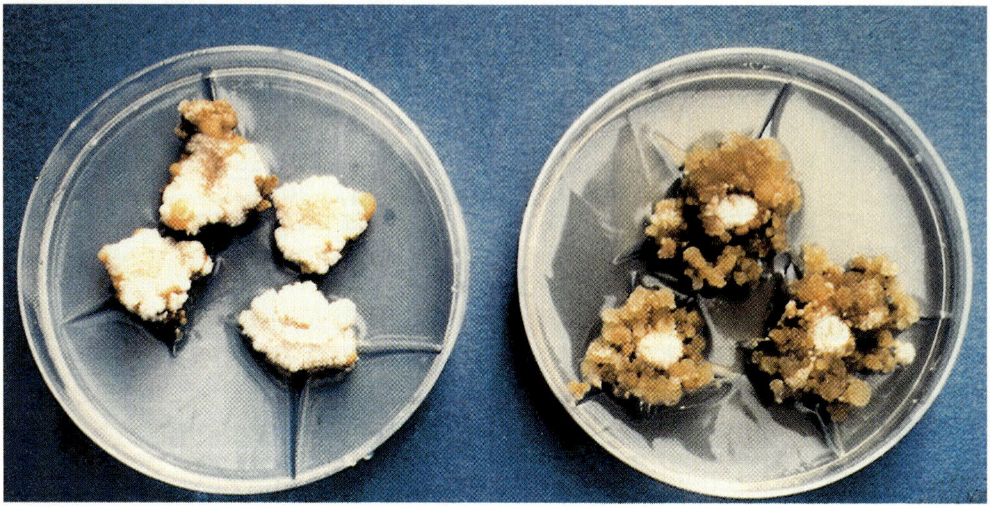

Abb. 170.1: Ergebnisse der Entwicklung von Kallus aus Möhrenstücken im Dunkeln nach 3 und nach 8 Wochen

2.3.2 Auslösen der Kallusbildung an Hypokotylstücken von Möhren- bzw. Sonnenblumenkeimlingen

Die Samen werden nach der Anleitung unter 2.1.1 oberflächensterilisiert und zum Keimen gebracht. Präpariert wird wie in 2.1.2.

Unter dem Steril-Tunnel werden in einer keimfreien Petrischale ca. 5 mm lange Stücke des Hypokotyls (= Keimlingsstiel) mit einem abgeflammten Skalpell herausgeschnitten und zu je 6 auf einen Nährboden für Kallusbildung gelegt. Es wird im Dunklen kultiviert, die Temperatur soll nicht höher sein als 26 °C. Schon nach wenigen Tagen ist Kallusbildung zu beobachten. Nach etwa zwei bis drei Wochen ist genügend Kallusgewebe für das Anlegen von Subkulturen (2.3.3) gewachsen.

2.3.3 Wachstum und Regeneration von Kallus-Subkulturen auf Nährböden mit verschieden kombinierten Phytohormonen

Für dieses Experiment werden Kalli verwendet, die an Möhrenstücken (2.3.1) oder an Hypokotylstücken von Keimlingen (2.3.2) gewachsen sind.

In einem ersten Schritt werden Kallusstücke von ca. 5 mm Durchmesser auf frische Nährböden gesetzt, ihr Wachstum wird beobachtet und dokumentiert. Nach ca. 3 Wochen werden aus dieser Subkultur wiederum Kallusstücke entnommen, um zu prüfen, welche Phytohormon-Kombination für das Kalluswachstum besonders günstig ist und bei welcher Kombination Regenerationsvorgänge ausgelöst werden. (Sprosse bilden sich nur sehr selten!)

Pflanzliche Kalluskulturen, z.B. von Möhren, können auch über die DSMZ – Deutsche Sammlung von Mikroorganismen und Zellkulturen GmbH zu Sonderkonditionen (Schulstempel erforderlich!) bezogen werden. Preise auf Anfrage beim IPN. Informationen über die Zellinien finden sich auch im Katalog „Plant Cell Lines“, der kostenlos von der DSMZ (1996) erhalten werden kann (SCHUMACHER 1996).

Dieser DSMZ-Katalog enthält daneben eine Reihe anderer pflanzlicher Zellinien, deren Erprobung für Unterrichtszwecke lohnend erscheinen, z. B. *Allium cepa* (Küchenzwiebel), *Nicotiana tabacum* (Tabakpflanze) u.v.m.

Geräte

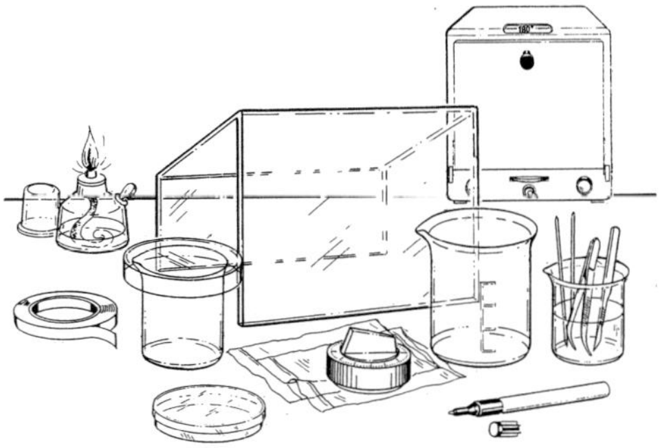

1 Becherglas (250 ml) mit Ethanol, 96 %, vergällt, zum Abflammen
1 Brutschrank bzw. Schuhkarton
1 Bunsenbrenner oder Spiritusbrenner
Filzschreiber, fein, wasserfest, verschiedene Farben
1 Petrischale (Durchmesser 9 cm), steril
1 Petrischale (Durchmesser 6 cm), steril,
1 Pinzette, gebogen
1 Skalpell
1 Steril-Tunnel auf angefeuchtetem Küchenpapier (s. Band 1, S. 38 ff).

Verbrauchsmaterial, Chemikalien, Lebewesen

Ethanol, 96 % (ca. 50 ml), vergällt, zum Abflammen
ca. 100 ml Leitungswasser, steril
1 Petrischale mit B-5-Kokosagar für die Kallusbildung, s. *Anhang* 2.1
2 Petrischalen mit *einem* der im folgenden aufgeführten Nährmedien, die Phytohormone in unterschiedlicher Menge enthalten, s. *Anhang* 2.2:
- a) B-5-Nähragar ohne Hormone
- b) B-5-Nähragar mit 2 mg/l BAP
- c) B-5-Nähragar mit 2 mg/l NES
- d) B-5-Nähragar mit 0,2 mg BAP + 0,2 mg NES/l
- e) B-5-Nähragar mit 2 mg BAP + 0,2 mg NES/l
- f) B-5-Nähragar mit 0,2 mg BAP + 2 mg NES/l.

1 Schale mit neugebildetem Kallus an Pflanzenstücken (Möhren aus 2.3.1 oder Keimlinge aus 2.3.2)
Parafilm oder Klebeband

Zeitbedarf

Präparieren und Einsetzen der Kallusstücke:	20 min
Vorbereitung der Nährmedien:	1 bis 2 h
Wachstum der Kalluskultur:	2 bis 4 Wochen
Regeneration von Wurzeln:	2 bis 4 Wochen
Regeneration von Sprossen:	6 bis 8 Wochen

Vorbereitung

1. Mindestens eine Woche vor dem Ansetzen der Subkultur I werden die Nährböden für die Kallusbildung hergestellt (s. *Anhang* 2.1).
2. Mindestens 1 Woche vor dem Ansetzen der Subkultur II werden die Nährmedien, die verschiedene Mengen von Phytohormonen enthalten, hergestellt (s. *Anhang* 2.2).

Durchführung

Subkultur I auf Nährböden für Kallusbildung:

1. Die kleine sterile Petrischale wird unter dem Steril-Tunnel geöffnet und mit sterilem Leitungswasser halb gefüllt. Der Deckel wird mit der Öffnung *nach unten* an den nächsten Arbeitsplatz gereicht. In der Schale (bzw. dem Deckel) wird das Präparierbesteck jeweils nach dem Abflammen gekühlt, bevor die Pflanzen berührt werden, um sie nicht zu verbrennen.
2. Die Schale mit neugebildetem Kallus wird unter dem Tunnel geöffnet, ein Stück herausgenommen und in die größere sterile Petrischale gelegt. Die Kallus-Kulturschale wird

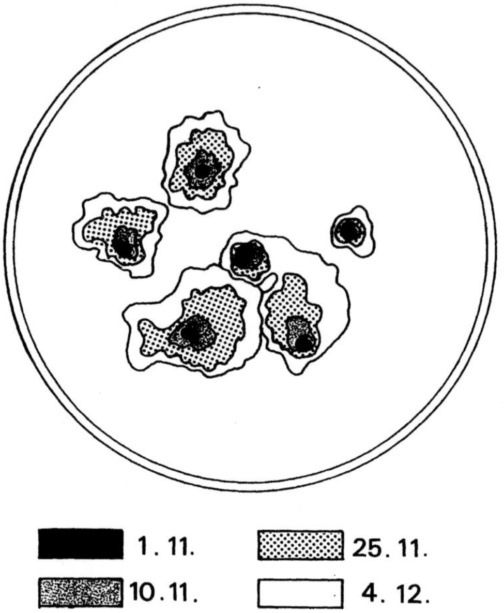

Abb. 172.1: Dokumentation des Kallus-Zuwachses während 5 Wochen

wieder verschlossen und falls erforderlich an eine andere Gruppe weitergegeben.

3. Die Schale mit dem Nährboden wird unter dem Tunnel geöffnet, der Deckel mit der Öffnung *nach unten* abgelegt und die Schale auf den Deckel gestellt.
4. Vorsichtig werden mit abgeflammtem und abgekühltem Besteck 6 Stücke (Durchmesser ca. 5 mm) vom hellen, weichen Kallus abgehoben und auf den Nährboden gesetzt. Die Stücke sollen in gleichmäßigem Abstand voneinander liegen. Das Besteck wird zwischendurch immer wieder abgeflammt und abgekühlt.
5. Die Schale wird unter dem Steril-Tunnel geschlossen und außerhalb des Tunnels mit Parafilm umklebt. Der Deckel wir beschriftet (Name, Datum, Nährbodenart, Herkunft des Kallus).
6. Auf der Unterseite der Schale werden die Konturen der Kallusstücke mit einem feinen wasserfesten Filzstift nachgezogen und die Kultur dunkel und warm (nicht über 26 °C) aufgestellt.
7. Wöchentlich wird das Kalluswachstum beobachtet und dokumentiert, indem man jeweils eine andersfarbige Linie entlang den Konturen des neugebildeten Kallus zieht (s. Abb. 172.1).

Subkultur II auf Nährböden mit verschiedenen Kombinationen von Phytohormonen:
Jede Gruppe soll in zwei Petrischalen, die den gleichen Nährboden bzw. die gleiche Menge Phytohormon enthält, mit Kallus aus einer Schale der Subkultur I beimpfen (zwei parallele Ansätze).

Durchführung

Entspricht Subkultur I, Schritte 1-7.

Erläuterungen und Hinweise

zu 3.:
Dies geschieht, um Platz zu sparen.

zu 4.:
Die Zellen dürfen dabei nicht gequetscht werden.

zu 6.:
Die optimale Entwicklungstemperatur für Kallus ist 26 °C.

Fragen und Schwierigkeiten

1. Auf welchem Nährboden wächst das Kallusgewebe gut, auf welchem nur wenig oder gar nicht? Auf welchem Nährboden kommt es zu Re-Differenzierung?
   → *Nährmedium a): Kallus stirbt ab.*
   Nährmedium b): Kallus stirbt ab.
   Nährmedium c): Wurzelbildung nach zwei bis vier Wochen.

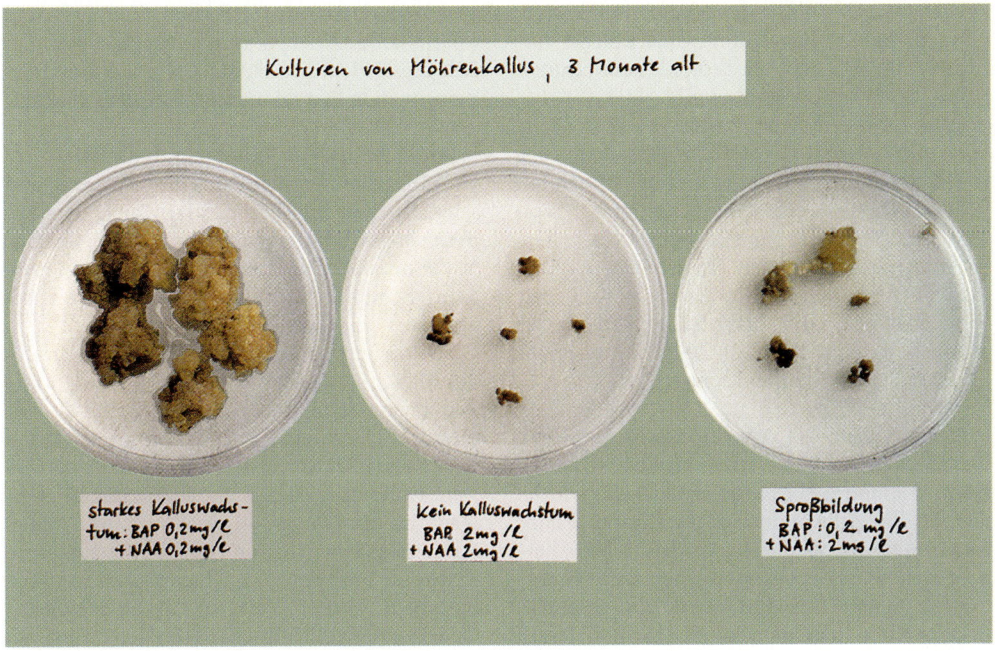

Abb. 173.1: Hormonwirkung auf die Kallusbildung von Möhrenstücken, die sich auf Nährmedien d, e und f (von links) befinden, nach 3 Monaten

Nährmedium d): Kallus wächst stark.
Nährmedium e): Kallus wächst wenig.
Nährmedium f): Sproßbildung nach sechs bis acht Wochen (selten).

2. Wie sehen die einzelnen Zellen aus?
   → *Kallus mit Hilfe einer Stereolupe bzw. eines Mikroskops betrachten.*
3. Untersuche ein älteres Kallusstück mit Wurzeln unter dem Mikroskop. Sind außer den Wurzelhaaren weitere Zell-Differenzierungen zu erkennen?
   → *Häufig finden sich isolierte Xylem-Elemente zwischen den Kalluszellen.*

2.4 Isolierung und Fusion pflanzlicher Protoplasten

Bei dem folgenden Versuch gehen Schülerinnen und Schüler selbst mit Protoplasten um und gewinnen durch eigene Anschauung einen Eindruck von deren Zartheit, Winzigkeit und Farbe. Sie führen die ersten Schritte eines Verfahrens durch, mit dessen Hilfe die Auslese geeigneter Pflanzen vom Acker in das Reagenzglas verlegt werden kann, also eine Selektion bereits auf der Ebene von Zellen möglich ist. Die auf verhältnismäßig einfache Weise zu gewinnenden nackten Protoplasten erleichtern Gentechnikern Eingriffe ins Erbgut der Pflanzen. Eine Fusion von Protoplasten wird eingeleitet und beobachtet; dabei sollte besprochen werden, daß mit der gleichen Methode Bastarde zwischen verschiedenen Arten oder auch polyploide Pflanzen künstlich erzeugt werden, was in der klassischen Pflanzenzüchtung unmöglich ist.

Im Unterricht können verschiedene fachliche Aspekte des Themas herausgearbeitet werden.

– Genetischer Aspekt: Omnipotenz von Protoplasten (Ist ein einzelner Protoplast ein

Lebewesen?); Erzeugen von erbgleichen Nachkommen durch ungeschlechtliche Vermehrung (Klonen) in Protoplastenkulturen; In-vitro-Selektion; Artbastarde.
- Zytologischer Aspekt: Aufbau der Zelle, Zelle im Zellverband; Protoplast außerhalb des Zellverbandes; Funktion und Eigenschaften des Plasmalemmas; Verschmelzung von Membranen; Rolle der Plasmodesmen.
- Physiologischer Aspekt: Plasmolyse; enzymatische Verdauung der Zellwand; Weiterkultur der Protoplasten in Nährlösung; Prinzip der Regeneration (Protoplast, Zelle, Kallus, Pflanze); Rolle der Phytohormone.

In dem folgenden Versuch, dessen Methodik von Stephan MATUSSEK, Friedrich-Ebert-Gymnasium, Hamburg-Harburg, entwickelt wurde, werden die Zellwände von geeignetem Pflanzengewebe enzymatisch verdaut. Die herausgelösten Protoplasten werden im Wassertropfen angereichert und zur Fusion gebracht. Dabei wird in folgenden Arbeitsschritten vorgegangen:

1. Plasmolyse
Pflanzliche Protoplasten liegen eng an den Zellwänden an und stehen mit den Protoplasten der Nachbarzellen durch viele feinste plasmatische Brücken, die Plasmodesmen, in Verbindung. Dieser enge Kontakt muß bei der Isolierung unterbrochen werden; gleichzeitig müssen die isolierten Protoplasten am Leben gehalten und ernährt werden. Deshalb wird das Gewebe in eine Lösung aus Enzymen, Salzen und Zucker gebracht, deren osmotischer Wert über dem des Zellinneren liegt (hypertonische Lösung). Auf diese Weise wird den Protoplasten Wasser entzogen, sie verkleinern sich und heben sich von den Zellwänden ab, während die Plasmodesmen zerreißen (Plasmolyse). In diesem Zustand sind Protoplasten mehrere Tage lebensfähig.

2. Verdauung der Zellwände
Um die Zellwand wirksam aufzulösen, wurden zwei spezifische Enzyme ausgewählt, die der Plasmolyse-Lösung direkt zugesetzt werden. Zellulase und Pektinase greifen die konstitutiven Bestandteile der Zellwand, Zellulose und Pektin, an und bauen sie ab. Die Geschwindigkeit dieser Reaktion ist abhängig von der Temperatur, dem Enzym und der Gewebestruktur.

3. Anreicherung im Wassertropfen
Die üblichen Labormethoden der Isolierung und Anreicherung von Protoplasten aus dem Enzymgemisch sind sehr arbeitsaufwendig, da das Material mehrmals zentrifugiert und gespült werden muß. Erst die Entdeckung, daß man Protoplasten in einem Wassertropfen auf dem Objektträger durch einfaches Ausschütteln des angedauten Gewebes in hoher Konzentration anreichern kann, machte einen Schulversuch möglich. Die kugeligen isolierten Protoplasten haben einen Durchmesser von etwa 0,01 bis 0,03 mm. Unter speziellen Laborbedingungen überleben sie die Prozedur recht gut und bilden schon nach einem Tag in Nährlösung eine neue Zellwand aus. Sie teilen sich dann und wachsen innerhalb kurzer Zeit zu undifferenzierten Gewebeklümpchen (Kalli) heran, aus denen sich unter dem Einfluß von Phytohormonen, die von außen zugegeben werden, ganze Pflanzen entwickeln können. Im Schulversuch gelingt eine Weiterkultur der isolierten Protoplasten jedoch nicht.

4. Fusion
In einer Suspension aus frisch isolierten Protoplasten finden von selbst keine spontanen Verschmelzungen statt, da die Plasmamembranen an ihren Außenseiten negativ geladen sind und sich daher abstoßen. Die elektrischen Eigenschaften der Membranen verändern sich durch die Zugabe positiv geladener Ca^{2+}-Ionen oder des Poly-Kations Polyethylenglykol (PEG). Bringt man einen Tropfen PEG-Lösung zwischen zwei Suspensionstropfen mit Protoplasten ein, fließen die 3 Tropfen ineinander. Schon nach wenigen Minuten kann man beobachten, wie sich zwei oder mehr Protoplasten aneinanderlegen und schließlich eine gemeinsame Protoplastenkugel bilden, bei der die trennenden Membranen noch erkennbar sind. Auf die Adhäsion folgt nach einiger Zeit eine Membranverschmelzung (s. Abb. 176.1).

Beim Zusammenfließen verschiedenartiger unterschiedlich gefärbter Protoplasten, z.B. Zwiebelprotoplasten mit Protoplasten aus Laubblättern, die grüne Chloroplasten enthalten oder solchen aus Blütenblättern mit kräftig gefärbtem Zellsaft, ergeben sich ganz unterschiedliche und hübsch anzuschauende Verschmelzungsprodukte.

Geräte

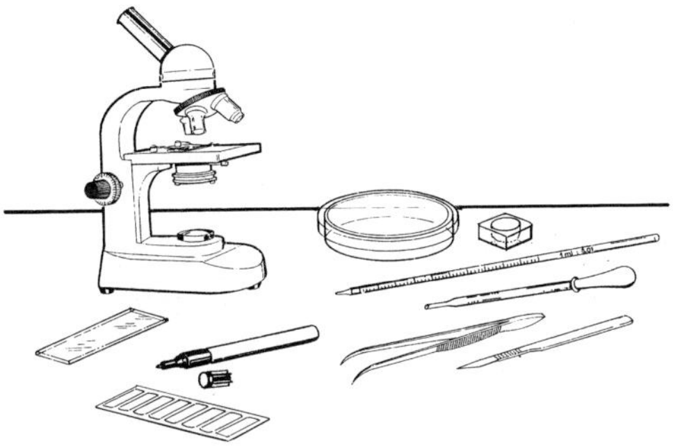

2-4 Blockschalen mit Deckglas oder Schnappdeckelgläser
1 Filzstift, wasserfest
Petrischale aus Glas
Klebeetiketten, klein
1 Meßpipette (5 ml)
1 Mikroskop mit Okularmikrometer
10 Objektträger
1 Pinzette, fein
1 scharfes Skalpell oder 1 Rasierklinge
2 Tropfpipetten

Verbrauchsmaterial, Chemikalien, Lebewesen

2-4 Blätter, Blüten oder Früchte
z.B. Zwiebelschuppen von heller und roter Zwiebel, Blätter von Tabak, Petunie, Buntblatt-Begonie, Usambara-Veilchen; Blüten von Primel, Petunie, Usambara-Veilchen, Amaryllis(!), Früchte von Paprika (rot, gelb, grün) 1 Tomate
20 ml Mannit-Salz-Enzymlösung (Lösung A) zum Isolieren der Protoplasten; enthält Salze, Zucker (Mannit) und Enzyme (Cellulase, Pektinase) (s. *Anhang* 1.25.1)
1 ml PEG-Lösung (Lösung B) zum Fusionieren der Protoplasten; enthält Polyethylenglykol (s. *Anhang* 1.25.2)

Zeitbedarf

Ansetzen der Lösungen (A und B):	30 min
Vorbereiten der Pflanzen und des Versuchsansatzes:	30 min
Wartezeit: ca. 24 h (bei 20 °C) bzw. 48 h (bei 4 °C im Kühlschrank)	
Beobachtung der isolierten Protoplasten und Fusion:	30 min

Vorbereitung

1. Die Lösungen A und B werden angesetzt (s. *Anhang* 1.25).
2. Die zwei bis vier Blätter, Blüten bzw. Früchte werden bereitgestellt.

Isolieren der Protoplasten und Beobachten der Plasmolyse (1. Tag):

1. Für jede Pflanzenart wird ein beschriftetes Blockschälchen bereitgestellt und mit ca. 4 ml Lösung A gefüllt.
2. Die Blätter oder Blüten werden mit dem Skalpell auf der Glas-Petrischale in sehr feine Streifen geschnitten, ohne sie zu zerquetschen; 10 oder mehr Streifen werden mit der Pinzette in das entsprechende Blockschälchen gelegt.
3. Nach wenigen Minuten kann man die Plasmolyse beobachten. Dazu wird mit der Tropfpipette ein Tropfen der Lösung aus dem Blockschälchen auf einen Objektträger aufgetragen. Dann wird ein Pflanzenstreifen mit der Pinzette in den Tropfen gelegt und bei geringer Vergrößerung mikroskopiert.
4. Die zugedeckten Schalen werden zum Abbau der Zellwände 24 h bei Zimmertemperatur bzw. über Nacht im Kühlschrank stehen gelassen.

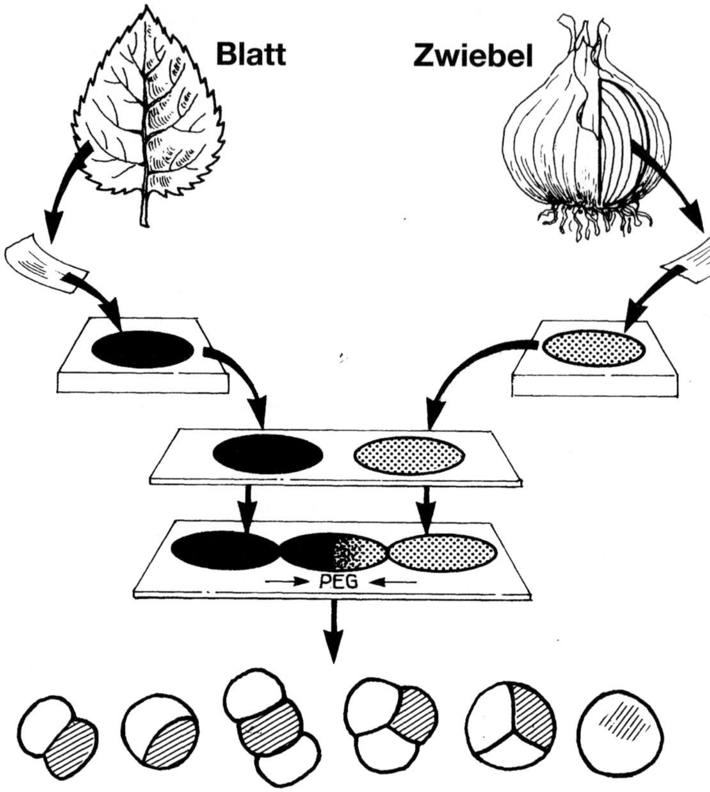

Abb. 176.1: Schematische Darstellung der Fusion von Protoplasten aus einem Blütenblatt und einer Zwiebelschuppe

Mikroskopieren der Protoplasten (2. Tag):

5. Auf einen Objektträger wird mit der Tropfpipette ein Tropfen der Lösung aus einer Schale aufgetragen. Mit der Pinzette nimmt man aus derselben Schale einen der Pflanzenstreifen und schüttelt ihn in dem Tropfen aus, indem man ihn nach dem Eintauchen darin hin und her bewegt. Der Streifen wird weggelegt.
6. Die Protoplasten werden ohne Deckglas bei zehnfacher Objektivvergrößerung mikroskopiert. Die Größe der Protoplasten wird mit dem Okularmikroskop bestimmt. Anschließend werden sie abgezeichnet. Nacheinander werden so die verschiedenen Pflanzenstreifen behandelt. Geeignetes Material wird für das folgende Fusionsexperiment ausgesucht.
7. Auf einen Objektträger wird ein Tropfen Lösung aus einer der Schalen aufgetragen. In diesen Tropfen werden mehrere Pflanzenstreifen aus dieser Schale ausgeschüttelt. Ein zweiter Tropfen aus einer anderen Schale wird in kleinem Abstand neben dem ersten Tropfen auf den Objektträger gebracht. In den zweiten Tropfen werden mehrere Pflanzenstreifen aus der zweiten Schale ausgeschüttelt.

8. Mit der zweiten Tropfpipette wird ein Tropfen PEG-Lösung zwischen die Tropfen mit den Protoplasten auf den Objektträger aufgebracht, so daß die drei Tropfen ineinanderfließen. Im Mikroskop kann man beobachten, wie die Protoplasten mit dem Flüssigkeitsstrom in den Mischungsbereich transportiert werden. Dort treffen sie aufeinander, lagern sich aneinander an und verschmelzen schließlich. Die verschiedenen Fusionsstadien werden gezeichnet.

Erläuterungen und Hinweise

Vorbereitung:

zu 2.:

Es werden Blätter bzw. Blüten mit unterschiedlich großen, verschieden gefärbten Protoplasten ausgesucht, damit die Verschmelzung zwischen den einzelnen Protoplastensorten gut zu erkennen ist. Relativ große Protoplasten findet man in Zellen von Zwiebeln, Petunien, Tulpen, Amaryllis und Tabak; kleinere in Zellen von Usambara-Veilchen, Begonien und Primeln.

Die Protoplastenisolierung sollte auch bei anderem Pflanzenmaterial mit zarten Zellwänden versucht werden.

Im Saft frischer, reifer Tomaten sind reichlich freie, nackte Protoplasten vorhanden.

Durchführung:

zu 5.:

Meist ist nach dem Ausschütteln schon mit bloßem Auge eine leichte Trübung im Tropfen erkennbar, die von den herausgefallenen Protoplasten stammt.

zu 6.:

Die Protoplasten werden ohne Deckglas mikroskopiert, weil sie so zart sind, daß das Deckglas sie zerquetschen würde. Damit die Linse nicht feucht wird, arbeitet man maximal bei einer zehnfachen Objektivvergrößerung.

Für das Fusionsexperiment wählt man zwei Pflanzenarten aus, die sehr viele freie Protoplasten abgeben und deren Protoplasten sich (farblich) von einander unterscheiden.

Anhang

1 LÖSUNGEN

1.1 Agaroselösung (0,8 %)

Gentechnik 2.3
benötigte Menge: 15 ml

Agarose	(*Serva* 11404)	0,12 mg
TBE-Puffer	(s. 1.27)	15 ml

In einem Wasserbad (100 °C) wird dieses Gemisch erwärmt, bis die Agarose gelöst und die Lösung klar ist. Dies dauert etwa 15 bis 20 min. Anschließend wird die Agaroselösung auf ca. 55 °C abgekühlt.

1.2 Bariumhydroxidlösung (gesättigt)

Nutzung von Enzymen in der Biotechnik 2.4
benötigte Menge: 10 ml

$Ba(OH)_2 \cdot 8\ H_2O$	(*Merck* 101737)	1 Teelöffel
Leitungswasser, abgekocht		10 ml

So viel mit dem Glasstab verrühren, bis ein Bodensatz übrig bleibt, der sich nicht mehr löst. Dann wird filtriert, so daß eine klare Lösung zur Verfügung steht.

1.3 Bromphenolblaulösung (Farbmarker)

Gentechnik 2.3
benötigte Menge: je 1 ml

Bromphenolblau-Natriumsalz	(*Merck* 111746)	0,2 mg
EDTA (0,5 M, pH 8,0)	s. *Anhang* 1.7	2,4 ml
Glycerin (87 %ig)	(*Merck* 104094)	10 ml
Aqua dest.		4 ml

Bromphenolblau-Natriumsalz in Aqua dest. und EDTA-Lösung lösen und anschließend mit Glycerin versetzen und durchmischen.

1.4 Calciumchloridlösung (50 mM), steril

Gentechnik 2.6.3
benötigte Menge: je 10 ml

$CaCl_2$	(*Merck* 102083)	0,55 g
Aqua dest.		100 ml

Autoklavieren.

1.5 Calciumchloridlösung (2 %)

Nutzung von Enzymen in der Biotechnik 2.4, 2.5
benötigte Menge: 100 ml

$CaCl_2$	(*Merck* 102083)	2 g
Leitungswasser, abgekocht		100 ml

1.6 Chlorbleichlauge (10 %)

Pflanzliche Zell- und Gewebekulturen 2.1.1, 2.2.1, 2.3.1, 2.3.2
benötigte Menge: je 50 bis 100 ml

Natriumhypochloritlösung (= NaOCl) oder „Domestos“	(*Merck* 105614)	100 ml
Leitungswasser, steril		900 ml
Detergens (z.B. Pril)		4 Tropfen

Unter dem Abzug ansetzen. In dieser Verdünnung sind etwa 1 bis 2 % aktives Chlor wirksam.

1.7 EDTA-Lösung (0,5 M)

Gentechnik 2.3, 2.6.2, 2.6.3
benötigte Menge: je wenige ml

Titriplex III (EDTA · Na_2) (Ethylendinitrilotetraessigsäure-Natriumsalz)	(*Merck* 108418)	18,6 g
NaOH-Plätzchen	(*Merck* 106498)	ca. 2,0 g
Aqua dest.		ca. 100 ml

EDTA · Na_2 mit 80 ml Aqua dest. mischen. pH 8,0 durch Zufügen von ungefähr 2 g NaOH-Tabletten einstellen. EDTA löst sich nur, wenn pH 8,0 erreicht ist. Aqua dest. bis zum Endvolumen von 100 ml auffüllen.

1.8 Essigsäure (1 n)

Nutzung von Enzymen in der Biotechnik 2.1.1, 2.1.2, 2.3.2
benötigte Menge: 50 ml

Essigsäure (99 - 100 %)	(*Merck* 818755)	5,7 ml
Aqua dest.		94,3 ml

1.9 Ethanol (70 %ig)

Allgemein zum Desinfizieren
auch: *Pflanzliche Zell- und Gewebekulturen* 2.1.1, 2.2.1, 2.3.1, 2.3.2
Gentechnik 2.2, 2.5.2, 2.6.1, 2.6.2
benötigte Menge: je 50–100 ml

Ethanol	(*Merck* 100971)	70 ml
Aqua dest.		30 ml

1.10 HCl (1 n)

Allgemein zum Einstellen des pH-Wertes von Medien
auch: *Mikrobiologische Grundlagen* 2.2.10
benötigte Menge: 50 ml

Salzsäure 25 %	(*Merck* 100316)	6 ml
Aqua dest.		44 ml

1.11 Iod-Kaliumiodid-Lösung (Lugolsche Lösung)

Nutzung von Enzymen in der Biotechnik 2.3.1
benötigte Menge: 60 ml

*Lugol*sche Lösung	(*Merck* 109261)	Fertiglösung
oder:		
Iod	(*Merck* 104760)	0,2 g
Kaliumiodid	(*Merck* 105043)	0,4 g
Aqua dest.		60 ml

1.12 Kochsalzlösung (physiologisch)

Gentechnik: 2.4.
ben. Menge: 100 ml

NaCl	(*Merck* 106404)	0,9 g
Aqua dest.		100 ml

1.13 KOH (1 n)

Pflanzliche Zell- und Gewebekulturen 2.1.2, 2.2.1, 2.2.2, 2.2.3, 2.3.1, 2.3.3
benötigte Menge: jeweils einige ml

KOH	(*Merck* 105021)	56 g
Aqua dest.		1000 ml

1.14 Lactaselösung (10 %)

Nutzung von Enzymen in der Biotechnik 2.5
benötigte Menge: 4 ml

β-Galaktosidase	(*Sigma* G-7138)	0,4 g
Aqua dest.		4 ml

1.15 MC-Puffer [$MgSO_4$ (0,1 M)/$CaCl_2$ (0,005 M)]

Gentechnik 2.6.2
benötigte Menge: je 5 ml

$CaCl_2$	(*Merck* 102083)	0,055 g
$MgSO_4 \cdot 7\,H_2O$	(*Merck* 105886)	2,46 g
Aqua dest.		100 ml
Autoklavieren.		

1.16 Methylenblaulösung (0,025 %ig)

Gentechnik 2.3
benötigte Menge: 100 ml

Methylenblau	(*Merck* 106045)	25 mg
Aqua dest.		100 ml

1.17 Natronlauge NaOH (1 n)

Allgemein zum Einstellen des pH-Wertes von Medien
auch: *Nutzung von Enzymen in der Biotechnik* 2.1.1, 2.1.2
benötigte Menge: 50 ml

Natriumhydroxid Plätzchen	(*Merck* 106469)	2,0 g
Aqua dest.		50 ml

1.18 Natriumalginatlösung (3 %)

Nutzung von Enzymen in der Biotechnik 2.4, 2.5
benötigte Menge: 25 ml

Natriumalginat	(*Sigma* A-7128)	0,75 g
Leitungswasser, abgekocht		25 ml

1.19 Natriumcarbonatlösung (1 M)

Gentechnik 2.7
benötigte Menge: 10 ml

Na_2CO_3	(*Merck* 106392)	10,6 g
Aqua dest.		100 ml

1.20 Natriumcitratlösung (1 M)

Gentechnik 2.6.2
benötigte Menge: je 0,6 ml

tri-Natriumcitrat-Dihydrat	(*Merck* 106448)	2,9 g
Aqua dest.		10 ml

Autoklavieren.

1.21 ONPG-(2-Nitrophenyl-β-D-galaktopyranosid-)Lösung (10 mM)

Gentechnik 2.7
benötigte Menge: 1 ml

2-Nitrophenyl-β-D-galaktopyranosid	(*Merck* 106791)	30,2 mg
Aqua dest.		10 ml

1.22 Pektinaselösung (5 %)

Nutzung von Enzymen in der Biotechnik 2.2.1, 2.2.2
benötigte Menge: 10 ml

Pektinase	(*Sigma* P-5146)	0,5 ml
Aqua dest.		10 ml

1.23 Phosphatpuffer (0,05 M)

Gentechnik 2.7
benötigte Menge: 10 ml

Lösung 1:		
$Na_2HPO_4 \cdot 2\ H_2O$	(*Merck* 106580)	3,7 g
Aqua dest.	lösen und auffüllen auf	400 ml
Lösung 2:		
NaH_2PO_4	(*Merck* 106370)	1,7 g
Aqua dest.	lösen und auffüllen auf	250 ml

Nach dem Lösen beide Lösungen mischen. Endvolumen 650 ml

1.24 Phytohormon-Stammlösungen
1.24.1 BAP-(6-Benzylaminopurin-)Stammlösung (Cytokinin)

Pflanzliche Zell-und Gewebekultur 2.1.2, 2.2.3, 2.3.3
benötigte Menge: 100 ml

BAP	(*Serva* 14812)	100 mg
HCl (1 n)	(*Merck* 100316; s. 1.10)	20 ml
Aqua dest.		80 ml

BAP in HCl unter Erwärmen lösen, mit kochendem Aqua dest. auffüllen.
Haltbarkeit im Kühlschrank (+4 °C): ca. 1 Jahr.

1.24.2 NES-(1-Naphtylessigsäure)Stammlösung (Auxin)

Pflanzliche Zell-und Gewebekultur 2.1.2, 2.2.3, 2.3.3
benötigte Menge: 100 ml

NES	(*Roth* 43431)	100 mg
NaOH (1 n)	(s. *Anhang* 1.17)	10 ml
Aqua dest.		90 ml

NES in NaOH unter Erwärmen lösen, mit kochendem Aqua dest. auffüllen.
Haltbarkeit im Kühlschrank (+4 °C): ca. 1 Jahr.

1.25 Protoplastenlösungen
1.25.1 Mannit-Salz-Enzymlösung (Lösung A für Protoplastenisolierung)

Pflanzliche Zell- und Gewebekulturen 2.4
benötigte Menge: je 21 ml

Lösung 1 (Mannit-Salzlösung, 500 ml, wird bis zum Gebrauch kühl gestellt [+ 4 °C]):

$CaCl_2 \cdot 2\ H_2O$	(*Merck* 102382)	740 mg
KH_2PO_4	(*Merck* 104873)	14 mg
KNO_3	(*Merck* 105063)	50 mg
$MgSO_4 \cdot 7\ H_2O$	(*Merck* 105886)	123 mg
D(-)-Mannit	(*Merck* 105987)	36,45 g
Aqua dest.	lösen und auffüllen auf	500 ml

Lösung 2 (Enzymlösung, 50 ml, wird am Tag des Gebrauchs frisch angesetzt)

Cellulase (*Trichoderma reesii*)	(*Serva* 16421)	2,5 g
Pektinase (*Rhizopus oryzae*)	(*Serva* 31661)	0,5 g
Aqua dest.		50 ml

Lösung 1 und Lösung 2 werden am Versuchstag im Verhältnis 10:1 gemischt (ergibt Lösung A).

1.25.2 PEG-Lösung (Lösung B für Protoplastenfusion wird bis zum Gebrauch kühl gestellt [+4 °C])

Pflanzliche Zell- und Gewebekulturen 2.4
benötigte Menge: je 1 ml

Polyethylenglykol (PEG 6000)	(*Serva* 33137)	9 g
$CaCl_2$	(*Merck* 102083)	31 mg
KH_2PO_4	(*Merck* 104873)	2 mg
Aqua dest.		20 ml

Das PEG löst sich nur langsam auf. Die Lösung ist sehr dickflüssig.

1.26 Ringerlösung

Allgemein zur Vorlage für Verdünnungsreihen
auch: *Gentechnik* 2.4, 2.6.1, 2.8
benötigte Menge: 500 ml

Ringertablette	(*Merck* 115525)	1 Tabl.
Aqua dest.		500 ml

Autoklavieren.

1.27 TBE-(Tris-Borat-EDTA-)Puffer 1x

Gentechnik 2.3
benötigte Menge: 1000 ml

Tris[hydroxymethyl]aminomethan (=Tris)	(*Merck* 101549)	10,8 g
Borsäure	(*Merck* 100665)	5,5 g
EDTA (0,5 M, pH 8,0)	(s. *Anhang* 1.7)	4 ml
Aqua dest.	lösen und auffüllen auf	1000 ml

Tris mit 700 ml Aqua dest. mischen, EDTA und Borsäure zugeben. pH mit 1 n NaOH (s. 1.17) auf 8,0 einstellen. Aqua dest. bis zum Endvolumen von 1 l auffüllen.

1.28 TE-(Tris-EDTA)Puffer

Gentechnik 2.6.3
benötigte Menge: 1000 ml

Tris[hydroxymethyl]aminomethan (=Tris)	(*Merck* 101549)	150 mg
EDTA (0,5 M, pH 8,0)	(s. *Anhang* 1.7)	0,62 ml
Aqua dest.	lösen und auffüllen auf	250 ml

Tris in 200 ml Aqua dest. lösen, EDTA zugeben. pH mit 1 n NaOH (s. 1.17) auf 8,0 einstellen. Aqua dest. bis zum Endvolumen von 250 ml auffüllen.

1.29 Zuckerlösung (2 %)

Nutzung von Enzymen in der Biotechnik 2.4
benötigte Menge: 100 ml

Haushaltszucker	2 g
Leitungswasser, abgekocht	100 ml

2 NÄHRMEDIEN

2.1 B-5-Kokos-Nähragar

Pflanzliche Zell- und Gewebekulturen 2.3.1, 2.3.3
benötigte Menge: max. 1000 ml

B-5-Medium	(*Life Tech* 21153)	3,88 g
Haushaltszucker (Saccharose)		20 g
Cocos-Endosperm (Milch aus der Kokosnuß)	50 ml	
BAP-Stammlösung	(s. *Anhang* 1.24.1)	1 ml
Agar Agar	(*Merck* 101614)	8 g
Aqua dest.		1000 ml

Einstellen des pH 5,8 (mit 1 n KOH, s. 1.13)
Autoklavieren.

2.2 B-5-Nähragar mit verschiedenen Phytohormon-Kombinationen
2.2.1 B-5-Nähragar (hormonfrei)

Pflanzliche Zell- und Gewebekulturen 2.3.3
benötigte Menge: 200 ml

B-5-Medium	(*Life Tech* 21153)	3,9 g
Haushaltszucker (Saccharose)		20 g
Agar Agar	(*Merck* 101614)	10 g
Aqua dest.		1000 ml

Einstellen des pH 5,8 (mit 1 n KOH, s. 1.13)
Autoklavieren.

2.2.2 B-5-Nähragar mit Cytokinin und/oder Auxin

Pflanzliche Zell- und Gewebekulturen 2.3.3
benötigte Menge: 200 ml

Zusammensetzung wie B-5-Nähragar (hormonfrei; s. 2.2.1), mit folgendem Zusatz:

BAP-Stammlösung (s. 1.24.1)	Zugabe je mg Hormon/l	1 ml
NES-Stammlösung (s. 1.24.2)	Zugabe je mg Hormon/l	1 ml

Einstellen des pH 5,8 (mit 1 n KOH, s. 1.13)
Autoklavieren.

2.3 Luria-Bertani-Agar (LB-Agar)

Gentechnik 2.6.2, 2.6.3
benötigte Menge: 100 ml

Hefeextrakt	(*Merck* 103753)	5 g
NaCl	(*Merck* 106404)	10 g
Trypton	(*Merck* 110859)	10 g
Agar Agar	(*Merck* 101614)	15 g
(Weichagar: Agarzusatz 10 g)		
Aqua dest.		1000 ml

Einstellen des pH 7,2 mit 1 n NaOH (s. 1.17).
Autoklavieren.

2.4 Luria-Bertani-Bouillon (LB)

Gentechnik 2.6.2, 2.6.3
benötigte Menge: 100 ml

Zusammensetzung wie Luria-Bertani-Agar, aber ohne Agar-Zusatz.

Einstellen des pH 7,2 mit 1 n NaOH (s. 1.17).
Autoklavieren.

2.5 MacConkey-Agar

Gentechnik 2.6.1, 2.7, 2.8
benötigte Menge: 200 ml

MacConkey-Agar	(*Merck* 105465)	10 g
Aqua dest.		200 ml

Autoklavieren.

Wird MacConkey-Agar mit Streptomycin benötigt (Gentechnik 2.6.1, 2.8), wird nach Abkühlen auf 50 °C folgende sterilfiltrierte Lösung zugegeben:

Streptomycin(sulfat)	(*Sigma* 6501)	40 mg
Aqua dest.		2 ml

2.6 Mageragar ohne Zusätze

Pflanzliche Zell- und Gewbekulturen 2.1.2
benötigte Menge: je 200 ml

Agar Agar	(*Merck* 105443)	1,33 g
Aqua dest.		200 ml

Einstellen des pH 5,8 (mit 1 n KOH, s. 1.13)
Autoklavieren.

2.7 MS-Medium nach Murashige und Skoog (1962)

Pflanzliche Zell- und Gewebekulturen
Einzelzusammensetzung (entspr. Fertigpräparat von *Life Tech* 10494)

Anorganische Makroelemente

NH_4NO_3	(*Merck* 101186)	1650 mg/l
KNO_3	(*Merck* 105061)	1900 mg/l
$CaCl_2 \cdot 2\ H_2O$	(*Merck* 102380)	440 mg/l
$MgSO_4 \cdot 7\ H_2O$	(*Merck* 105886)	370 mg/l
KH_2PO_4	(*Merck* 112034)	170 mg/l
$EDTA \cdot Na_2$	(*Merck* 108418)	37,3 mg/l
$FeSO_4 \cdot 7\ H_2O$	(*Merck* 103963)	27,8 mg/l

$Na_2 \cdot EDTA$ und $FeSO_4 \cdot 7\ H_2O$ werden zusammen als 200-fach konzentrierte Stammlösung angesetzt.

Anorganische Mikroelemente

H_3BO_3	(*Merck* 100165)	6,2 mg/l
$MnSO_4 \cdot 1\ H_2O$	(*Merck* 105963)	16,9 mg/l
$ZnSO_4 \cdot 7\ H_2O$	(*Merck* 108883)	10,6 mg/l
KJ	(*Merck* 105040)	0,83 mg/l
$Na_2MoO_4 \cdot 2\ H_2O$	(*Merck* 106524)	0,20 mg/l
$CuSO_4 \cdot 5\ H_2O$	(*Merck* 102790)	0,025 mg/l
$CoCl_2 \cdot 6\ H_2O$	(*Merck* 102539)	0,025 mg/l

Organische Bestandteile

Haushaltszucker (Saccharose)		30 g/l
Glycin	(*Merck* 104201)	2,0 mg/l
myo-Inosit	(*Merck* 104731)	100 mg/l
Nicotinsäure	(*Merck* 106817)	0,5 mg/l
Pyridoxolhydrochlorid	(*Merck* 107527)	0,5 mg/l
Thiaminiumdichlorid	(*Merck* 108181)	0,1 mg/l

Phytohormone

Indol-3-Essigsäure	(*Merck* 100353)	1,0 - 30,0 mg/l
6-(Furfurylamino)-purin	(*Merck* 1124807)	0,04 -10,0 mg/l

Einstellen des pH 5,7 - 5,8 mit 1n KOH vor dem Autoklavieren.

2.8 MS-Nährsalzagar

Pflanzliche Zell- und Gewebekulturen 2.1.2
benötigte Menge: je 200 ml

MS-Nährsalze	(*Life Tech* 10632)	0,92 g
Agar Agar	(*Merck* 105443)	1,33 g
Aqua dest.		200 ml

Einstellen des pH 5,8 (mit 1 n KOH, s. 1.13)
Autoklavieren.

2.9 MS-Nährsalz-/Zuckeragar

Pflanzliche Zell- und Gewebekulturen 2.1.2
benötigte Menge: je 200 ml

Zusammensetzung wie MS-Nährsalzagar (s. 2.9), mit folgendem Zusatz:

Haushaltszucker (Saccharose)	6 g

Einstellen des pH 5,8 (mit 1 n KOH, s. 1.13)
Autoklavieren.

2.10 MS-Vollagar (hormonfrei)

Pflanzliche Zell- und Gewebekulturen 2.1.2, 2.2.3
benötigte Menge: 200 ml

MS-Medium	(*Life Tech* 10494)	4,7 g
Haushaltszucker (Saccharose)		30 g
Agar Agar	(*Merck* 105443)	6,65 g
Aqua dest.		1000 ml

Einstellen des pH 5,8 (mit 1 n KOH, s. 1.13)
Autoklavieren.

2.11 MS-Vollagar mit Auxin

Pflanzliche Zell- und Gewebekulturen 2.1.2, 2.2.3
benötigte Menge: je 200 ml

Zusammensetzung wie MS-Vollagar (hormonfrei; s. 2.11), mit folgendem Zusatz:

NES-Stammlösung (s. 1.24.2)	Zugabe je mg Hormon/l	1 ml

Einstellen des pH 5,8 (mit 1 n KOH, s. 1.13)
Autoklavieren.

2.12 MS-Vollagar mit Cytokinin

Pflanzliche Zell- und Gewebekulturen 2.1.2, 2.2.1, 2.2.2, 2.2.3
benötigte Menge: je 200 ml

Zusammensetzung wie MS-Vollagar (hormonfrei; s. 2.11), mit folgendem Zusatz:

BAP-Stammlösung (s. 1.24.1)	Zugabe je mg Hormon/l	1 ml

Einstellen des pH 5,8 (mit 1 n KOH, s. 1.13)
Autoklavieren.

2.13 Nähragar (NA)

Gentechnik 2.4, 2.5.1, 2.5.2, 2.6.4, 2.7
benötigte Menge: verschieden, Angabe für 1 l Medium

Nährbouillon	(*Merck* 105443)	10 g
Natriumchlorid	(*Merck* 106404)	5 g
Agar Agar	(*Merck* 101614)	15 g
(Weichagar: Agarzusatz 10 g)		
Aqua dest.		1.000 ml

Autoklavieren.

2.14 Nährbouillon (NB)

Nutzung von Enzymen in der Biotechnik 2.3.1, 2.3.2
Gentechnik 2.1, 2.4, 2.5.1, 2.5.2, 2.6.1, 2.6.4, 2.7
benötigte Menge: verschieden, Angabe für 1 l Medium

Zusammensetzung wie Nähragar, aber ohne Agarzusatz.
Autoklavieren.

2.15 Stärkeagar

Nutzung von Enzymen in der Biotechnik 2.3.1
benötigte Menge: 200 ml

Nährbouillon	(*Merck* 105443)	2 g
NaCl	(*Merck* 106404)	1 g
Stärke, löslich	(*Merck* 101252)	0,4 g
Agar Agar	(*Merck* 101614)	3 g
Aqua dest.		200 ml

Autoklavieren.

2.16 Zuckeragar

Pflanzliche Zell- und Gewebekulturen 2.1.2
benötigte Menge: je 200 ml

Haushaltszucker (Saccharose)		6 g
Agar Agar	(*Merck* 101614)	1,33 g
Aqua dest.		200 ml

Einstellen des pH 5,8 (mit 1 n KOH, s. 1.13)
Autoklavieren.

3 ANSCHRIFTENVERZEICHNIS

3.1 Arbeitskreis für Mikrobiologie in der Schule

Arbeitskreis für Mikrobiologie in der Schule
IPN – Inst. für die Päd. der Naturwissenschaften
Olshausenstr. 62
D-24098 Kiel
Tel.: 0431-880-3137
eMail: lucius@ipn.uni-kiel.de

3.2 Boehringer

Boehringer Mannheim GmbH
Biochemica
Sandhofer Str. 116 / Postfach 31 01 20
D-68305 Mannheim
Tel.: 0130 - 2226 oder 0621 - 759 - 8545

3.3 DSMZ – Deutsche Sammlung von Mikroorganismen und Zellkulturen GmbH

DSMZ – Deutsche Sammlung von
Mikroorganismen und Zellkulturen GmbH
Mascheroder Weg 1B
D-38124 Braunschweig
Tel.: 0531 - 2616-0
URL http://www.gbf.de/dsmz/dsmzhome.html

3.4 Hummel GbR

R. Hummel GbR
Gewebekulturlabor
Köstlinstr. 121
D-70499 Stuttgart
Tel.: 0711-864279/864657

3.5 IPN – Institut für die Pädagogik der Naturwissenschaften

IPN – Institut für die
Pädagogik der Naturwissenschaften
Olshausenstr. 62
D-24098 Kiel 1
Tel.: 0431-880-3132
URL http://www.ipn.uni-kiel.de/homepage.htm

3.6 Life Technologies GmbH

Life Technologies GmbH
Technologiepark Karlsruhe
Emmy-Noether-Str. 10
D-76131 Karlsruhe

3.7 Merck

E. Merck
Frankfurter Str. 250
D-64293 Darmstadt 1
Tel.: 06151 - 72-0

3.8 Riedel-de Haën

Riedel-de Haën
Aktiengesellschaft
Wunstorfer Str. 40
D-30926 Seelze 1
Tel.: 05137 - 999-0

3.9 Röhm Pharma

Procter & Gamble Pharmaceuticals
Dr.-Otto-Röhm-Str. 2-4
D-64331 Weiterstadt
Tel.: 06151 - 8770

3.10 Roth

Karl Roth
Postfach 211162
D-76161 Karlsruhe
Tel.: 0721 - 56060

3.11 Sartorius

Sartorius AG
Weender Landstr. 94–108
D-37075 Göttingen
Tel.: 0551 - 308-0

3.12 Schleicher & Schuell

Schleicher & Schuell GmbH
Hahnestr. 5
D-37586 Dassel
Tel.: 05561 - 791-0

3.13 Schlüter KG

A. Schlüter KG
Gerberstr. 11/Postfach 71349
D-71364 Winnenden
Tel.: 07195 - 2224

3.14 Serva

Boehringer Ingelheim Bioproducts
Czernyring 22/11
D-69115 Heidelberg
Tel.: 06221 - 5983-22

3.15 Sigma

SIGMA Chemie GmbH
Grünwalder Weg 30
D-82041 Deisenhofen
Tel.: 089 - 65130

4 MEDIEN ZUR MOLEKULARGENETIK

Institut für Film und Bild in Wissenschaft und Unterricht: Allgemeine Transduktion (5 min) Nr. 36 00831
Institut für Film und Bild in Wissenschaft und Unterricht: Transformation (4 min) Nr.: 36 00830.
Institut für Film und Bild in Wissenschaft und Unterricht: Bakteriophage T4: Bau, Wirkungsweise, Reproduktion (4 min.). Nr.: 36 00080.
Institut für Film und Bild in Wissenschaft und Unterricht: Viren und Bakteriophagen (13 sw Dia).
Nr.: 10 00426.
Institut für Film und Bild in Wissenschaft und Unterricht: DNS-Gewinnung (5 min.).
Nr.: 36 00829.

5 LITERATUR

AUTERHOFF H./KNABE J.: Lehrbuch der pharmazeutischen Chemie Stuttgart: Wissenschaftliche Verlagsgesellschaft 1983.

ALTNER G.: Für eine Ethik des behutsamen Umgangs mit dem Leben. In: GRAS J. et al.: Biotechnik-Gentechnologie-Reproduktionsmedizin. Stuttgart: Kohlhammer 1988.

APPELHANS B.: Einführung in die rechtlichen Grundlagen. In: DRIESEL A. J. (Hrsg.): Sicherheit in der Biotechnologie. Biologische Grundlagen. Dechema Kurssystem Sicherheit in der Biotechnologie. Hüthig Buch Verlag: Heidelberg 1991.

APPELHANS B./ BAYRHUBER, H./ LUCIUS, E. R.: Biologische Risiken. Basisartikel. UB 17 (182), 4-12 (1993).

BACKHAUS H.: Die Freisetzungsproblematik. Ökologische Aspekte und Sicherheitsfragen bei der Freilandanwendung von gentechnisch modifizierten Organismen. In: NEVERS, P., BACKHAUS H.: Molekularbiologie. Aufbaublock VI. Gentechnik. Anwendungsgebiete der Gentechnik. DIFF/IPN: Tübingen, Kiel 1991.

BADE L.: Biotechnik - Chancen und Probleme. In: BAYRHUBER H. (Hrsg.): Biotechnik. In: Unterricht Biologie 14 (151), 31-36 (1990).

BAUMGARTNER M./FINK H.: Gentechnisch erzeugtes Rinderwachstumshormon BST. ABL Argumente 7. Arbeitsgemeinschaft Bäuerliche Landwirtschaft. Rheda-Wiedenbrück April 1989.

BAYRHUBER H.: Ethische Fragen der Biotechnik im Biologieunterricht der gymnasialen Oberstufe. In: HEDEWIG R./STICHMANN W. (Hrsg.): Biologieunterricht und Ethik. Aulis: Köln 1988.

BAYRHUBER H.: Biotechnik im Biologieunterricht. Basisartikel. In: Unterricht Biologie 14 (151), 4–13 (1990).

BAYRHUBER et al. 1990

BAYRHUBER H./KULL U. (Hrsg.): Linder Biologie. Stuttgart: Metzler 1989[20].

BAYRHUBER H./ LUCIUS E. R. (Hrsg.): Biologische Risiken. UB 17 (182), 1993.

BECK U.: Risikogesellschaft. Auf dem Weg in eine andere Moderne. Frankfurt: Suhrkamp 1986.

BECK E./STROHMAIER K.: Subtyping of European foot-and-mouth disease virus strains by nucleotide sequence determination. In: J. Virol. 61, 1621-1629 (1987).

BEHRENS M. /MEYER/STUMBORG/SIMONIS, G. (Hrsg.): Gentechnik und die Nahrungsmittelindustrie. Hagen: Westdeutscher Verlag, 1995.

BEISENHERZ W.: Phytohormone - Regulatoren der pflanzlichen Entwicklung. PdN-Biologie 36 (5), 12-21 (1987).

BERGMEYER H. U./BERNT E.: Bestimmung mit Glucose-Oxidase und Peroxidase. In: BERGMEYER H. U. (Hrsg.): Methoden der enzymatischen Analyse, Bd. II. Weinheim: Verlag Chemie 1974.

BIESER H. J./DE ROSSET A. J.: Continuous Countercurrent Separation of Saccharides with Inorganic Adsorbents. In: Die Stärke 29, 392-397 (1977).

BINSWANGER H. CH.: Abschied von der „Restrisiko-Philosophie“: Herausforderung der neuen Gefahrendimension. In: Schüz, M. (Hrsg.): Risiko und Wagnis. Die Herausforderung der industriellen Welt 1. Gerling Akademie. Pfullingen: Neske 1990

BRUCHMANN E.-E./HÄNSEL R.: Angewandte Biochemie. Stuttgart: Ulmer 1976.

BLL/BRAIN (Hrsg.): Gentechnik und Lebensmittel. Bonn/Darmstadt, 1995.

BOCHERDING K./ROHRMANN B./EPPEL T.: A psychological study on the cognitive structure of risk evaluations. In: BREHMER, B./JUNGERMANN, H./LOURENS, P./SEVÓN, G. (Eds.): New directions in research on decision making. North-Holland: Elsevier Science Publishers 1986.

BONSS W./HOHLFELD R./KOLLEK R.: Risiko und Kontext. Zum Umgang mit den Risiken der Gentechnologie. Diskussionspapier 5-90. Hamburg: Hamburger Institut für Sozialforschung 1990.

BORREGO J. J./MORINIGO M. A./DE VINCENTE A./ CORNAX R./ROMERO P.: Coliphages as an indicator of faecal pollution in water. Its relationship with indicator and pathogenic microorganisms. Water Research 21, 1473-1480 (1987).

BOSCH D. U. A.: Recombinant Bacillus thuringiensis crystal proteins with new properties: possibilities for resistence managment. Bio/Technology, 12, S.915-918, 1994.

BREM G.: Gentransfer in der Tierzüchtung. Berichte über Landwirtschaft. In: *Bundesministerium für Ernährung, Landwirtschaft und Forsten* (Hrsg.): Zeitschrift für Agrarpolitik und Landwirtschaft. 201. Sonderheft: „Biotechnologie in der Agrar- und Ernährungswirtschaft", S. 159-169 (1989).

BSCS, the Colorado College (Hrsg).: Advances in Genetic Technology. Lexington (Massachusetts), Toronto und Ontario: Heath and Company 1989.

Bundesgesetzblatt: Gesetz zur Regelung der Gentechnik: (Gentechnikgesetz – GenTG). Bonn, 21.12.1993.

Bundesminister für Forschung und Technologie (Hrsg.): Genforschung – Gentechnik. Was ist das? Welche Chancen, welche Gefahren sind mit ihnen verbunden. Eine Kurzinformation. Bonn 1989.

Bundesminister für Forschung und Technologie (Hrsg.): Die Zahl der Freisetzungen von gentechnisch veränderten Organismen nimmt weltweit rasch zu. Forschungsergebnisse Nr. 18/90. Bonn 1990.

Bundesminister für Forschung und Technologie (Hrsg.): Die Erforschung des menschlichen Genoms. Ethische und soziale Aspekte. Frankfurt, New York: Campus 1991.

CASPER R.: Neue Strategien im Pflanzenschutz. Berichte über Landwirtschaft. In: *Bundesministerium für Ernährung, Landwirtschaft und Forsten* (Hrsg.): Zeitschrift für Agrarpolitik und Landwirtschaft. 201. Sonderheft: „Biotechnologie in der Agrar- und Ernährungswirtschaft", S. 121-126 (1989).

CHILTON M. D.: Genmanipulation an Pflanzen, ein Schädling als Helfer. Spektrum der Wissenschaft Heft 8, 36-47 (1989)

COCKING E. C.: A method for the isolation of plant protoplasts and vacuoles. Nature 187, 962-963 (1960).

Congress of the United States, Office of Technology Assessment: Mapping our genes. Genom projects: How big? How fast? Baltimore, London: The John Hopkins University Press 1988.

CONZELMANN C.: Die neue Genesis. Biotechnologie verändert die Welt. Ullstein Sachbuch Nr. 34579. Frankfurt, Berlin: Ullstein 1986.

CRUEGER W./CRUEGER A.: Biotechnologie. Lehrbuch der angewandten Mikrobiologie. München, Wien: Oldenburg 1984[2].

CZIHAK G./LANGER H./ZIEGLER H. (Hrsg.): Biologie. Ein Lehrbuch für Studenten der Biologie. Berlin, Heidelberg, New York: Springer 1976[2]

CZIHAK G./LANGER H./ZIEGLER H. (Hrsg.): Biologie. Ein Lehrbuch. Berlin, Heidelberg, New York: Springer 1990[4].

DAUMER K.: Genetik. München: Bayerischer Schulbuchverlag 1978.

Deutscher Bundestag: Chancen und Risiken der Gentechnologie. Der Bericht der Enquete-Kommission. In: Die Zeit, Nr. 15 vom 8.4.1988, S. 82. Bonn: 1989.

DRIESEL A. J.: Genomforschung – Eine Herausforderung für die pharmazeutische Industrie. Pharm. Ind. 52 (1), 59-68 (1990).

DSMZ (1996) s. SCHUMACHER, H. M. (1996).

DULBECCO R.: A turning point in cancer research: Sequencing the human genome. In: Science 231, 1055-1056 (1986).

ECKES P./DONN G./WENGENMAYER F.: Gentechnik mit Pflanzen. Angew. Chem. 99, 392-412 (1987).

Europäische Gemeinschaft (Hrsg.): Gemeinsamer Standpunkt (EG) Nr. 25/95 vom 23. Oktober 1995. Amtsblatt der Europäischen Gemeinschaft Nr. C 320/1. 1995.

Europäische Gemeinschaft (Hrsg.): Verordung (EG) Nr. 258/97 des Europäischen Parlaments und des Rates vom 27. Januar 1997 über neuartige Lebensmittel und neuartige Lebensmittelzutaten. Amtsblatt der Europäischen Gemeinschaft Nr. L 43/1. 1997.

FARRIES E./PROFITTLICH CH./SMIDT D.: Biotechnologie und Beeinflussung von Stoffwechselleistungen am Beispiel des bovinen Somatotropins. Berichte über Landwirtschaft. In: *Bundesministerium für Ernährung, Landwirtschaft und Forsten* (Hrsg.): Zeitschrift für Agrarpolitik und Landwirtschaft. 201. Sonderheft: „Biotechnologie in der Agrar- und Ernährungswirtschaft", S. 169-185 (1989).

FLEMING, A.: On the antibacterial action of cultures of a *Penicillium* with special reference to their use in the isolation of *B. influenzae*. In: Brit. J. Exp. Pathol. 10, 226-236 (1929).

FRANKENA W. K.: Ethics. Englewood Cliffs: Prentice Hall 1963.

FRAUNE E./KUHLMANN W./SCHWAIGER G.: Entwicklung von Modulen mit Membranen als Träger-, Dosier- und Separationselemente für den Einsatz in der Bioverfahrenstechnik. In: *Der Bundesminister für Forschung und Technologie* (Hrsg.): Fortschrittliche Anwendungen der Biotechnologie. Bonn 1989^2.

FRIEDMANN TH.: Progress toward human gene therapy – Science 244, 1275-1280 (1989).

FRIEDMANN TH.: Opinion: the human genome project – some implications of extensive „reverse genetic" medicine. In: Am. J. Hum. Genet. 46, 407-414 (1990).

FRITSCHE W.: Biochemische Grundlagen der Industriellen Mikrobiologie. Jena: G. Fischer 1978.

GASSEN H. G./MARTIN A./SACHSE G.: Der Stoff aus dem die Gene sind. Bilder und Erklärungen zur Gentechnik. München: Schweitzer (1986).

Gentechnikgesetz: s. *Bundesgesetzblatt*

GIKAS V./LÓPEZ-LEIVA M.: Hydrolysis of Lactase. A Literature Review. In: Proc. Biochem. 2, 2-12 (1985).

GLICK B. R./PASTERNAK J. J.: Molekulare Biotechnologie. Heidelberg, Berlin, Oxfort, Spektrum Verlag. 1995.

GORDON J. W./SCANGOS G. A./PLOTKIN D. J./BARBOSA A./RUDDLE F. H.: Genetic transformation of mouse embryos by microinjection. In: Proc. Natl. Acad. Sci. USA 77, 7380-7384 (1980).

GRANER A.: Angewandte Gentechnologie in der Resistenzzüchtung am Beispiel der Spindelknollensucht der Kartoffel. Kurt von Rümker-Vorlesung am 2. Oktober 1987 in Weihenstephan. In: Pflanzenzüchtg. 13, 213-221 (1988).

HABERLANDT G.: Culturversuche mit isolierten Pflanzenzellen. Sitzungsber. Akad. Wiss. Wien, Math. Natw. Kl., Abt. 2b 111, 69-91 (1902).

HAMMES W. P.: Mit Hilfe der Gentechnik erzeugte Lebensmittel als Kategorien der „Novel-Food" Verordnung: Die Problematik und ihre Sicherheitsbewertung. In: PAE: Arbeitshilfen für die Erwachsenenbildung. Stuttgart, 1996.

HARRIS M.: Wohlgeschmack und Widerwillen: Die Rätsel der Nahrungstabus. Stuttgart: Klett-Cotta 1989.

HEBENSTREIT H.: Gerbera – eine bedeutende Zierpflanze. Unveröffentlichtes Manuskript. IPN: Kiel 1986.

HENNEN L./STÖCKLE T.: Gentechnologie und Genomanalyse aus der Sicht der Bevölkerung – Ergebnisse einer Bevölkerungsumfrage. TAB-Diskussionspapier Nr. 3, Büro für Technikfolgen – Abschätzung beim Deutschen Bundestag, Bonn (1992).

HERTEL R./SCHLÖSSER K./STARLINGER P.: Experimentelle Genetik, II. Teil: Einführung in die Methoden der Phagengenetik. Handschriftenreihe der Landesstelle MNU (Nordrhein-Westfalen), Heft 29, o.J.

HOBOM G.: Gentechnologie: Von der Analyse des Vererbungsvorgangs zur synthetischen Biologie. In: DOHMEN K.: Gentechnologie – Die andere Schöpfung? Stuttgart: Metzler 1988.

HÖFFE O.: Einführung in die utilitaristische Ethik. Klassische und zeitgenössische Texte. München: Beck 1975.

HOERSTER N.: Utilitaristische Ethik und Verallgemeinerung. Freiburg, München: Alber 1977^2.

IBELGAUFTS H.: Gentechnologie von A bis Z. Weinheim: VCH 1990.

JUNG-HEILIGER H./SYNOWSKI B.: Moderne Labormethoden in der Gewebekultur. Deutscher Gartenbau 29, 1981

JÜDES U./JUTZI K. G./ROHDE R.: Lehrplananalyse Gesundheitserziehung. Kiel: IPN 1987.

KARLSON P.: Kurzes Lehrbuch der Biochemie für Mediziner und Naturwissenschaftler. Stuttgart, New York: Georg Thieme 1988.

KEIL G. M.: Ansätze, Entwicklungsstand und Perspektiven biotechnologischer Forschung und Entwicklung im Agrarbereich. Tiergesundheit, Impfstoffe, Diagnostika, Therapeutika. Berichte über Landwirtschaft. In: *Bundesministerium für Ernährung, Landwirtschaft und Forsten* (Hrsg.): Zeitschrift für Agrarpolitik und Landwirtschaft. 201. Sonderheft: „Biotechnologie in der Agrar- und Ernährungswirtschaft", S. 137-145 (1989).

KELLY P. J.: Social Implications of Biotechnology. In: MCINERNY J. D.: Teaching Biotechnology in Schools. In: Science and Technology Education. Document Series No. 35, Paris: Unesco 1990.

KIPER M.: Seuchen aus dem Labor – Das Beispiel Maul- und Klauenseuche. In: Wechselwirkung 10(3), 26-30 (1988).

KIPER M./STREICH J.: Biologische Waffen: Die geplanten Seuchen. rororo aktuell 12624. Hamburg: Rowohlt 1990.

KNOBLAUCH M.: Exokrines Pankreas. In: BÜHLMANN A. A./FROESCH E. R.: Pathophysiologie. Heidelberger Taschenbücher. Berlin, Heidelberg, New York: Springer 1972.

KOECHLIN F./SCHMIDT H.: Gentechnologie statt Gerechtigkeit? Dokumentation der Erklärung von Bern. Zürich 1986.

KOHARA Y./AKIYAMA K./OSONO K.: The physical map of the whole E-coli-chromosome: application of a new strategy for rapid analysis and sorting of a large genomic library. In: Coll. 50, 495-508 (1987).

KOLLEK R.: Die molekulare Definition des Menschen. Forschungsgegenstand und Perspektiven. In: HANSEN F./ KOLLEK R. (Hrsg.): Gen-Technologie, die neue soziale Waffe. Hamburg: Konkret Literatur Verlag 1987[2].

KOSCHATZKY K./MASSFELLER S.: Gentechnik für Lebensmittel? Möglichkeiten, Risiken und Akzeptanz gentechnischer Entwicklungen. Köln: Verlag TÜV Rheinland 1994.

KRAMER D. M.: Die Entwicklung von Eupergit C. In: CRUEGER W./ESSER K./PRÄVE P. (Hrsg): Jahrbuch Biotechnologie 1986/87. München, Wien: Hanser 1986.

KRIEG A.: *Bacillus thuringiensis*, ein mikrobielles Insektizid. Berlin: Paul Parey 1986.

KUHSE H./SINGER P.: Should the baby live? The problem of handicapped infants. Oxford, New York, Melbourne: Oxford University Press 1985.

KULA M.-R.: Enzyme. In: PRÄVE P./FAUST U./SITTIG W./SUKATSCH D.A. (Hrsg.): Handbuch der Biotechnologie. München: Oldenburg 1987[3].

LABAHN-LUCIUS CH.: Die enzymatische Bestimmung von Glucose mit Glucoseoxidase und Peroxidase – Herstellung von Teststreifen. MNU 42(8), 496-497 (1989).

LABAHN-LUCIUS CH./PLAINER H.: Enzymtechnik im Schulversuch – Lactosespaltung in Milch und Molke durch immobilisierte Lactase. MNU 43(2), 108-113 (1990).

Lebensmittelchemische Gesellschaft (Hrsg.): Gentechnologie – Stand und Perspektiven bei der Gewinnung von Rohstoffen für die Lebensmittelproduktion. Frankfurt/Main, 1994.

LEINHOS-SCHÜTZ U. M./ APPELHANS B./ DRIESEL A. J.: Einführung in die begrifflichen Grundlagen. In: DRIESEL A. J. (Hrsg.): Sicherheit in der Biotechnologie. Biologische Grundlagen. Dechema Kurssystem Sicherheit in der Biotechnologie. Hüthig Buch Verlag: Heidelberg 1991.

Linder: s. BAYRHUBER/KULL 1989[20].

LÖW R.: Gentechnologie und Ethik. In: Biologie heute (Herausgegeben vom Verband Deutscher Biologen; Beilage der Naturwiss. Rundschau) Nr. 370, 10-13 (1989).

LUCIUS E. R. et al.: Microbes and Molecules. EIBE Unit 1. London/Kiel: NCBE/IPN 1995.

LUCIUS E. R./BAYRHUBER H.: Zur Sicherheit mikrobiologischer Schulversuche an Gymnasien. Kiel: IPN 1996.

LUCIUS E. R.: THE STEFFENS Elisa Kit. In: MARCUSSEN L. et al.: Practical Immunology EIBE Unit 8. London/Kiel: NCBE/IPN 1997.

LUTZ A.: Obtention de plantes de Tabac à partir de cultures unicellulaires provenant d'une Souche anergiee. C.R. Acad. Sci.Ser. D 262, 1856-1858 (1966).

MCKUSICK V. A.: Mapping and sequencing the human genome. In: The New England Journal of Medicine 320 (14), 910-915 (1989).

MERCIER J. C.: Genetic engineering applied to milk producing animals: some expectations. In: Smith C./King J. W./ McKay J. C.: Exploiting new technologies in animal breeding. Oxford University Press 1987.

MELCHERS G./SACRISTAN M. D./HOLDER A. A.: Somatic hybrid plants of potato and tomato regenerated from fused protoplasts. Carlsberg Res. Com. 43, 203-218 (1978).

MEYER R.: Die neue Milcherzeugnisverordnung. AID Verbraucherdienst 33, 3 (1988).

MICHLER C. H./HAISSIG B. E.: Increased herbizide tolerance of in vitro selected hybrid poplar. In: AHUJA M. R. (Ed.): Cell Genetics of Woody

Plants. Dordrecht: Kluwer Academic Publishers 1988.

MICKLOS D. A./FREYER G. A.: DNA Science. A first course in recombinant DNA-Technology. Burlington: Carolina Biological Supply Company 1990.

MOHR H./SCHOPFER P.: Lehrbuch der Pflanzenphysiologie. Berlin, Heidelberg, New York: Springer 1990

MOISL F.: Immunbiologie. In: Unterricht Biologie 9 (107), 4-12 (1985).

MULLIS K. B.: Eine Nachtfahrt und die Polymerase-Kettenreaktion. Spektrum der Wissenschaft Heft 6, 60-67 (1990).

MÜLLER G.: Mikrobiologie pflanzlicher Lebensmittel. Darmstadt: Dietrich Steinkopf 1974.

MURASHIGE T./SKOOG F.: A revised medium for rapid growth and bio assays with tabacco tissue cultures. Physiol. Plantarum 15, 473-497 (1962).

MURKEN J./CLEWE H.: Humangenetik. Stuttgart: Enke 1988[4].

National Research Council. Committee on Mapping and Sequencing the Human Genome (Ed.): Mapping and sequencing the human genome. Washington D.C.: National Academy Press 1988.

NELLEN U.: Wurzelhalsgallen-Bakterien erzeugen Pflanzentumore durch perfekte Gen-Manipulation: ein Modell für die Gentechnik. PdN Biologie 38 (1), 43-46 (1989)

NELLEN U./HEER R./BAYRHUBER H./RIMMELE R.: Integrierter Pflanzenschutz im Apfelanbau. Materialsammlung für den Wahlpflichtunterricht und den Pflichtunterricht der Sekundarstufe I (Klassenstufen 8-10). IPN-Einheitenbank Biologie. Köln: Aulis 1987.

NEVERS P.: Gentechnik als Instrument der Pflanzenzüchtung. MPG-Spiegel 5 (1989).

NEVERS P. et al.: Molekularbiologie. IV. Aufbaublock Gentechnik. DIFF-IPN Studienbriefe. 1. Grundlagen der Gentechnik. 2. Anwendungsgebiete der Gentechnik. 3. Unterrichtsmaterialien der Gentechnik. Tübingen: Deutsches Institut für Fernstudien an der Universität Tübingen und Institut für die Pädagogik der Naturwissenschaften an der Universität Kiel 1991/1992.

NITSCH J. P./NITSCH C.: Haploid plants from pollen grains. Science 163, 85-87 (1969).

OLIVER S. G.(et al.): Nature 357, 38-46 (1992).

PIERIK R. L. M.: Commercial Micropropagation in Western Europe and Isreal. In: DEBERGH P. C./ZIMMERMANN R. H.: Micraprapagation of Horticultural Crops. Dordrecht: Kluwer Academic Publishers 1990

PRÄVE P./FAUST U./SITTIG W./SUKATSCH D. A.: Handbuch der Biotechnologie. München: Oldenbourg 1987[3].

PREIL, W.: In-vitro-Vermehrung. Deutscher Gartenbau 30, 1756-1763 (1987).

PRENTIS S.: Technik des Lebendigen: Biotechnologie. Köln: vgs Verlagsgesellschaft 1984.

Presse- und Informationsamt der Bundesregierung: Schutz von Mensch und Umwelt. Das Gentechnik-Gesetz. Reihe: Politik-Informationen. Bonn: 1990

PRIMROSE, S. B.: Molecular Biotechnology. Blackwell Scientific Publications: Oxford 1991[2]

PÜTTER J.: Peroxidasen. In: BERGMEYER H. U. (Hrsg.): Methoden der enzymatischen Analyse, Bd.I. Weinheim: Verlag Chemie 1974.

RAWLS J.: A theory of justice. New York: Harvard College 1975.

REIMERDES E. H./GOTTSCHICK W.: Neue Verwendungsmöglichkeiten für Milch, Molke und Permeate durch Milchzuckerspaltung (Teil 1). Lebensmitteltechnik 9, 402-406 (1981 a).

REIMERDES E. H./GOTTSCHICK W.: Neue Verwendungsmöglichkeiten für Milch, Molke und Permeate durch Milchzuckerspaltung (Teil 2). Lebensmitteltechnik 10, 466-470 (1981 b).

REIMERDES E. H./GOTTSCHICK W.: Die biotechnologische Veredelung von Molke zur besseren Nutzung in der Ernährung. GIT Fachz. Lab. 28, 27-32 (1984).

RENNER, E.: Milch und Milchprodukte in der Ernährung des Menschen. München: Volkswirtschaftlicher Verlag 1977.

RHODES C. A./PIERCE D. A./METTLER I. J./MASCARENHAS D./DETMARK J. J.: Genetically transformed maize plants from protoplasts. Science 240, 204-207 (1988).

RICHTER G./KEMPF W.: Arbeitsfelder und Methoden bei mikrobiellen und enzymatischen Verfahren der Herstellung von Stärkeprodukten. In: Zeitschrift für Agrarpolitik und Landwirtschaft. Sonderheft 201: Biotechnologie in der Agrar- und Ernährungswissenschaft. S. 219-233 (1987).

RITTER H.: Achtung Risiko! Apokalypse häppchenweise. FAZ vom 27.3.1991, S. N3.

ROSENSTIEL L. V.: Mut zum Wagnis. Eine Betrachtung aus empirisch-psychologischer Sicht. In: SCHÜZ M. (Hrsg.): Risiko und Wagnis. Die Herausforderung der industriellen Welt 2. Gerling Akademie. Pfullingen: Neske 1990.

ROWLANDS D. J.: Vaccines – the synthetic antigen approach. In: SILVER S. (ed.): Biotechnology: Potentials and limitations. Berlin, Heidelberg, New York: Springer 1985.

RUFF F. M.: Ökologische Krise und Risikobewußtsein. Zur psychischen Verarbeitung von Umweltbelastungen. Wiesbaden: Deutscher Universitäts Verlag 1990.

SANGER F./NIKLEN S./COULSON A. R.: DNA sequencing with chainterminating inhibitors. In: Proceedings of the National Academy of Sciences USA. 74, 5463-5468 (1980).

SHEPARD, J. F.: Pflanzenzucht mit Protoplasten. Verständliche Forschung: Industrielle Mikrobiologie. Heidelberg: Spektrum der Wissenschaft. 1984

SILBERNAGEL S./DESPOPULOS A.: Taschenatlas der Physiologie. Stuttgart: G. Thieme 1983²

SÜSSMUTH R./EBERSPÄCHER J./SPRINGER W.: Biochemisch-mikrobiologisches Praktikum. Stuttgart: Thieme 1987.

SCHELLEKENS, H. (et al.): Ingenieure des Lebens. DNA-Moleküle und Gentechniker. Spektrum, Akad. Verl., 1994

SCHENKEL, J.: Transgene Tiere. Labor im Fokus. Spektrum, Akad. Verl., 1995

SCHLEGEL H. G.: Stoffwechsel der Mikroorganismen. In: PRÄVE P./FAUST U./SITTIG W./ SUKATSCH D. A. (Hrsg.): Handbuch der Biotechnologie. München: Oldenburg 1987³.

SCHMIDT R. F.: Biomaschine Mensch. München: Piper 1979.

SCHOMBURG D.: CAPD. Methodik des Computer Aided Protein Design. In: *Bundesministerium für Forschung und Technologie* (Hrsg.): Molecular Modelling. Biotechnologie. Rechnergestütztes Modellieren von Molekülen. Bonn 1988.

SCHÜZ M. (Hrsg.): Risiko und Wagnis. Die Herausforderung der industriellen Welt 1. und 2. Gerling Akademie. Pfullingen: Neske 1990.

SCHUMACHER H. M. (Hrsg.): DSMZ Catalogue of Plant Cell Lines. Braunschweig: DSMZ 1996.

SCHUPHAN I.: Herbizidresistente Unkräuter und Kulturpflanzen, Risiko und Nutzen. Nachrichtenbl. Deut. Pflanzenschutzd. 39(9), 135-137 (1987).

STECHER A./EBERHARD G./CZERMAK R./WOLLBECK R./TRETZEL J./REIMERDES E. H./STEINEGGER E./HÄNSEL R.: Lehrbuch der Pharmakognosie. Berlin, Heidelberg, New York: Springer 1989.

STEINEGGER, E./HÄNSEL R.: Lehrbuch der Pharmakognosie. Berlin: Springer 1972.

TODT E./GÖTZ C.: Interessen und Einstellungen von Jugendlichen gegenüber der Gentechnologie. Gießen: FB Psychologie der Justus-Liebig-Universität 1995.

TRUSCHEIT E.: Gentechnologie. Hoffnung im Kampf gegen Hunger und Krankheiten. Umprogrammierung lebender Zellen eröffnet neue Zukunftschancen. Bayer-Berichte H. 51, 26-41 (1984).

VOGEL, F.: Patentierung von Lebewesen und lebendem Material. Naturwissenschaftliche Rundschau 47/8, 1994

WALTERS L.: The ethics of human gene therapy. In: Nature 320, 225-227 (1986).

WARTENBERG A.: Einführung in die Biotechnologie, UTB-Taschenbücher 1520. Stuttgart: G. Fischer 1989.

WATSON J. D./TOOZE J./KURTZ D. T.: Rekombinierte DNA. Eine Einführung. Heidelberg: Spektrum-der-Wissenschaft-Verlagsgesellschaft 1986.

WATSON J. D.: The Human Genom Programm: past, present and future. Biotechnology Educatiion 2(1), 3-8 (1991).

WEIDENBACH TH.: Petunien mit Restrisiko. In: *Bund, Landesverband Baden-Württemberg* (Hrsg.): Begleitmappen der ARD-Sendereihe GLOBUS 4, 99-105 (1989).

WENCK H./KLEINEMAS B./NATHO-HETZEL V.: Selbstgefertigte Teststreifen für die klinisch-chemische Diagnose als motivierender Bereich des Chemieunterrichts. PdN (Chemie) 38, 5 (1989).

WENZEL G.: Neue Strategien in der Resistenzzüchtung. Berichte über Landwirtschaft. In: *Bundesministerium für Ernährung, Landwirtschaft und Forsten* (Hrsg.): Zeitschrift für Agrarpolitik und Landwirtschaft. 201. Sonderheft: „Biotechnologie in der Agrar- und Ernährungswirtschaft", S. 96-105 (1989).

WESTPHAL R.: Mikrobiologische Techniken in der Schule. Kiel: IPN 1988.

WHITE, P. R.: Potentially unlimited growth of excised tomato root tips in a liquid medium. Plant Physiol. 9, 585-600 (1934).

WHITE R./LALOUEL J.-M.: Kartierung von Chromosomen mit DNA-Markern. Spektrum der Wissenschaften, H. 4, S. 80-89 (1988).

WINKEL G.: Gemüse. Basisartikel. Unterricht Biologie 12 (138) 4-13 (1988).

WINKLER K. C.: Safety and risk of handling organims with recombinant DNA. In: Biotechnology 6 (1), 48-53 (1988).

Wissenschaftlicher Beirat der Bundesärztekammer: Richtlinien zur Forschung an frühen menschlichen Embryonen. Deutsches Ärzteblatt, Ausgabe B, 82 (H. 50), 3757-3764 (1985).

WYMER P: Practical microbiology and biotechnology for schools. London, Sydney: Macdonald and Co. Ltd. 1987.

ZHANG W./WU R.: Efficient regeneration of transgenic plants from rice protoplasts and correctly regulated expression of the foreign gene in the plants. Theor. Appl. Genet. 76, 835-840 (1988).

ZINK CH. (Hrsg.): Pschyrembel, Klinisches Wörterbuch. Berlin: de Gruyter 1986.

6 ABBILDUNGSNACHWEIS

Fotografie: Gerda Mahnke, IPN.
Grafiken: Erika-Anna Kolaczinski, IPN.
Layout: Steffi Hölzen, IPN.
Versuchsaufbauten: Maria Fries, Günther Jacobsen, IPN.

Folgende Abbildungen wurden für dieses Werk freundlicherweise zur Verfügung gestellt:

Dr. Ducan Casson – University of Birmingham, Abb. 2.1; BMFT, Abb. 8.1; Deutsches Museum München, Abb. 10.2; Hoechst AG/Walter Kloos, Abb. 36.1 links; Hoechst AG/Marion Roussel Sondermann, Abb. 36.1 rechts; Huntington Potter/David Dressler, Abb. 38.1; Max-Planck-Institut für Züchtungsforschung/Iris Heidmann, Foto: Marlet Kalda, Köln, Abb. 40.2; vgs verlagsgesellschaft, Köln 1987 – Foto: Marc von Montagu, aus dem Buch: Steve Prentis *Technik des Lebendigen: Biotechnologie,* Abb. 43.2; Max-Planck-Institut für Züchtungsforschung/Iris Heidmann, Köln, Abb. 46.1; Hoechst Schering AgrEvo GmbH, Dr. Günter Donn, Frankfurt a. M., Abb. 51.1; Bayer AG, Leverkusen, Abb. 58.1; Associated Press, Abb. 61.1; Calder: Das Lebensspiel; Hallwag Verlag, Bern, Abb. 72.1.

7 SACHREGISTER